无线传感器网络
数据处理与性能优化

朱容波　王　俊　著

科学出版社
北　京

内 容 简 介

本书共 6 章，系统全面地介绍了无线传感器网络数据处理与性能优化的基本理论、关键技术及最新成果。主要内容包括无线传感器网络的研究现状与关键技术、无线传感器网络数据去冗余技术、基于时延敏感分簇的无线传感器网络数据融合算法、无线传感器网络绿色路由协议、绿色车联网上行链路通信价值优化算法、基于名字的信任与安全机制。

本书可供从事物联网技术、计算机、边缘计算、软件工程、通信、数学等专业的科研人员参考，也可供高等院校相关专业的师生参考。

图书在版编目（CIP）数据

无线传感器网络数据处理与性能优化／朱容波，王俊著．—北京：科学出版社，2022.12

ISBN 978-7-03-073853-0

Ⅰ. ①无… Ⅱ. ①朱… ②王… Ⅲ. ①无线电通信–传感器–数据处理–研究 Ⅳ. ①TP212

中国版本图书馆 CIP 数据核字（2022）第 220307 号

责任编辑：杨逢渤／责任校对：刘　芳
责任印制：吴兆东／封面设计：无极书装

科学出版社 出版
北京东黄城根北街 16 号
邮政编码：100717
http://www.sciencep.com

北京中科印刷有限公司 印刷
科学出版社发行　各地新华书店经销

*

2022 年 12 月第 一 版　开本：787×1092　1/16
2024 年 1 月第二次印刷　印张：15 1/4
字数：360 000

定价：168.00 元
（如有印装质量问题，我社负责调换）

序

　　无线传感器网络作为万物智能互联技术的重要组成部分，孕育着新的重大突破机遇，正加速向海量异构互联与智能化方向发展。尤其是移动通信技术与大数据智能的迅猛发展，使得各类无线应用完全融入人们的工作和生活的各个方面。随着无线网络基础设施的扩展和接入网络中各种各样终端设备呈指数级的增长，海量异构感知数据所产生的数据处理要求也日趋明显，并受到广泛关注。急速增长的各种感知设备与海量异构数据的涌入，导致传感器网络数据处理能力面临巨大挑战。构建高效的感知数据处理与性能优化技术，已成为无线传感器网络行业意义重大、亟待解决的研究课题。

　　为了实现构建高性能无线传感器网络这一目的，学术界和工业界广泛关注数据处理与性能优化问题，并积极推动数据处理与优化方法的研究和应用。目前的工作集中在传感器网络协议设计、感知数据的预处理和性能优化等方面，通过提高协议设计的高效性、数据预处理能力以及性能优化等，提升无线传感器网络的协议效率、数据处理能力与系统性能。而为了满足传感器网络海量数据感知与处理的需求，能量与资源受限感知节点的数据处理能力和网络系统性能将成为无线传感器网络广泛应用的两大关键因素。因此，如何在考虑能量与资源约束的同时，提升节点的数据处理能力，设计无线传感器网络协议与算法，优化提升无线传感器网络性能成为研究热点。

　　该书作者长期从事无线传感器网络领域的科学研究与应用开发工作，重点研究智能感知、高能效网络协议设计与性能优化相关技术，并取得了一系列重要成果，特别是在无线传感器网络数据处理、无线网络高能效协议设计等方面的成果得到了国内外同行的好评，发表了一批高质量的学术论文。该书是他们这些研究成果的总结。该书的出版将为传播无线传感器网络数据处理与性能优化的基础知识、交流无线传感器网络最新研究进展、扩大无线传感器网络的应用做出贡献。

　　作为国际同行以及合作者，见证了两位作者的努力学习、刻苦研究、勤奋与付出。我为他们取得的研究成果和学术著作的出版感到由衷的高兴，并表示由衷祝贺！

马懋德

2021 年 4 月 25 日

前　　言

随着科学的迅速发展，信息技术在人类生活中扮演着举足轻重的角色，为人们的日常生活提供了大量的便利。传感器作为获取信息的重要工具为信息系统的微型化、无线化、数字化、网络化和智能化做出了显著贡献。

随着无线传感器网络（Wireless Sensor Network，WSN）的发展势头日渐迅猛和节点规模日益剧增，WSN 在为人们生活与工业进步提供了众多利益与便利的同时，由于其在监测区内布置的数量惊人，而产生了成千上万兆字节的数据信息。这些感知数据类型繁多（如数字、文本、图片和视频等），并且数据量大、价值性价比低。大量的冗余数据传输导致严重的网络拥堵、存储成本高和上传带宽不足等问题。最重要的是，由于 WSN 存在电池供电寿命、处理能力、工作频率和内存等方面的限制，大量的冗余节点和对事件的高频率感知产生了海量的相似数据，导致大量能源消耗，降低了传感器的生命周期。此外，对于传感器来说，大量的数据也为有限的内存带来极大的压力与挑战。因此，提高 WSN 的数据传输效率与降低传输能耗始终是该领域的主要研究方向。

研究 WSN 数据处理与优化技术，探索 WSN 的新理论与新技术，对进一步普及各类无线应用具有深远的意义。目前，人们的研究主要集中在传感器网络协议设计、感知数据的预处理和性能优化三方面。而为了满足 WSN 海量数据感知与处理的需求，感知节点的数据处理能力和网络系统性能将成为 WSN 广泛应用的两大关键因素。因此，如何在考虑能力与资源约束的同时，提升节点的数据处理能力，设计 WSN 协议与算法，优化提升 WSN 性能成为研究热点。

本书着眼于 WSN 中的数据处理与性能优化技术，第 1 章详细介绍 WSN 的基本概念、关键技术、国内外发展现状与最新成果，使读者对该领域的发展有一个全局的认知和概念。

在对相关工作进行分析的基础上，第 2 章介绍无线传感器网络数据去冗余技术，将其分为基于统计学的数据去冗余技术、基于数据压缩的数据去冗余技术和基于人工智能的数据去冗余技术三类，并对现有技术进行比较分析。同时，提出一种基于最大时间阈值与自适应步长的去冗余方法，以及一种基于空间相关性的分阶段分层分簇去冗余方法，并通过仿真验证其在去冗余率方面的性能。

第 3 章介绍无线传感器网络中数据融合相关技术，对具有代表性的数据融合算法从基于统计学的数据融合、基于人工智能的数据融合、基于信息论的数据融合和基于拓扑学的数据融合 4 个方面进行分类，根据不同的指标及特点等进行比较。同时，针对无线传感器网络数据融合算法中网络能耗与时延的折中问题，在考虑节点能耗优化与负载均衡的前提下，提出了基于混合时延敏感分簇的无线传感器网络数据融合算法。

第 4 章介绍无线传感器网络绿色路由协议，从设置特殊节点、节点节能调度以及优化数据流向的角度，对相关路由协议进行详细的介绍、分析、总结及对比。针对无线传感器网络平面路由存在近基站节点易早亡的问题，提出节点转发压力的概念；为了解决路由空洞问题，提出基于节点转发压力的绿色全局路由算法。

第 5 章针对车联网节能高效相关算法及协议方面的研究，分别从介质访问控制（Media Access Control，MAC）层、网络层和跨层设计三个方面分析绿色高效算法，并对比现有算法协议各自的特点和不足。根据车辆节点的通信权重和数据量两个参数指标，提出通信价值的概念，并对路边单元（Road Side Unit，RSU）与车辆间（RSU to Vehicle，R2V）上行数据传输规划的价值最大化问题进行探索，提出近似比为 $1+\varepsilon$ 的多项式时间贪心调度算法，以及以速度、权重、传输量为启发函数的启发式算法。

第 6 章介绍命名数据的安全问题，并着重分析区块链技术。针对数据安全问题，提出基于名字的信任与安全机制的系统模型，设计基于名字的信任机制与基于名字的安全机制，提出一种基于区块链的身份认证方法，并结合信息服务实体（Information Service Entity，ISE）认证数据生产者的身份。

本书由朱容波、王俊撰写、统稿与校稿，研究生李媛丽、张浩、徐文刚、王洪波、夏荣参与部分校稿工作。本书的研究工作得到国家自然科学基金项目（No. 61772562）、国家民委中青年英才培养计划项目（No. 2016-03-18）的支持，同时也得到科学出版社的大力支持，在此表示衷心的感谢。

本书将理论与实例相结合，力求做到深入浅出，将复杂的概念用简洁浅显的语言来讲述，方便读者快速掌握无线传感器网络基础知识、概念及方法。

最后，向选择本书的广大老师和同学表示衷心的感谢和美好的祝愿。由于作者水平有限，对一些问题的理解和表述或有不足之处，诚请读者批评指正。

朱容波　王　俊

2021 年 5 月 25 日

目　　录

第1章 绪 论

1.1 引 言

无线传感器网络作为万物智能互联技术重要的组成部分（Halil et al., 2017；Luís et al., 2014），孕育着新的重大突破机遇，正加速向海量异构互联与智能化方向发展。尤其是移动通信与人工智能技术的迅猛发展，使得各类移动应用已完全融入人们工作和生活的各个方面（Fei et al., 2017；Yu et al., 2014；王晨宇等，2020）。随着移动通信技术的不断进步，以及各种感知设备的大规模应用，WSN 在各行各业中迅速普及，各种感知设备被部署到多样的应用场景。不断升级的无线网络基础设施的扩展和呈指数增长的感知数据，导致 WSN 所产生的海量数据处理的需求也日趋明显，特别是对传感器数据处理能力以及传感器网络性能的要求，已经受到广泛关注。图 1.1 为 WSN 基本模型。

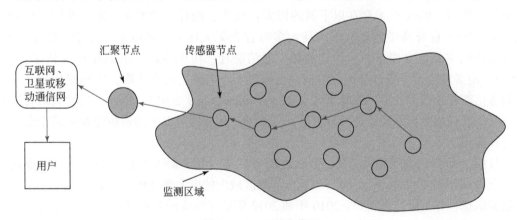

图 1.1　WSN 基本模型

如图 1.1 所示，传感器节点通过感知周围环境、监测特定的对象和事件，实现感知数据的采集与初步处理，并完成分析与控制的功能。由于能量以及资源的有限性，对于单一传感器节点难以完成的复杂任务，将以自组网的方式构建多节点协同的传感器网络，将感知数据传输到汇聚节点或互联网中，借助边缘汇聚节点、边缘服务器或云中心的强大处理能力，实现数据的复杂分析与处理，用户通过互联网实现全程监控，将控制信息反馈至前端传感器节点，实现相应的监测与控制功能。这种"端边云"相结合的数据处理模式，为充分挖掘各个部分的处理能力、实现数据处理的按需优化调度提供了有效方式，并得到了广泛的关注和应用（Dong et al., 2011）。

在医学领域，WSN 主要用于对人体物理特征的远程监察和院内医生与病人的追踪监控等（Xu，2002）。在智能电网领域，集成的 WSN 以低成本的方式有效地传输、监测、预测、控制和管理能源使用，从而有效地进行负荷管理和控制、无线自动抄表、故障诊断和检测、远程电力线监控和自动化配电（Ogbodo et al.，2017）。在精准农业领域，人们利用 WSN 技术建设了灌溉系统，极大地改善了农业灌溉的监测控制，实现了高效灌溉。在智能交通领域，WSN 被嵌入城市交通系统中，实时获取交通密度或异常情况（如事故、交通堵塞或低能见度情况）的信息，为人类提供了更高效、可靠且舒适的服务（Aguirre et al.，2016）。在智能材料领域，光电子传感器网络通过光纤供电，人们将 WSN 嵌入碳纤维复合材料中，开发了自感知智能工程材料（Budelmann，2017）。WSN 在水质决策、业务流量预测和洪水预警系统等领域同样发挥着重要作用（Chacon-Hurtado et al.，2017）。

WSN 作为一种获取信息的前端设备传感器，主要在微型化、无线化、数字化、网络化和智能化五方面取得了显著进展。传感器节点是具有感知采集、无线通信与计算功能的微型智能计算设备。WSN 由大量智能微型传感器节点自组织形成，在应用层具有两个基本角色：普通传感器节点和网关。普通传感器节点通常负责采集和监测数据的变化情况，并以无线电的形式采用单跳或多跳的方法将数据发送到网关。网关通过有线或无线方式与互联网进行连接，将收集到的数据发送给 WSN 的管理人员，同时向传感器节点发送指令和更新。然而，WSN 技术存在以下制约因素：成本、能耗、微型化、定位性能、移动性和安全。WSN 自身携带能源有限，且大多布置在无人区域，环境条件复杂，极难更换。传感器能耗主要包含四方面：计算能耗、通信能耗、传感能耗和电源能耗（任丰原等，2003）。电源能耗是设备自身运行的损耗，通常不予考虑。研究表明，传感能耗比计算能耗和通信能耗小很多，可以忽略不计（Raghunathan et al.，2002）。因此，通常只对计算能耗和通信能耗两方面的问题进行分析研究。此外，传感器节点间的通信能耗远高于节点内的计算能耗。

目前，WSN 的发展势头迅猛，节点规模也日益剧增。WSN 在给人们生活与工业进步带来众多好处和便利的同时，因其布置在监测区域内的庞大微型传感器数量而产生了海量的数据信息，并呈爆炸式增长。2010 年和 2017 年估计生成的数据量为 1.2～1.8ZB，2020年产生了超过 44ZB 的数据量（Xia et al.，2016）。由微软和易安信公司发起的研究表明，通常企业的主存储系统和辅助存储系统分别约有 50% 和 85% 的冗余数据（Singhal et al.，2018）。在大数据时代，如何处理这一数据洪流是一件重要且富有挑战性的工作（Passricha et al.，2019）。WSN 中的感知数据类型繁多（如数字、文本、图片和视频等类型），且数据量大、性价比低，这类数据的传输导致网络拥堵、存储成本高和带宽不足等问题。最重要的是，大量多余节点以及对事件的高频率感知产生了大量的相似数据，进一步降低了系统性能。

由于传感器节点以及 WSN 存在电池供电、处理能力、工作频率和存储与计算资源等方面的限制，海量感知数据的传输导致大量能量消耗，降低了传感器的生命周期。同时，海量感知数据也给内存与计算资源有限的传感器节点带来了极大的压力与挑战。因此，在能量与资源受限的情况下，WSN 中的协议设计、数据处理与性能优化始终是具有挑战性的主要研究问题。

1.2　无线传感器网络数据处理关键技术

为了提升 WSN 的性能，众多国际组织、机构和研究者广泛关注 WSN 的协议设计、数据处理与性能优化问题，并积极推动 WSN 的应用研究。

1.2.1　相关工作

由于 WSN 的应用通常是以廉价和大规模部署为目的，因此其发展也受到种种限制，包括能量与内存有限、数据处理与传输速度相对较慢、功能简单、鲁棒性不强等。当任意传感器节点能量消耗殆尽，就意味着网络无法正常工作。而 WSN 一般部署在无人看守、环境复杂的场合中，此时很难对其补充电量或更换电池。因此，如何在无法供能的 WSN 中尽可能实现高效的数据传输与能耗节约是众多研究者探究的首要问题（Halil et al.，2017；Fei er al.，2017）。WSN 的能耗主要产生在信号转换、数据通信以及内部元件消耗 3 个方面，并且已经证明，传感器节点间进行数据交换是产生能耗的主要原因。因此，设计传感器节点间数据通信的有效方法非常重要。

最初，WSN 主要用于军事领域，部署在敌对区域用以收集战场相关的信息，为己方军队的胜利提供了极大帮助。随着 WSN 技术的发展，WSN 开始广泛应用到民用领域，如医疗护理（Salem et al.，2014）、工业监控（Yan et al.，2014）、环境监控（Ibanez et al.，2017）等，这将对人类社会产生深远的影响（Pantazis et al.，2013）。因 WSN 巨大的应用价值，美国《商业周刊》和《麻省理工学院技术评论》分别将 WSN 列为 21 世纪最有影响力的 21 项技术之一和改变世界的十大技术之一（Wade et al.，2003）。中国在《国家中长期科学和技术发展规划纲要（2006—2020 年)》中将传感器网络及智能信息处理作为信息产业及现代服务业的优先主题，将智能感知技术与自组织网络技术列为信息技术研究中的前沿技术。

海量感知数据的处理是一个复杂的数据重组过程，它涉及多个学科领域，如计算机科学、信号处理、概率统计、人工智能和信息论等。数据去冗余、数据融合等技术为海量感知数据的处理提供了可行方法。基于数据融合的 WSN 路由技术通过为节点规划数据的每一跳传输，从而为网络构建最合适的拓扑结构，并在中间节点通过数据融合技术对来自其他节点的数据进行融合处理，以减少数据冗余量。在路由构造初期，网络通常被设计为以簇、树和链为基础的层次型网络结构。层次型路由将 WSN 中的节点按照物理位置或者数据类型分为不同层，位于不同层的节点负责不同的数据处理任务，有的节点的设备结构也可能不同。同时，为了节约能耗与延长网络生命周期，路由维护时往往采用轮换簇头、休眠节点和构造最小路径树等方式，并将节点与汇聚节点（Sink）间的路径以及节点剩余能耗加以综合评估。

然而，数据融合操作虽然减少了数据包大小，但往往需要簇头节点或者根节点收集一定数量的数据后再进行下一阶段的传输，这无疑增加了网络的时延。在实际应用中，许多传感器的数据需要实时处理并展示才能体现价值，如地震监控、目标追踪和火灾报警等（Prathiba et al., 2016），这使得网络时延成为另一个决定网络性能的关键因素。同时，数据的处理涉及数据传输过程，如何设计有效的物理层、数据链路层、网络层协议也变得十分重要。

通常，网络时延与能耗往往是两个相互矛盾的指标（Gopikrishnan and Priakanth, 2016）。若让网络节点尽可能多地融合其他节点的数据，以此来减少数据传输量，达到节能的效果，就必须要等待额外的时间来收集节点数据；相反，若通过多个融合节点同时收集数据，进行多层数据融合，虽能减少网络时延，但将增加总的数据传输量，增大网络能耗。因此，往往需要对网络时延与能耗性能进行折中处理。

WSN 的研究涉及多个交叉学科，涵盖无线通信、网络、嵌入式系统硬件、分布式系统、数据管理和应用等诸多方面。在学术界方面，美国计算机协会（Association for Computing Machinery，ACM）组织了嵌入式网络传感系统会议，主要展示了嵌入式网络传感器系统方面的最新研究成果；国际电气与电子工程师学会（Institute of Electrical and Electronics Engineers，IEEE）密切关注对 WSN 的研究，与美国计算机协会联合组织了传感器网络数据处理国际会议，主要关注 WSN 的数据处理，包含信号图像处理、信息编码理论、网络协议、分布式算法、无线通信、机器学习、嵌入式系统设计、数据库和信息管理。欧洲组织了欧洲无线传感器网络会议。同时，电气与电子工程师学会发布了国际化标准 IEEE 802.15.4，为 WSN 的产业化与应用提供了国际统一标准。

WSN 数据处理研究主要涉及协议设计、数据处理与性能优化三个方面。协议设计以物理设备以及物理层优化为切入点，通过提高传感器节点等物理设施的部署和能效性以及对无线资源效率的优化，来达到性能提升的效果。数据处理则从单个节点和多节点协作与调度的角度，实现数据的去冗余、融合处理，实现提升数据处理性能的目的。性能优化则从资源管理和跨层的角度切入，通过调整如网络拓扑结构等优化网络的能量效率或设计安全机制，达到网络系统优化的目的。

1.2.2　数据去冗余处理

数据去冗余技术广泛用于检测和消除数据间的重复，最小化存储和网络开销；同时也用于减少云存储的存储空间和上传带宽（Radia and Singh, 2016）。随着云计算快速发展，用户和企业都希望将信息备份到云存储中，致使云存储的空间被大量相似数据所占用，造成了存储空间的大量浪费。因此，数据去冗余技术在存储领域得到了深入研究，同时在虚拟机镜像、图像处理和网络环境等领域也取得了进展。

数据去冗余技术同多个学科相结合，取得了大量的研究成果。数据去冗余技术按照所采用算法的不同分为三类：基于统计学的数据去冗余技术、基于数据压缩的数据去冗余技术和基于人工智能的数据去冗余技术。基于统计学的数据去冗余技术，通过概率分布和密度函数描述数据的不确定性，进而推断出冗余数据。基于数据压缩的数据去冗余技术，使用重构函数对数据进行变换，减少数据量。基于人工智能的数据去冗余技术，结合机器学习、深度学习、模糊逻辑和数据挖掘等方法，通过对历史数据进行训练等方式将冗余数据聚类分簇，去除相似数据，达到减少数据量的目的。

1）基于统计学的数据去冗余技术。面对云存储冗余数据的安全问题，杨超等（2017）提出了一种基于最大似然估计（Maximum Likelihood Estimate，MLE）与随机数改进的客户端密文去重的改进方案。针对图像存在的冗余问题，薛智爽等（2019）提出了基于非本地组稀疏重建图像的结构信息，该模型选择非局部相似块构造相似矩阵，首先在群稀疏限制下，将相似矩阵正交分解得到正交矩阵，然后在噪声服从高斯分布的前提下，利用正交矩阵和贝叶斯最小均方误差准则对特征矩阵进行最优估计，最后根据正交矩阵和特征矩阵对去噪后的图像进行重构。

2）基于数据压缩的数据去冗余技术。面对虚拟机间存在的大量冗余数据，Qian 等（2018）提出一种保存–本地–比较–全局（Save-Locally-Compare-Globally，SLCG）的策略，以保证最优去冗余率与最小网络开销。针对云存储数据冗余问题，杨挺等（2019）提出了一种 $\tilde{\kappa}$ 横贯超边计算方法以构建数据中心 Hadoop 分布式文件系统（Hadoop Distributed File System，HDFS）。该方法确定了数据可用性的最小数量节点开启集合，实现了数据中心存储单元节能。

3）基于人工智能的数据去冗余技术。为减少网络图像的冗余，谈超（2017）改进了奇异值分解（Singular Value Decomposition，SVD）算法的字典更新方法，通过原子单独更新的形式，有效提高了算法并行度。由于系数向量表现出稀疏性的特征，该方法使用三元组形式对稀疏向量进行记录，进而缩减了数据传输量。吴鹏等（2019）通过贡献度大小判断冗余特征，将贡献度小视为冗余特征；同时采取自学习方式，训练卷积神经网络，通过剪去密集连接网络冗余通道形式，减少网络参数，降低存储和计算量。为减少虚拟机镜像中的冗余，徐继伟等（2016）基于遗传算法自适应备份虚拟机镜像数据，通过分析资源使用状态自适应制定备份方案，依据备份方案的不同，建立相应的资源需求模型，优化备份时间。

随着 WSN 的大规模应用，大量感知数据与冗余数据的产生，不仅增加了网络碰撞，造成数据丢失，同时也导致传感器节点的能耗加剧。因此，考虑到严重的能源、计算和带宽限制，目前的研究主要集中于优化传感和传输的效率，以最大限度地延长网络的寿命。

针对 WSN 去冗余技术的研究主要有统计学、数据压缩和人工智能三方面。具有代表性的工作包括：Kandukuri 等（2016）提出了混合数据聚集窗口功能（Mixed Data Aggregation Window Function，MDAWF）方法，该方法利用 WSN 中时间和空间数据去冗余的优点，使用简单的预过滤数据方案，不用考虑被监视的任何特定数据。He 等（2017）提出了二维主成分分析（Two-dimensional Principal Component Analysis，2D PCA）和双向距离测量 k 均值聚类（k-Means Clustering，KC）的方法，双向距离测量主要使用欧几里得距离与皮尔逊相关距离计算特征向量。Elsayed 等（2019）基于最小二乘法提出了一种分布式数据预测模型（Distributed Data Predictive Model，DDPM），该模型基于过滤的数据预测方法，减少了传输数据量。

尽管数据去冗余技术已广泛应用于各个领域，为提高网络效益、降低存储空间需求、减少存储花费和上传带宽提供了技术参考，但是其在去冗余率、算法复性以及空间相关性冗余节点的判断方面有待进一步完善。

1.2.3 数据融合技术

WSN 数据融合技术可以分为基于统计学的数据融合技术、基于人工智能的数据融合技术、基于信息论的数据融合技术与基于拓扑学的数据融合技术。不同融合技术在不同环境以及传感器规模下的性能表现各有优劣。

1）基于统计学的数据融合。Zhang 等（2016）提出基于贝叶斯理论的量化信息分布式状态估计（Distributed State Estimation of Quantitative Information based on Bayesian Theory，DSEQIBT）算法，来应对 WSN 能力有限、传输带宽不高的问题，并且针对许多场合下，待测量数据往往是向量的情况，引入了矢量量化技术，运用贝叶斯估计对量化的矢量数据进行预测，以获得更为准确的融合数据。Zhang 等（2015）提出了一种新的高斯混合状态估计算法（Innovative Gaussian Mixture State Estimation Algorithm，IGMSE）来提高 WSN 中量化估计的噪声处理问题。IGMSE 通过对系统状态的先验概率和后验概率密度函数进行学习，构建高斯动态测量模型。仿真表明该算法相较传统卡尔曼滤波（Kalman Filtering，KF），能有效提高处理噪声的能力。

2）基于人工智能的数据融合技术。Zou 和 Liu（2015）针对异构 WSN 提出了一种基于数据融合级和信息融合级的高效事件检测算法。该算法通过概率统计的方法探测出目标区域，采用遗传算法对收集的数据进行融合，实现了对异构网络区域的有效侦测，提高了数据准确性的作用。为了提高数据的实时性，Luo 和 Chang（2015）提出基于灰色模型（Grey Model，GM）和最优剪枝极限学习机（Optimally Pruned Extreme Learning Machine，OP-ELM）结合的双预测数据融合算法（GM-OP-ELM）。灰色模型不需要大量样本进行训练，计算工作量小。同时，相比反向传播（Back Propagation，BP）网络等方法，极限学习机训练参数少，速度快，不易陷入局部最优。GM 和 OP-ELM 相配合使用，能提高系统的鲁棒性以及训练速度，在减少数据冗余的同时节约能量消耗。

3）基于信息论的数据融合技术。针对 WSN 中簇结构模型的不均匀分簇问题，Gupta 和 Shekokar（2017）提出了 k 均值 L 层分簇算法。该算法对传统 KC 算法进行优化，弥补了其仅能均匀分簇的限制，通过减小靠近基站的簇结构的规模，来实现能耗的优化处理。Aquino 等（2016）提出信息熵融合算法 Hephaestus 来解决 WSN 中用户需求的不可先验性。算法利用聚类、峰度和偏度进行启发式计算，将数据集按照特征进行区分，实现高精度及低开销的数据融合与预测。

4）基于拓扑学的数据融合技术。基于分簇思想，Yue 等（2011）将网络划分为网格，综合考虑节点剩余能量，从网格中选择簇头节点，非簇头节点通过信号强度来形成簇，算法均匀了簇头的位置，并提高了网络能量有效性。Al-Obaidy 等（2017）将传统 ZigBee

WSN 簇树拓扑结构进行优化, 根据节点剩余能量将簇划分为子组, 这些子组中的每一组都像拥有少数节点的树那样工作, 同时将能量最高的节点被任命为根节点。仿真表明, 算法通过有效构建簇头与分组, 均衡了节点能耗, 延长了网络周期。

在网络时延与能耗折中考虑方面, Nguyen 等 (2016) 针对节点负载不均的问题, 提出了基于本地树重构的调度算法 (Local-Tree-Reconstruction Algorithm, LTRA), 在 k 跳距离中通过重建最短路径树来构造一个虚拟数据融合树。算法通过增加拓扑结构的限制条件来约束传输时延, 以此实现网络时延与能耗的折中。Usha 等 (2017) 采用分层路由与移动节点思想, 提出基于密度的分簇与多移动收集 (Node Density based Clustering and Multiple Mobile Collection, NDCMMC) 算法, 该算法引入移动节点来负责簇头节点的数据收集, 通过近距离与簇头节点通信来减小网络时延, 同时分层簇的网络结构也起到了节约网络能耗的目的。

1.2.4 优化与应用

路由协议是 WSN 领域重点研究的核心技术之一 (Usha et al., 2017), 主要解决源节点到目的节点的通信路径, 高性能的路由算法将减少网络中节点接收数据包的个数, 减少传感器节点的能耗, 从而延长 WSN 的生命周期。另外, 由于 WSN 常需要对监控区域内异常数据进行预警, 过高的传输时延必然会导致生产生活的重大损失, 因此传输时延也是衡量路由协议好坏的一个重要参数。近年来, 国内外很多研究者提出了不少优化网络生命周期及传输时延的算法。通常, 这些算法将网络的传输时延、节点的剩余能量、通信能耗以及能量密度作为源节点的选路依据 (Liang et al., 2011; Yan et al., 2013)。

另外, WSN 在智能交通方面也得到了广泛的应用。在节能方面, Wen 和 Zheng (2015) 在保证网络连通率的同时对一组路边单元 (Road Side Unit, RSU) 的启停策略进行优化, 以达到 RSU 能耗最小化。Hammad 等 (2015) 提出速度优先 (Fastest First, FF) 算法, 目的是在路边单元到车 (RSU to Vehicle, R2V) 的过程中最小化能耗, 不过这种做法假设 RSU 能满足车辆队列的通信需求, 没有考虑高通信压力的场景。也有许多研究通过对底层协议改进 (Piscataway, 2012)、聚簇 (Liu et al., 2010; Bali et al., 2015) 等手段来达到节能通信的目的。

为实现高效通信, Zhang 等 (2007) 在不考虑节能的情况下基于信息包的大小和生存周期来优化 RSU 的通信策略, 进而达到网络整体吞吐量的提升。Alcaraz 等 (2010) 通过对底层协议 IEEE 802.11e 的竞争周期进行二次拓展, 并基于车辆的速度和位置优化 RSU 的传输策略, 来达到增加网络吞吐量的目的。Atoui 等 (2016) 假设 RSU 可以通过新能源充电设备以一定的速率汲取能量, 对 RSU 在这种情况下如何能够服务更多车辆的通信需求进行建模, 针对此问题定义整数线性规划 (Integer Linear Programming, ILP) 模型进行离线优化, 并针对稀疏车流场景提出了 RSU 贪心规划通信策略, 不过该策略对现实场景的综合考虑欠佳。

为保证不同级别的业务需求和服务质量，Chen 等（2012）将 RSU 的频谱抽象为机器集群，把车辆发出的数据包当作待处理任务，赋予数据包不同的优先级，通过并行处理模型进行调度，来提升网络服务质量（Quality of Service，QoS），但是其在节能方面没有过多考虑。

Kim 等（2016）考虑了商业化场景的 RSU 部署问题，针对有限预算下 RSU 覆盖范围最大化问题进行了深入研究，目的是在一定的预算控制内，实现 RSU 通信覆盖范围最大化，研究综合考虑了三种 RSU 部署方式：①常规静态部署；②移动但不可控的部署，如部署到公交车辆、出租车等移动物体；③部署到地方政府可控的移动车辆。研究证明，覆盖范围最大化的优化问题是 NP-hard 问题，并给出了与最优解的最低近似比为 0.5 的贪心算法。

1.3　未来技术展望

为了实现万物互联的需求，数据处理与性能优化将成为未来 WSN 发展的两大关键因素。基于此，下面将简要提出未来 WSN 的几个研究方向。

（1）高能效认知 WSN 技术

随着各种设备智能化程度的提升，接入网络中的设备数量将呈指数级增长，如何实现高密度连接下设备间的有效传输成为一个重要问题，尤其是频谱资源的稀缺将成为制约网络性能的瓶颈。认知 WSN 技术通过实时感知四周的无线网络环境并及时自主地调节各工作参数，使网络能够通过对频谱的感知和分析以"机会方式"让次级用户动态地接入空闲频谱，以此来提高频谱资源的利用率。认知技术与 WSN 的有机结合也将是未来研究的主要方向。

（2）海量多源异构数据的智能处理

随着多种接入制式共存、部署密度加强的异构网络逐渐增多，大量多源异构感知数据将成为 WSN 数据处理的难点。如何从海量数据中提取有价值的信息，如何在小样本情况下实现数据的智能分析，以及如何在 WSN 资源受限的前提下，快速有效地协调云边端的资源，实现分布式的机器学习、智能化的数据分析与处理，将成为提升 WSN 性能的关键，也将为 WSN 的更为广泛的应用提供技术支撑。

（3）网络虚拟化技术

早期网络虚拟化主要集中在核心网部分，如虚拟局域网、软件定义网络等。但随着 5G 网络的大规模应用，无线网络虚拟化也得到越来越多的关注。多种类型的物理网络垂直独立共存，使得网络协议各不相同，节点属性亦不同。同时，需要考虑噪声干扰、信道不确定性、信令开销、回传网络容量、设备移动性和时延等问题。另外，网络架构正逐步向边缘侧延伸，对于虚拟化的网络资源，如何进行业务驱动、数据驱动的云边端虚拟资源高效分配，使其既能满足多用户多业务的服务质量需求和有效适配，又能最大限度地提高WSN 的性能，也是一个有待解决的关键问题（Dong et al., 2011）。

1.4　小　　结

本章介绍了 WSN 的基本概念、应用领域及其相关工作。WSN 的关键技术主要分为数据去冗余处理、数据融合技术和优化与应用三个方面。数据去冗余技术按照所采用算法的不同分为三类：基于统计学的数据去冗余技术、基于数据压缩的数据去冗余技术和基于人工智能的数据去冗余技术。数据融合技术可以分为基于统计学的数据融合技术、基于人工智能的数据融合技术、基于信息论的数据融合技术与基于拓扑学的数据融合技术。优化与应用主要集中在路由协议的设计方面。此外，本章还对 WSN 的未来研究方向进行了展望，将其分为高能效认知 WSN 技术、海量多源异构数据的智能处理和网络虚拟化技术三个方面。

参 考 文 献

任丰原，黄海宁，林闯. 2003. 无线传感器网络［J］. 软件学报，(7)：1282-1291.

谈超. 2017. 基于云计算的图像稀疏表示算法分布式并行优化［D］. 南京：南京理工大学.

王晨宇，汪定，王菲菲，等. 2020. 面向多网关的无线传感器网络多因素认证协议［J］. 计算机学报，43（4）：683-700.

吴鹏，林国强，郭玉荣，等. 2019. 自学习稀疏密集连接卷积神经网络图像分类方法［J］. 信号处理，35（10）：1747-1752.

徐继伟，张文博，王焘，等. 2016. 一种基于遗传算法的虚拟机镜像自适应备份策略［J］. 计算机学报，39（2）：351-363.

薛智爽，黄坤超，陈明举，等. 2019. 非局部群稀疏表示的图像去噪模型［J］. 电讯技术，59（10）：1215-1221.

杨超，纪倩，熊思纯，等. 2017. 新的云存储文件去重复删除方法［J］. 通信学报，38（3）：25-33.

杨挺，王萌，张亚健，等. 2019. 云计算数据中心 HDFS 差异性存储节能优化算法［J］. 计算机学报，42（4）：721-735.

Aguirre E, Lopez-Iturri P, Azpilicueta L, et al. 2016. Design and implementation of context aware applications with wireless sensor network support in urban train transportation environments［J］. IEEE Sensors Journal, 17（1）：169-178.

Al-Obaidy F, Zereshkian H, Mohammadi F A. 2017. A energy-efficient routing algorithm in ZigBee-based cluster tree wireless sensor networks［C］. 30th IEEE Canadian Conference on Electrical and Computer Engineering（CCECE）. Windsor：IEEE, 1-5.

Alcaraz J J, Vales-Alonso J, Garcia-Haro J. 2010. Control-based scheduling with QoS support for vehicle to infrastructure communications［J］. IEEE Wireless Communications, 16（6）：32-39.

Aquino G, Pirmez L, Farias C M D. 2016. Hephaestus：A multisensor data fusion algorithm for multiple applications on wireless sensor networks［C］. 19th International Conference on Information Fusion. Heidelberg：IEEE, 59-66.

Atoui W S, Salahuddin M A, Ajib W, et al. 2016. Scheduling energy harvesting roadside units in vehicular adhoc Networks [C]. IEEE 84th Vehicular Technology Conference-Fall. New York: IEEE, 30-36.

Bali R S, Kumar N, Rodrigues J J P C. 2015. An efficient energy- aware predictive clustering approach for vehicular ad hoc networks [J]. International Journal of Communication Systems, 13 (3): 232-243.

Budelmann C. 2017. Opto-electronic sensor network powered over fiber for harsh industrial applications [J]. IEEE Transactions on Industrial Electronics, 65 (2): 1170-1177.

Chacon-Hurtado J C, Alfonso L, Solomatine D P. 2017. Rainfall and streamflow sensor network design: A review of applications, classification, and a proposed framework [J]. Hydrology and Earth System Sciences, 21 (6): 3071-3091.

Chen F, Johnson M P, Alayev Y, et al. 2012. Who, when, where: Timeslot assignment to mobile clients [J]. IEEE Transactions on Mobile Computing, 11 (1): 73-85.

Dong D, Liao X, Liu Y, et al. 2011. Edge self-monitoring for wireless sensor networks [J]. IEEE Transactions on Parallel and Distributed Systems, 22 (3): 514-527.

Elsayed W M, El-Bakry H M, EL-Sayed S M. 2019. Data reduction using integrated adaptive filters for energy-efficient in the clusters of wireless sensor networks [J]. IEEE Embedded Systems Letters, 11 (4): 119-122.

Fei Z, Li B, Yang S, et al. 2017. A survey of multi-objective optimization in wireless sensor networks: Metrics, algorithms, and open problems [J]. IEEE Communications Surveys & Tutorials, 19 (1): 550-586.

Gopikrishnan S, Priakanth P. 2016. Hybrid tree construction for sustainable delay aware data aggregation in wireless sensor networks [J]. Wireless Personal Communications, 90 (2): 923-945.

Gupta A, Shekokar N. 2017. A novel K-means L-layer algorithm for uneven clustering in WSN [C]. International Conference on Computer, Communication and Signal Processing (ICCCSP), 1-6.

Halil Y, Kent T K C, Mohammed E-H, et al. 2017. A survey of network lifetime maximization techniques in wireless sensor networks [J]. IEEE Communications Surveys & Tutorials, 19 (2): 828-854.

Hammad A A, Todd T D, Karakostas G. 2015. Variable bit rate transmission schedule generation in green vehicular roadside units [J]. IEEE Transactions on Vehicular Technology, 65 (3): 1590-1604.

He H, Huang J, Zhang W. 2017. Multi-sensor activity recognition using 2DPCA and K-means clustering based on dual-measure distance [C]. 26th IEEE International Symposium on Robot and Human Interactive Communication. Lisbon: IEEE, 858-863.

Ibanez J A G, Leon M C, Ruiz A E, et al. 2017. GeoSoc: A geocast-based communication protocol for monitoring of marine environments [J]. IEEE Latin America Transactions, 15 (2): 324-332.

Kandukuri S, Lebreton J, Murad N, et al. 2016. Data window aggregation techniques for energy saving in wireless sensor networks [C]. IEEE Symposium on Computers and Communication. Messina: IEEE, 226-231.

Kim D, Velasco Y, Wang W, et al. 2016. A new comprehensive RSU installation strategy for cost-efficient VANET deployment [J]. IEEE Transactions on Vehicular Technology, 99 (1): 1-8.

Lee S, Bhattacharjee B, Banerjee S. 2005. Efficient geographic routing in multi-hop wireless networks [P]. Proceedings of the 6th ACM international symposium on Mobile ad hoc networking and Computing, 230-241.

Liang Z, Feng S, Zhao D, et al. 2011. Delay performance analysis for supporting real-time traffic in a cognitive radio sensor network [J]. IEEE Transactions on Wireless Communications, 10 (1): 325-335.

Liu Y, Xiong N, Zhao Y, et al. 2010. Multi-layer clustering routing algorithm for wireless vehicular sensor networks [J]. Communications Let, 4 (7): 810-816.

Luo X, Chang X H. 2015. A novel data fusion scheme using grey model and extreme learning machine in wireless sensor networks [J]. International Journal of Control, Automation, and Systems, 13 (3): 539-546.

Luís M B, Fernando J V, António S L. 2014. Survey on the characterization and classification of wireless sensor network applications [J]. IEEE Communications Surveys & Tutorials, 16 (4): 1860-1890.

Nguyen N T, Liu B H, Pham V T, et al. 2016. On maximizing the lifetime for data aggregation in wireless sensor networks using virtual data aggregation trees [J]. Computer Networks the International Journal of Computer & Telecommunications Networking, 105 (C): 99-110.

Ogbodo E U, Dorrell D, Abu- Mahfouz A M. 2017. Cognitive radio based sensor network in smart grid: Architectures, applications and communication technologies [J]. IEEE Access, 5: 19084-19098.

Pantazis N A, Nikolidakis S A, Vergados D D. 2013. Energy- efficient routing protocols in wireless sensor networks: A survey [J]. Communications Surveys & Tutorials IEEE, 15 (2): 551-591.

Passricha V, Chopra A, Singhal S. 2019. Secure deduplication scheme for cloud encrypted data [J]. International Journal of Advanced Pervasive and Ubiquitous Computing (IJAPUC), IGI Global, 11 (2): 27-40.

Piscataway N. 2012. Wireless LAN Medium Access Control (MAC) and Physical Layer (PHY) specifications [J]. IEEE D3, C1-1184.

Prathiba B, Jaya K, Sumalatha V. 2016. Enhancing the data quality in wireless sensor networks—A review [C]. 2016 International Conference on Automatic Control and Dynamic Optimization Techniques (ICACDOT). Pune: IEEE, 448-454.

Qian Z, Zhang X, Ju X, et al. 2018. An online data deduplication approach for virtual machine clusters [C]. 2018 IEEE SmartWorld, Ubiquitous Intelligence & Computing, Advanced & Trusted Computing, Scalable Computing & Communications, Cloud & Big Data Computing, Internet of People and Smart City Innovation. IEEE, 2057-2062.

Radia V S, Singh D K. 2016. Secure deduplication techniques: A study [J]. International Journal of Computer Applications, 9 (5): 8887.

Raghunathan V, Schurgers C, Park S, et al. 2002. Reviewing the research paradigm of techniques used in data fusion in WSN [J]. IEEE Signal Processing Magazine, 19 (2): 40-50.

Salem O, Liu Y, Mehaoua A. 2014. Anomaly detection in medical WSNs using enclosing ellipse and chi- square distance [C]. ICC, 3658-3663.

Singhal S, Kaushik A, Sharma P. 2018. A novel approach of data deduplication for distributed storage [J]. International Journal of Engineering and Technology, 7 (2): 46-52.

Usha M, Sreenithi S, Sujitha M, et al. 2017. Node density based clustering to maximize the network lifetime of WSN using multiple mobile elements [C]. 2017 International conference on Electronics, Communication and Aerospace Technology (ICECA). Coimbatore: IEEE, 10-15.

Wade R, Mitchell W M, Petter F, et al. 2003. Ten emerging technologies that will change the world [J]. Technology Review, 106 (1): 22-49.

Wen C, Zheng J. 2015. An RSU on/off scheduling mechanism for energy efficiency in sparse vehicular networks [C]. International Conference on Wireless Communications & Signal Processing. IEEE, 1-5.

Xia W, Jiang H, Feng D, et al. 2016. A comprehensive study of the past, present, and future of data deduplication [J]. Proceedings of the IEEE, 104 (9): 1681-1710.

Xu N. 2002. A survey of sensor network applications [J]. IEEE Communications Magazine, 40 (8): 102-114.

Yan H, Zhang Y, Pang Z, et al. 2014. Superframe planning and access latency of slotted MAC for industrial WSN in IoT environment [J]. IEEE Transactions on Industrial Informatics, 10 (2): 1242-1251.

Yan R, Sun H, Qian Y. 2013. Energy-aware sensor node design with its application in wireless sensor networks [J]. IEEE Transactions on Instrumentation & Measurement, 62 (5): 1183-1191.

Yu S, Zhang B, Li C, et al. 2014. Mouftah, routing protocols for wireless sensor networks with mobile sinks: A survey [J]. IEEE Communications Magazine, 52 (7): 150-157.

Yue J, Zhang W, Xiao W, et al. 2011. A novel cluster-based data fusion algorithm for wireless sensor network [J]. International Conference on Wireless Communications, Networking & Mobile Computing, 6796 (1): 1-5.

Zhang Y, Zhao J, Cao G. 2007. On scheduling vehicle-roadside data access [C]. ACM International Workshop on Vehicular Ad Hoc Networks. ACM, 9-18.

Zhang Z, Li J X, Liu L. 2016. Distributed state estimation and data fusion in wireless sensor networks using multi-level quantized innovation [J]. Science China Information Sciences, 59 (2): 1-15.

Zhang Z, Li J, Liu L, et al. 2015. State estimation with quantized innovations in wireless sensor networks: Gaussian mixture estimator and posterior Cramér-Rao lower bound [J]. Chinese Journal of Aeronautics, 28 (6): 1735-1746.

Zou P, Liu Y. 2015. An efficient data fusion approach for event detection in heterogeneous wireless sensor networks [J]. Applied Mathematics & Information Sciences, 9 (1): 517-526.

|第 2 章| 无线传感器网络数据去冗余技术

2.1 感知数据去冗余技术

数据去冗余技术涉及多个学科（Xu, 2002；Kimura and Latifi, 2005；蒋鹏等, 2017），根据数据去冗余技术中使用的不同算法，将 WSN 数据去冗余技术分为三类（Ogbodo et al., 2017；Aguirre et al., 2016）：基于统计学的数据去冗余技术、基于数据压缩的数据去冗余技术和基于人工智能的数据去冗余技术。

2.1.1 基于统计学的数据去冗余技术

基于统计学的数据去冗余技术主要是通过将概率分布和密度函数作为数据冗余判断的方式，去除冗余数据（Raghunathan et al., 2002；任丰原等, 2003；Budelmann, 2017；Chacon-Hurtado et al., 2017）。根据算法所使用数学统计方法的不同，将其分为以下几类（Xia et al., 2016；Singhal et al., 2018；Passricha et al., 2019；Radia and Singh, 2016）：参数估计法、卡尔曼滤波法、回归分析法、大数定律法和中心极限定理，以及拉格朗日插值和 K-S 检验法（杨超等, 2017；薛智爽等, 2019；Qian et al., 2018）。

2.1.1.1 参数估计法

参数估计法为统计推测的一类方法，主要通过在总体样本里随机选取部分样本的方式对总体分布参数进行估算（杨挺等, 2019；谈超, 2017；吴鹏等, 2019）。参数估计有最小二乘法、贝叶斯估计、最小均方（Least Mean Square, LMS）法和矩阵补全技术四类。

（1）最小二乘法

通过最小化预测值与真实值间误差平方和的方式，求解样本数据间的最佳匹配函数（徐继伟等, 2016；Kandukuri et al., 2016；He et al., 2017）。线性最小二乘公式为

$$y_i = \sum_{j=1}^{n} X_{ij}\beta_j \quad i = 1,2,3,\cdots,m \tag{2.1}$$

式中，y_i 为第 i 个等式的拟合结果；X_{ij} 为第 i 个等式中第 j 个样本数据；β_j 为第 j 个样本数据的模型参数；m 为等式数量；n 为样本数量，$m>n$。

Elsayed 等（2019）基于最小二乘法提出了一种分布式数据预测模型，基于过滤的数据预测方法，减少了传输数据量。同时，引入有限脉冲响应（Finite Impulse Response,

FIR）滤波器和递归最小二乘（Recursive Least Squares，RLS）自适应滤波器，通过消除传输信号中不必要的噪声和反射，提高信号的传输性能，使传输信号具有较高的收敛性，工作模式如图 2.1 所示。

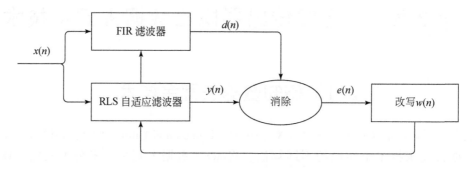

图 2.1　集成自适应过滤模型图

Chowdhury 等（2019）基于加权最小二乘法（Robust and Efficient Weighted Least Square，REWLS）提出了一种节能语义聚类（SEMantic CLustering，SEMCL）模型，用于缓解聚集式 WSN 高能耗问题。其采用稳健有效的 REWLS 来提供精确的数据预测，误差忽略不计。基于 REWLS 的预测方法，具有较高的数据预测精度，大大减少了簇内数据通信量，很大限度地节约了网络能耗；同时，该预测方法在数据准确性、可靠性、数据约简、能耗和网络寿命方面都有较好效果。REWLS 估计模型 β_{1p} 为

$$\beta_{1p} = \begin{cases} (\boldsymbol{X}^{\mathrm{T}}\boldsymbol{W}\boldsymbol{X})^{-1}\boldsymbol{X}^{\mathrm{T}}\boldsymbol{W}\boldsymbol{y} & \sigma_p > 0 \\ \beta_{0p} & \sigma_p = 0 \end{cases} \tag{2.2}$$

式中，$\boldsymbol{X}$ 为 $\boldsymbol{X} = (x_1, \cdots, x_p)^{\mathrm{T}}$；$\boldsymbol{W}$ 为 $\boldsymbol{W} = \mathrm{diag}\,(w_1, \cdots, w_p)$；$\boldsymbol{y}$ 为 $\boldsymbol{y} = (y_1, \cdots, y_p)^{\mathrm{T}}$；$\beta_{0p}$ 为基础估计；σ_p 为样本 p 的标准偏差。

（2）贝叶斯估计

B 为一个完备事件组，贝叶斯估计为在 A 发生的条件下某一事件 B_i 发生的概率 $P(B_i|A)$：

$$P(B_i \mid A) = \frac{P(B_i)P(A \mid B_i)}{\sum_{j=1}^{n} P(B_j)P(A \mid B_j)} \tag{2.3}$$

式中，$P(A \mid B_i)$ 为 B_i 发生的条件下 A 发生的概率；$P(B_i)$ 为 B_i 发生的概率；B_j 为第 j 个完备事件；n 为完备事件的数量。

Razafimandimby 等（2017）提出了一种贝叶斯推理方法（Bayesian Inference Approach，BIA），避免了传输高时空相关数据，在保证数据预测精度的同时，显著减少了传输数据量和能耗，并且通过置信传播（Belief Propagation，BP）算法推断了缺失数据。该方法使用每个传感器节点采集的数据集出发，对感知环境的状态 X 进行估计。基于著名的 Hammersley Clifford 定理，马尔可夫随机场（Markov Random Fields，MRF）模型的联合分

布 $P_X(x)$ 为所有可能函数的乘积，即

$$P_X(x) = \frac{1}{Z} \prod_i \varphi_i(x_i) \prod_{i,j \in E} \varphi_{ij}(x_i, x_j) \tag{2.4}$$

式中，Z 为归一化因子；$\varphi_i(x_i)$ 为证据函数；E 为编码两个节点 i 与 j 统计相关性的边集；$\varphi_{ij}(\cdot)$ 为势函数；x_i 和 x_j 分别为节点 i 和节点 j 的现象观测值。预测变量节点的最可能值模型方法 $p(y_v \mid x)$ 为

$$p(y_v \mid x) = \sum_{y_1} \sum_{y_2} \cdots \prod_{y_n} p(y_1, y_2, y_3, \cdots, y_n \mid x) \tag{2.5}$$

式中，x 为已有现象的观察值（如温度）；y_1 为推断现象的相关联值（如湿度）。该方法复杂度是 $O(\mid y \mid^{n-1})$。

Bolandi 等（2019）提出了一种基于概率论的结构健康监测系统数据约简新概念（Structural Health Monitoring，SHM），减轻了通过相对法收集和分析整个应变数据的负担，减少了 25% 以上的数据存储需求。概率密度函数 $\text{PDF}(\varepsilon)$ 为

$$\text{PDF}(\varepsilon) = \frac{1}{\sigma\sqrt{2\pi}} \text{e}^{-\frac{(\varepsilon-\mu)}{2\sigma^2}} \tag{2.6}$$

式中，μ 为累积时间分布的平均值；σ 为累积时间分布的标准差；ε 为随机变量；e 为自然常数。

（3）最小均方法

最小均方法是一种自适应滤波方法，具有一组连续估计的滤波权值。该算法的目标是最小化均方误差，即期望数据流和估计数据流之间的差异达到最小。

Tan 和 Wu（2015）利用分层最小均方（Hierarchical Least Mean Square，HLMS）自适应滤波器进行数据通信。该方法通过预测模型预测传感器节点和簇头节点/汇聚节点的测量值，传感器节点只需要发送那些误差预算偏离预测的数据。其对最小均方法的改进如下：

$$\overline{X}(n) = [x(n-1), x(n-2), \cdots, x(n-N)]^{\text{T}} \tag{2.7}$$

式中，$\overline{X}(n)$ 为由从时刻 $n-1$ 开始的前 N 个读数组成的集合。预测模型 $\overline{y}(n)$ 为

$$\overline{y}(n) = W^{\text{T}}(n)\overline{X}(n) \tag{2.8}$$

式中，$\overline{y}(n)$ 为 n 时刻实际读数 $x(n)$ 的预测值；$W^{\text{T}}(n)$ 为过滤系数；$\overline{X}(n)$ 为之前的 N 个读数的集合。该方法在收敛速度上有较大的提高，同时，在绝大多数情况下，误差始终保持在预算之内。

Fathy 等（2018）提出了一种自适应数据约简方法（Adaptive Method for Data Reduction，AM-DR）。该方法基于两个大小不同、解耦的 LMS 窗口滤波器的凸组合来估计源节点和汇聚节点的下一个测量值，传感器节点仅传输与预测值有明显偏离（同预定义的阈值比较）的感知数据。凸组合方案使用参数的权重 $\lambda(t)$ 用于合并两个过滤器。$\lambda(t)$ 是一个标量混合参数（$0 \leqslant \lambda(t) \leqslant 1$），用于维持这个组合方案的凸性。混合过滤器的权重 $w(t)$ 为

$$w(t) = \lambda(t) w_1(t) + [1 - \lambda(t)] w_2(t) \tag{2.9}$$

式中，$w_1(t)$ 和 $w_2(t)$ 分别为第一个滤波器和第二个滤波器在时刻 t 的权值。

（4）矩阵补全技术

Tan 等（2019）通过矩阵补全技术进行低冗余数据采集（Low Redundancy Data Collection, LRDC），只选择部分节点进行数据检测，将较少的数据传输给 Sink，从而减少了数据采集和传输的数据量，降低了网络能耗，加快了数据采集的过程。所采集的数据量必须大于矩阵补全技术所需要的数据量，以弥补路由数据的丢失。补全矩阵 M 为

$$M = \begin{bmatrix} x_{1,1} & x_{1,2} & \cdots & x_{1,n_2} \\ x_{2,1} & x_{2,2} & \cdots & x_{2,n_2} \\ \vdots & \vdots & \ddots & \vdots \\ x_{n_1,1} & x_{n_1,2} & \cdots & x_{n_1,n_2} \end{bmatrix} \tag{2.10}$$

式中，矩阵的行为同一传感器产生的数据被 Sink 接收；矩阵的列为不同传感器在相同周期内产生的数据被 Sink 接收。

（5）算法性能对比

针对基于参数估计的算法，主要从预测精度、历史数据、算法复杂度、去冗余率和集中式/分布式五方面进行对比分析。其中，DDPM（Elsayed et al., 2019）、SEMCL（Chowdhury et al., 2019）、BIA（Razafimandimby et al., 2017）三种方法的预测精度高，且需要历史数据进行分析。SEMCL（Chowdhury et al., 2019）、BIA（Razafimandimby et al., 2017）去冗余率高，DDPM（Elsayed et al., 2019）的去冗余率相对低一些。DDPM（Elsayed et al., 2019）适用于分布式，SEMCL（Chowdhury et al., 2019）适用于集中式，其余方法则是二者均可。基于参数估计的方法对比如表 2.1 所示。

表 2.1　基于参数估计的算法对比

算法	预测精度	历史数据	算法复杂度	去冗余率	集中式/分布式
DDPM	高	需要	高	低	分布式
SEMCL	高	需要	高	高	集中式
BIA	高	需要	$O(|y|^{n-1})$	高	均可
SHM	非预测	不需	低	低	均可
HLMS	高	需要	高	高	均可
AM-DR	高	需要	高	高	均可
LRDC	非预测	不需	低	高	均可

2.1.1.2 卡尔曼滤波法

卡尔曼滤波法利用线性状态方程，通过输入输出观测数据，对状态做最优估计。Botero-Valencia 等（2018）使用一种数据约简方法（A Method for Data Reduction, AMDR），即对被测变量进行动态子采样，对同一变量进行多个传感器的数据融合。传感器的输出信号具有高噪声成分，可以用高斯噪声来表征。因此，使用一维卡尔曼滤波器进行去噪，同时考虑变量范围进行数据缩放，实现数据约简，节约能源，减少传输时间，保持信道可用，节省存储空间。数据采集和缩减流程如图 2.2 所示。

图 2.2　数据采集和缩减流程

滤波方程为

$$\hat{X}_k = K_k Z_k + (1 - K_k) \hat{X}_{k-1} \tag{2.11}$$

式中，$\hat{X}_k$ 为估计值；Z_k 为实测值；K_k 为卡尔曼增益。

Lee 等（2016）提出一种用于设备驱动层传感器融合的卡尔曼滤波器，以解决陀螺仪漂移问题，这种问题在基于间接卡尔曼滤波的传感器融合中对定位计算的准确性产生了负面影响。该方法解决了间接卡尔曼滤波器状态向量中包含外部反馈环和非陀螺误差元素的问题，并且使应用程序可以独立于底层传感器硬件升级。

2.1.1.3 回归分析法

(1) 线性回归

线性回归（Linear Regression，LR）方程是用来求解多个变量间彼此相关程度的定量关系。使用线性一阶自回归模型对数据进行预测分析（仅适用于线性平稳的情况）。样本数据拟合方程 $f(\boldsymbol{x})$ 为

$$f(\boldsymbol{x}) = w_1 x_1 + w_2 x_2 + \cdots + w_d x_d + b \tag{2.12}$$

式中，w_d 为对样本 x_d 的拟合参数；d 为样本数；b 为误差项。向量形式为

$$f(\boldsymbol{x}) = \boldsymbol{w}^{\mathrm{T}} \boldsymbol{x} + b \tag{2.13}$$

式中，$\boldsymbol{w} = \{w_1, w_2, \cdots, w_d\}$；$\boldsymbol{x} = \{x_1, x_2, \cdots, x_d\}$。

Wang 等（2012）基于线性回归提出自适应近似数据采集（Approximate Data Collection，ADC）模型，在数据去冗余的过程中，使用线性回归算法进行数据预测。数据预测模型 $x_i(t)$ 为

$$x_i(t) = a_i x_i(t-1) + b_i x_i(t-2) + c_i x_i(t-3) + \delta_i N(0,1) \tag{2.14}$$

式中，$x_i(t)$ 为 t 时刻第 i 个数据的预测值；a_i、b_i 和 c_i 为真实变量；$\delta_i N(0,1)$ 为白噪声的标准误差函数。然而，随着数据的变化，预测误差也随之增加。因此，使用自回归

（Autoregressive，AR）预测模型预测非线性变化的方法，并不适用于非线性增减特征的数据。否则，预测误差较大，需要经常调整预测参数。

Hakansson 等（2019）提出一种传播策略（A Transmission Strategy，ATS），通过更新预测模型或将一组测量数据从传感器传输到融合中心（Fusion Center，FC），实现双重预测方案（Dual Prediction Scheme，DPS）的最小数据传输。使用最大熵引导算法对相关模型残差进行重采样，保留经验分布的随机特性。通过自举模型残差生成测量轨迹，估计每种策略的未来传输成本。融合中心和传感器处的预测模型 $\hat{x}_t$ 为

$$\hat{x}_t = h(\theta_t, x_{t-1}^{FC}) \tag{2.15}$$

式中，$\theta_t = [\theta_{t,1}, \theta_{t,2}, \cdots, \theta_{t,p}]^T \in R^p$，为维数 p 的预测模型参数；R 为实数集；$x_{t-1}^{FC} = [x_{j_1}^{FC}, x_{j_2}^{FC}, \cdots, x_{j_n}^{FC}]^T \in R^n$，为预测模型在融合中心的可用数据，其中 $\theta_t \in \{1, 2, \cdots, t-1\}$；$n$ 为维数。未来的轨迹 x_t 顺序使用估计预测模型和重新评估模型参数 θ_t，且从估计模型残差的经验分布中加入重新抽样的残差。

（2）非线性回归

非线性回归（Non-linear Regression，NLR）是指变量间呈某种非线性关系，使用线性回归法求解非线性回归预测问题。常用的曲线类型有幂函数、指数函数、抛物线函数、对数函数和S形函数。

Ruan 和 Lu（2018）基于非线性回归提出一种自适应时空相关（Self Adaptive Spatial-Temporal Correlation，SAS-TC）预测算法，用于测量感知数据的时间相关性，SAS-TC 预测算法通过已知数据信息来寻找数据变化的规律，建立数据积累或回归以预测数据的非线性变化。SAS-TC 预测算法简单且对非线性数据有较好的预测效果，适用于计算能力有限的传感器节点。SAS-TC 预测算法预测第 $k+1$ 时刻的第 i 个传感器的一阶累加生成算子 $\breve{x}_i^{(1)}(k+1)$ 为

$$\breve{x}_i^{(1)}(k+1) = \left[x_i(1) - \frac{b}{a}\right]e^{-ak} + \frac{b}{a} \quad k = 1, 2, \cdots, n \tag{2.16}$$

式中，$x_i(1)$ 为原始数据；a 为展开系数；e 为自然常数；n 为传感器数量；b 为灰色模型参数。根据生成算子来进行数据的预测，若预测值小于给定阈值，则节点将不会向簇头发送数据。若存在预测误差大于给定阈值，说明数据的变化趋势已改变，节点需要根据短期历史数据调整参数，并将监控的值和调整后的参数发送至集群，从而减少节点能量消耗。

（3）算法性能比较

对 ADC（Wang et al.，2012）、ATS（Hakansson et al.，2019）和 SAS-TC（Ruan and Lu，2018）三个算法进行对比分析发现，三个算法均依赖先验知识，且均适用于集中式或分布式，算法 ADC 和 ATS 表现为低算法复杂度和低去冗余率，适用于线性数据。相对于算法 ADC 和 ATS，算法 SAS-TC 表现为高算法复杂度和高去冗余率，且适用于非线性数据。同时，这也说明在去冗余率高的情况下，算法复杂度会增加。回归分析算法对比如表2.2所示。

表 2.2　回归分析算法对比

算法	适用范围	先验知识依赖	算法复杂度	去冗余率	集中式/分布式
ADC	线性	依赖	低	低	均可
ATS	线性	依赖	低	低	均可
SAS-TC	非线性	依赖	高	高	均可

2.1.1.4　大数定律法和中心极限定理

大数定律：当样本数量规模 n 越大，样本平均值将越趋近于总体平均值（期望 μ）。因此，样本平均值常被用于估计 μ。

中心极限定理：假设 $\{X_n\}$ 为独立同分布的随机变量序列，并具有相同的期望 μ 和方差 σ^2，则 $\{X_n\}$ 服从中心极限定理，且 Z_n 为随机序列 $\{X_n\}$ 的范围和：

$$Y_n = X_1 + X_2 + \cdots + X_n = \sum_{i=1}^{n} X_i \to N(n\mu, n\sigma^2) \tag{2.17}$$

$$Z_n = \frac{Y_n - E(Y_n)}{\sqrt{D(Y_n)}} = \frac{Y_n - n\mu}{\sqrt{n}\sigma} \to N(0,1) \tag{2.18}$$

中心极限定理表明，独立且同分布的随机变量在总体数量趋于无穷时其分布是近似服从正态分布的。

Tayeh 等（2018）提出一个基于统计理论的模型（Statistic Theory-Based Model, STBM），该模型由两个统计定理组成：①中心极限定理，该定理支持对传感器节点测量的数据进行归一化；②大数定律，根据邻居的平均数量和传感器节点到网关的最远距离，可以外推到类似的场景。预测方法 p 基于两个输入变量：一组观测值 X 和一组参数 θ，即 $p_\theta(X) = p(X, \theta)$。其中，$\theta$ 的值通过预测"精度模型"的复杂性或信息丢失的函数得到。该方法比使用 AR、自回归综合移动平均（Autoregressive Integrated Moving Average, ARIMA）或指数平滑（Exponential Smoothing, ES）模型的数据传输量少，且不超过限制内存和计算能力。

Liazid 等（2019）在 Tayeh 等（2018）的基础上提出了一种改进自适应双重预测算法（Improving the Adaptive Dual Prediction, IADP），该算法不依赖数据历史表来更新漂移时的模型参数。其思想是使用过去预测序列中使用的模型集合来预测新模型的参数，而不是使用数据历史表，避免使用数据历史表减少了从传感器节点到接收器的数据传输。算法对比如表 2.3 所示。

表 2.3　算法对比

算法	适用范围	先验知识依赖	算法复杂度	去冗余率	集中式/分布式
SM	大型网络	依赖	低	高	集中式
IADP	均可	不依赖	高	高	均可

2.1.1.5 拉格朗日插值和 K-S 检验法

K-S 检验法通过对两个分布间的差异进行分析，判断样本的观察结果是否来自制定分布的总体。

Harb 等（2019）提出的数据预测和处理技术（Data Prediction and Processing Approach, DPPA）包括两个阶段：节点上的预测模型和网络内的聚合算法。第一阶段使用拉格朗日插值多项式模型减少传感器节点产生的数据量，每个节点发送拉格朗日插值多项式的系数，而不是发送整个采集的数据。接收器将根据接收到的拉格朗日插值多项式系数恢复数据。第二阶段采用基于 K-S 的数据统计模型搜索周期性生成相似数据的邻近节点，以减少相邻节点产生数据间冗余。根据拉格朗日度（d）保证数据的准确性，通过增加 d 提高准确度，否则减少 d。

2.1.2 基于数据压缩的数据去冗余技术

2.1.2.1 无损压缩

无损压缩在监控应用程序（如生物医学应用程序）中是必需的，在生物医学应用程序中，即使是非常小的信号变化也可以传递所分析的物理过程的重要信息。

Giorgi（2019）提出了一种多传感器系统无损压缩算法（Lossless Compression Algorithm for Multi-sensor Systems, LCAMS），该方法基于改进的 Golomb 编码，利用联合集的定义来减少与编码词前缀相关的冗余。首先，计算每个信号与多项式预测器的预测值的残差。其次，采用一种新的向量编码方案来压缩残留值。Golomb 编码不需要编码表就可以使用无前缀编码完成编码，减少了内存空间的使用。指数 Golomb 编码是基于一个对数索引函数 $f(z)$：

$$f(z) = \lfloor \log_2(1+z) \rfloor \tag{2.19}$$

式中，z 为一个属于索引集的非负整数，z 的码字由两部分组成：前缀和后缀，前缀是索引 i 的一元编码，即 i 后面跟一个零，后缀对应于 $1+z$ 二进制表示的第 i 个最低有效位；$\lfloor \cdot \rfloor$ 为向下取整。

Yin 等（2016）提出了一个基于网络编码和压缩数据收集（Compressed Data Gathering, CDG）方法，其中汇聚节点自适应地查询感兴趣的节点来获取适量测量值，并详细分析了自适应测量形成过程及终止规则。同时，开发了一个最大叶节点最小 Steiner 节点（Maximum Leaf Nodes Minimum Steiner Nodes, MLMS）的 NP-完全模型，实现了一个可伸缩的贪心算法。

Zhang Z 等（2019）提出了一个基于深度学习的叠加稀疏去噪自编码器压缩感知（Stacked Sparse Denoising Autoencoder Compressed Sensing, SSDAECS）模型。该模型主要由编码器子网和解码器子网组成，将传统的线性测量方法转化为多个非线性编码器子网络的测量方法，然后使用经过训练的解码器子网，学习训练数据中的结构特征解决压缩感知恢复问题。

2.1.2.2 有损压缩

有损压缩表示对视频或声波等数据不敏感，容许压缩中丢失一部分数据。尽管解压后无法完全一样，但丢失数据对原来数据几乎无影响。

Zhang S 等（2019）提出了一个差分进化压缩感知（Differential Evolution Compressed Sensing，DECS）的数学模型。利用基因表达数据固有的稀疏性，DECS 可以从低维随机复合测量中学习稀疏模块字典和层次，重建具有显著数量级的高维基因表达数据。通过自适应变异算子避免过早收敛，DECS 对基因表达数据具有较强的恢复能力，但压缩和解压缩过程中的信息损失限制是不可避免的，信息丢失会导致样本相似性失真和高维基因表达估计误差。

Liu 等（2017）提出了一个利用传感器节点计算能力和通信能力的分布式紧凑感知矩阵跟踪（Distributed Compact Sensing Matrix Pursuit，DCSMP）算法。DCSMP 算法主要包括两部分：公共支持集估计和创新支持集估计。该算法首先依托于实际采集系统构造了各传感器的独立传感矩阵；然后根据原始传感矩阵，利用相似度分析建立了紧凑的传感矩阵；最后使用基于投影测量向量和投影感知矩阵的正交匹配追踪（Orthogonal Matching Pursuit，OMP）算法来搜索创新支持集。

Subbu Lakshmi 等（2019）提出了一种基于视频帧纹理特性的自适应压缩方案（An Adaptable Compressive Scheme based on The Texture Property of The Video Frames，ACSTPVF），利用局部方向图（Local Directional Pattern，LDP）提取纹理特征。

Yuan 等（2019）提出了一种基于压缩感知的分簇联合环形路由数据采集（Compressive Sensing based Clustering Joint Annular Routing Data Gathering，CS-CRADG）方案。

基于数据压缩的数据去冗余算法对比分析，如表 2.4 所示。

表 2.4 基于数据压缩的数据去冗余算法对比

算法	适用范围	先验知识依赖	算法复杂度	去冗余率	集中式/分布式
LCAMS	无损	不依赖	$O(N)$	低	均可
CDG	无损	不依赖	低	低	均可
SSDAECS	无损	依赖	高	低	均可
DECS	有损	不依赖	$O(n \cdot N^2 \cdot I)$	高	均可
DCSMP	有损	不依赖	$N_{CO} \cdot O(KM)$	高	分布式
ACSTPVF	有损	不依赖	高	高	均可
CS-CRADG	有损	不依赖	高	高	均可

通过算法的对比分析，LCAMS、CDG 和 SSDAECS 去冗余率相对比较低，而 DECS、DCSMP、ACSTPVF 和 CS-CRADG 去冗余率相对比较高。DCSMP 适用于分布式，而 LCAMS、CDG、SSDAECS、DECS、ACSTPVF 和 CS-CRADG 可以适用于集中式或分布式。未来将探索

神经网络方法来减轻压缩和解压缩过程中的信息损失，如深度分层和先验网络。

2.1.3　基于人工智能的数据去冗余技术

2.1.3.1　机器学习

机器学习是一种数据分析技术，机器学习精准定义为任务、训练过程、模型表现。机器学习算法在 WSN 网络中的应用，主要包含主成分分析（Principal Component Analysis，PCA）、最优选择 k 近邻（k-Nearest Neighbor）、k 均值和决策树等。

（1）主成分分析

PCA 是一种利用正交变换将一组可能相关变量的观测值转换成一组称为主成分的线性不相关变量的值的统计过程。将相关性强的变量删除，保留相关性弱的变量，使得留下的变量两两不相关，而且这些变量尽可能保留了特征信息。

Alduais 等（2017）采用基于 PCA 的更新频率度量（Updating Frequency Metric，UFM）的方法来评估 WSN 中不同多元数据约简模型的性能；同时，在训练阶段，进行了自适应阈值改进，去冗余后的数据结果 $\boldsymbol{D}_{1\times\mathrm{PC}}[t]$ 为

$$\boldsymbol{D}_{1\times\mathrm{PC}}[t]=\overline{\boldsymbol{S}}_{1\times n}[t]\times\boldsymbol{R}_{\mathrm{PC}\times n} \tag{2.20}$$

式中，$\boldsymbol{R}_{\mathrm{PC}\times n}$ 为主成分 PC 特征向量约简矩阵，表示参考参数；$\overline{\boldsymbol{S}}_{1\times n}[t]$ 为对新的实时传感数据的标准化矩阵。改进后的算法在多变量数据约简模型方面保证了去冗余的有效性，同时自适应阈值也提高了参数的更新频率。

（2）最优选择

Tayeh 等（2019）提出了一种新的数据约简方案——基于时空相关性的采样和传输速率自适应方法（Spatial-Temporal Correlation based Approach for Sampling and Transmission rate Adaptation，STCSTA），即利用传感器数据之间的时空相关性来确定所部署传感器节点的最佳采样策略。STCSTA 通过发现所报告数据集间的时空相关性，并对未采样的部分进行预测，来再现未采样的数据。该方法使用皮尔逊相关系数计算每对向量（v_i，v_j）之间的线性相关关系，提供了关于关联或相关性的大小以及关系的方向的信息。皮尔逊相关系数 $\rho(v_i,v_j)$ 为

$$\rho(v_i,v_j)=\frac{1}{n-1}\times\sum_{i=1}^{n}\left(\frac{v_i-\overline{\mu}_i}{\sigma_{v_i}}\right)\left(\frac{v_j-\overline{\mu}_j}{\sigma_{v_j}}\right) \tag{2.21}$$

式中，μ 为平均值；σ 为标准方差。

（3）k 近邻

Salman（2018）提出了一种数据转换（Data Transition，DaT）协议，该协议通过去除

冗余数据来降低传感器节点内部的数据传输成本，每个时期都有两个阶段。第一个阶段是数据分类，根据改进的 k 近邻技术将采集到的遥感数据分成若干类。将相似的类合并为一类，进一步减少传输数据量。第二阶段，每个类选出最具代表性的数据发送给 Sink。

（4） k 均值

蒋鹏等（2017）提出了一种基于节点数据图像的均值滤波（Mean Filtering of Node Data Image，MFNDI）算法，降低了大规模无线传感网中的冗余数据量及能量消耗。通过节点间的位置关系对节点分簇并标记簇头，然后根据各簇内节点获取的数据信息进行图像化建模，将各簇簇头获取的数据作为参照，对图像化后的簇内节点进行均值滤波，进而将簇内节点划分为活跃节点与休眠节点，活跃节点为传感网提供有效数据而休眠节点进入休眠状态。S_{xy} 为中心在点 $(x，y)$、大小是 $m×n$ 的矩形子窗口的一组坐标集，均值滤波器在定义的区域中计算被噪声污染的图像平均值 $\hat{f}$。

$$\hat{f} = \frac{1}{mn} \sum_{(x,y) \in S_{xy}} g(x,y) \qquad (2.22)$$

均值滤波通过一点与邻域内像素点求平均来去除突变的像素点，从而滤除邻域内存在的噪声，$g(x，y)$ 为数据邻域。

He 等（2017）提出一种新的基于二维主成分分析（2DPCA）和双尺度距离 k 均值（DMk-Means）聚类的多传感器活动识别方案——2DPCA_DMk-Means。在不改变活动样本固有数据结构的前提下，将 2DPCA 应用于活动样本的小波特征矩阵。DMk-Means 通过测量不同活动的特征向量，利用欧几里得距离和皮尔逊相关距离将样本分组成簇，进而对冗余数据进行缩减。

Idrees 等（2019）提出了一种具有增强 k 均值的综合分治（Integrated Divide and Conquer with Enhanced k-Means，IDiCoEk）策略，用于 WSN 的节能数据聚合。IDiCoEk 将节点分为两个级别：节点级和集群头级。在传感器节点采用分治算法，从采集的测量数据中去除冗余数据，然后发送给簇头。簇头采用一种增强的 k 均值方法，将从传感器节点接收到的数据集聚为一组相近的数据集，然后每组将最具代表性的数据集发送到 Sink。增强的 k 均值算法的时间复杂度和存储复杂度分别为 $O（tkT）$ 和 $O\left[（T+k）m\right]$，其中 t 为总迭代次数，k 为簇数，m 为向量维数，T 为度量向量的长度。

（5） 决策树

Mohamed 等（2019）基于决策树方法，提出了一个自适应框架（An Adaptive Framework，AAF），以减少数据传输量。当智慧电表（Smart Meter，SM）读数接近预测值时，智慧电表不发送该读数。采用监督学习 C4.5、分类与回归树（Classification and Regression Tree，CART）、Hoeffding 三种决策树算法，寻找轻量预测方法（朴素法、移动平均法、指数平滑法）与数据统计特征（趋势、季节性、自相关、偏态、峰度、非线性、自相似、混沌、均值、标准差）之间的关系。C4.5 是一种贪心的分治算法，用于分类和规则归纳。CART 是一种在给定输入随机变量 X 条件下输出随机变量 Y 的条件概率分布的

学习方法。Hoeffding 是一种能够从海量数据流中学习的增量决策树算法。数据去冗余预测模型 $z(n)$ 为

$$z(n) = \begin{cases} y(n) & e(n) \leq e\_\mathrm{max} \\ x(n) & e(n) > e\_\mathrm{max} \end{cases} \tag{2.23}$$

式中，$x(n)$ 为真实值；$y(n)$ 为预测值；$e(n) = |y(n) - x(n)|$，为误差；e_max 为误差阈值。

(6) 算法对比

算法对比如表 2.5 所示。可以看出 UFM、STCSTA、DaT、MFNDI、2DPCA_DMk-Means、IDiCoEk、AAF 7 个算法，均适用于集中式或分布式。UFM、STCSTA 和 AAF 冗余率比较低，MFNDI、2DPCA_DMk-Means、IDiCoEk 和 AAF 算法复杂度比较高。同时 UFM、STCSTA、DaT、MFNDI、2DPCA_DMk-Means、IDiCoEk、AAF 均依赖先验知识，在未来的工作中，建议开发一个针对多变量时间序列的实时数据约简框架，分析多变量时间序列，找出不同变量之间的关系，然后从其他变量中预测一个新的变量。针对 MFNDI，可以对多变量和多维情况下的节点数据进行建模，以应对更加复杂的网络结构。

表 2.5 回归分析算法比较

算法	算法类型	先验知识依赖	算法复杂度	冗余率	集中式/分布式
UFM	PCA	依赖	低	低	均可
STCSTA	最优选择	依赖	低	低	均可
DaT	k 近邻	依赖	低	高	均可
MFNDI	k 均值	依赖	高	高	均可
2DPCA_DMk-Means	k 均值	依赖	高	高	均可
IDiCoEk	k 均值	依赖	高	高	均可
AAF	决策树	依赖	高	低	均可

2.1.3.2 深度学习

长短期记忆（Long Short Term Memory，LSTM）网络是深度学习中人工增强的递归神经网络（Recursive Neural Network，RNN）模型，非常适合对具有时间序列特征的数据进行分类、处理和预测。

Saad 等（2019）提出一种基于循环的分布式预测模型用于分层大规模传感器网络，Sink 节点使用基于 LSTM 的数据预测模型，以便在休眠模式下预测传感器数据。每个传感器均会在一轮中某个时间段将收集到的数据值发送到 Sink，Sink 可以根据接收到的数据预测同一轮中其他时间段的数据，从而减少数据的传输量，降低能耗。在未来的工作中，首先，计划将该模型应用于反应周期传感器网络，在这种网络中，传感器的采样率在不同的传感器之间以及在不同的周期之间可能有所不同。其次，计划研究相邻传感器节点之间的相关性，以提高预测技术的准确性。LSTM 在 Sink 节点的应用如图 2.3 所示。

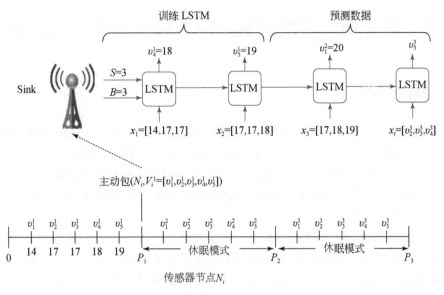

图 2.3　LSTM 在 Sink 的应用

2.1.3.3　模糊逻辑

模糊逻辑是在模糊集理论的基础上产生的，通过隶属度将实体元素映射到在区间 [0, 1] 上取值无穷的模糊集合。模糊逻辑是根据赋予命题真值的程度而产生的，真值（度）的标准集是 [0, 1]，其中 0 表示完全错误，1 表示完全正确，其他数字表示部分正确。

Izadi 等（2015）提出一种基于模糊的 WSN 数据融合方法，旨在提高服务质量的同时降低传感器网络的能量消耗。该方法能够区分和聚合所收集数据的真实值，从而减少 Sink 处理整个数据的负担。它还可以消除冗余数据、降低能耗，使网络寿命得到提高。Izadi 等（2015）研究中使用 2 类型模糊逻辑系统（Type-2 Fuzzy Logic System，T2FLS），因为 T2FLS 中的模糊隶属函数使用自身的模糊集隶属度，而 1 类型模糊逻辑系统（Type-1 Fuzzy Logic System，T1FLS）使用固定模糊隶属度，无法直接解决变量条件。因此，T2FLS 可以在难以确定合适的隶属函数时发挥有效的作用。

2.1.3.4　数据挖掘

数据挖掘，又称数据库中的知识发现，在大量数据中发现有趣而有用的模式和关系，且同统计学和人工智能（如神经网络和机器学习）的工具与数据库管理相结合，为挖掘具有价值意义的数据提供了更大的可能。

Fouad 等（2015）对 WSN 数据挖掘和数据融合技术的发展现状进行了综述和讨论。作为大数据的主要来源，数据挖掘是至关重要的网内的传感器数据处理，可以延长网络生命周期，减少冗余数据量，从而加速数据的价值提取过程。

2.2 基于最大时间阈值与自适应步长的去冗余算法

2.2.1 相关工作

WSN 的增长可以通过无线传感器节点数量的增加和向汇聚节点 Sink 发送的数据量以及在 WSN 中传输的数据类型的多样性来描述。WSN 是面向信息的网络,传感器节点产生的信息是其最有研究意义的资产。然而,传感器节点通常具有极少的能源资源,其中传输数据是消耗电池电量最多的任务。因此,如何减少 WSN 中存在的大量冗余数据,已成为 WSN 应用的最大挑战之一。

Chowdhury 等(2019)基于加权最小二乘法提出了一种节能语义聚类模型(SEMCL),用于缓解聚集式 WSN 高能耗问题。该模型采用稳健有效的加权最小二乘法来提供精确的数据预测。Botero-Valencia 等(2018)提出了一种数据缩减方法,该方法首先对被测变量进行动态子采样,然后对同一变量进行多个传感器的数据融合。传感器的输出信号具有高噪声成分,因此可以用高斯噪声来表征。之后,使用一维卡尔曼滤波器进行去噪处理,同时考虑变量范围进行数据缩放,实现数据缩减,从而节约能源,减少传输时间,保持信道可用并节省存储空间。Zhang Z 等(2019)提出了 SSDAECS 模型,该模型主要由编码器子网和解码器子网组成。Salman(2018)提出了一种数据转换协议,避免了冗余数据,减少了数据传输能耗。

以上方法均缺乏对去冗余结果与源数据间关系的分析,尽管这些方法优化了算法性能,却导致了高能耗、生命周期短以及数据误差大的问题。这些方法虽然有效地减少了数据冗余量和数据传输能耗,但因缺少数据的整体研究分析,导致部分重要特征数据缺失,从而影响了用户决策的准确性。

为优化上述方法存在的问题,通过对时间相关性的深入分析,提出一种基于时间阈值与自适应步长的去冗余算法(TCDA)。针对数据变化稳定引起数据相似阈值失效的问题,TCDA 通过引入最大时间阈值有效地控制了数据相似阈值失效引起数据去除不合理的情况。此算法不仅可以减少局部特征数据的误差,还可以使用户通过特征数据呈现的关键信息做出正确的决策。针对算法复杂性高造成计算能耗增加的问题,TCDA 设计了自适应步长机制,综合考虑了 WSN 感知数据的时序性特点以及判断数据相似性的规则特点,通过改进算法中感知数据相似性判断的比较步长,有效降低了算法的计算复杂性,减少了计算能耗。

2.2.2 问题描述

WSN 由一个或多个 Sink 和 n 个传感器节点构成,Sink 被布置于监测区域外,传感器节点被随意分散在监控区内。节点彼此间均可以直接通信。系统模型如图 2.4 所示,

TCDA 算法中用到的参数如表 2.6 所示。

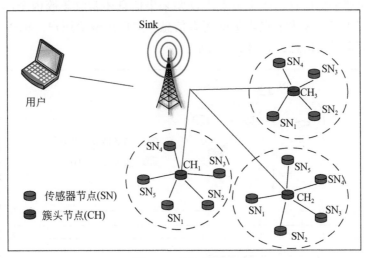

图 2.4   系统模型图

表 2.6   TCDA 算法中用到的参数

参数	参数描述
$s_{i,j}$	t_i 与 t_j 时刻的感知数据 X_i 与 X_j 的相似数据距离
T_h	数据相似阈值
E_{t_f}	未去冗余所需的传感器总能耗
E_{t_b}	去冗余后的数据传输能耗
E_{all_b}	去冗余所需的总能耗
E_c	计算总能耗
E_{unit}	传输单位数据量所需能耗
E_{ac}	单位计算的能耗
r	数据去冗余率
N_{max}	相似矩阵中涉及的最大数据量
T_{max}	最大时间阈值
R_{SN_i}	SN_i 的非冗余数据集
R_T	各个节点非冗余时间集
N_{all}	未去冗余的数据总量
N_{exist}	进行去冗余处理后的数据量
t	最大时间差
R	传输能耗提升率
R_{com}	计算能耗使用率
D_{temp}	存放冗余数据的集合

图2.4由簇CH_1、簇CH_2和簇CH_3三个簇构成,分别含有一个簇头节点和多个簇内节点。簇内节点主要采集信息,簇头节点不仅要采集信息还要收集簇内全部簇内节点的信息。Sink主要汇集三个簇头节点收集的所有信息,然后传输给用户。WSN中全部簇内节点均采用同一频率采集信息,如图2.5所示。

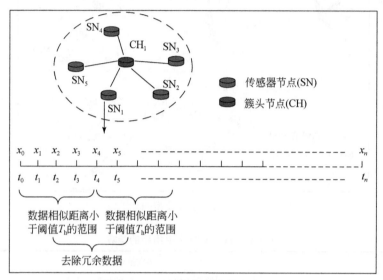

图2.5　WSN数据采集模型分析

CH_i节点采集的数据集D_{CH_i}为

$$D_{CH_i} = \{D_{SN_1}, D_{SN_2}, D_{SN_3}, \cdots, D_{SN_n}\} \tag{2.24}$$

$$D_{SN_i} = \{X_0, X_1, X_2, X_3, X_4, \cdots, X_n\} \tag{2.25}$$

$$R_{SN_i} = f(D_{SN_i}) \tag{2.26}$$

$$R_{CH_i} = \{R_{SN_1}, R_{SN_2}, R_{SN_3}, \cdots, R_{SN_n}\} \tag{2.27}$$

式中,D_{SN_i}为SN_i在时间集$T = \{T_0, T_1, T_2, T_3, \cdots, T_n\}$采集的数据集;$R_{SN_i}$为$SN_i$的数据集$D_{SN_i}$通过冗余函数$f(D_{SN_i})$处理的结果集;$R_{CH_i}$为$CH_i$收集的簇内节点去冗余后的结果数据。例如,在时间$T$集合内对一事件进行数据采集,由于数据采集比较频繁,事件变化的可能性非常小,采集的数据彼此间变化也甚小,因此将$\{T_1, T_2, T_3, T_4\}$对应的数据$\{X_1, X_2, X_3, X_4\}$作为冗余数据,且将非冗余数据$\{X_0\}$传给CH_i。

在求数据相似过程中,针对冗余数据计算量不断增大的问题,TCDA通过自适应步长调整计算复杂度。如图2.6所示,计算量依次为$1, 2, 3, 4, \cdots, n-2$;改进前总计算量为$N_{com} = \dfrac{(n-2)(n-1)}{2}$,改进后总计算量为$N'_{com} = n^2 / S_{auto}$。

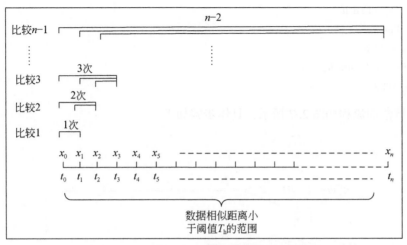

图 2.6 基于时间序列相关性数据去冗余判别

2.2.3 TCDA 算法

WSN 采集数据的过程具有三个特点：时序性、有效性和高冗余。TCDA 算法充分考虑了这三个特点对去冗余的影响，同时达到了减小冗余率、降低复杂性的目的。如算法 2.1 所示。

算法 2.1 TimeDeRedudent （）

输入：D_{SN_1}

输出：R_{SN_1}, R_T

1.　　While（传感器未死亡）Do
2.　　　　$S_{auto} \leftarrow 1; j \leftarrow 0$
3.　　　　If$(i == 0)$
4.　　　　　　$R_{SN_1} \leftarrow R_{SN_1} \cup \{X_0\}$
　　　　　　　$R_T \leftarrow R_T \cup \{T_0\}$
5.　　　　Else
6.　　　For$[j \leftarrow j + S_{auto}$ To $n \leftarrow length(D_{temp})]$ Do
7.　　　　由式（2.30）更新 S_{auto}
8.　　　　　$s_{i,j} = |X_i - X_j|$
9.　　　　　If $(s_{i,j} \leqslant T_h$ and $t \leqslant T_{max})$
10.　　　　　　$D_{temp} \leftarrow D_{temp} \cup \{X_i\}$
11.　　　　　　End If
12.　　　　　If $(s_{i,j} > T_h$ and $t > T_{max})$
13.　　　　　　$R_{SN_1} \leftarrow R_{SN_1} \cup \{X_i\}$
　　　　　　　$R_T \leftarrow R_T \cup \{T_i\}$

14. $D_{\text{temp}} \leftarrow$ Null

15.   End If

      End For

16.   End Else

17. $i \leftarrow i+1$; Return R_{SN_1}, R_T

18. End While

TCDA 算法的流程如图 2.7 所示，具体步骤如下。

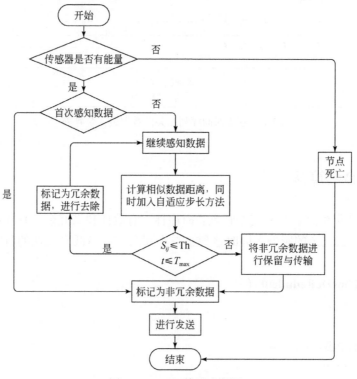

图 2.7   TCDA 算法流程图

步骤 1：SN_1 采集感知数据，对数据分析处理如下。

在 $T = \{T_0, T_1, T_2, T_3, \cdots, T_n\}$ 时间集的各个时间点，SN_1 对应采集的数据为 $D_{\text{SN}_1} = \{X_0, X_1, X_2, X_3, X_4, \cdots, X_n\}$，通过初步冗余函数处理得到的去冗余结果集为 $R_{\text{SN}_1} = \{X_0\}$，$R_T = \{T_0\}$，传输给 CH_1。

步骤 2：计算 T_i 与 T_j 时刻分别对应的感知数据 X_i 和 X_j 的相似数据距离矩阵 S_d。

$$S_d = \begin{pmatrix} s_{0,0} & s_{0,1} & \cdots & s_{0,n-1} & s_{0,n} \\ s_{1,0} & s_{1,1} & \cdots & s_{1,n-1} & s_{1,n} \\ \vdots & \vdots & \ddots & \vdots & \vdots \\ s_{n-1,0} & s_{n-1,1} & \cdots & s_{n-1,n-1} & s_{n-1,n} \\ s_{n,0} & s_{n,1} & \cdots & s_{n,n-1} & s_{n,n} \end{pmatrix} \tag{2.28}$$

式中，S_d 为对称矩阵，并且对角线元素为 0。

感知数据 X_i 与 X_j 的相似数据距离 $s_{i,j}$ 为

$$s_{i,j} = |X_i - X_j| \quad 0 < i < j < n \leqslant N_{\max} \tag{2.29}$$

式中，n 为相似数据距离矩阵中涉及的数据量；$N_{\max}$ 为相似数据距离矩阵中涉及的最大数据量。

步骤 3：冗余数据判别条件为，相似数据距离 $s_{i,j}$ 和最大时间差 t 分别与数据相似阈值 T_h 和最大时间阈值 $T_{\max}$ 进行比对；同时在数据冗余比对过程中，通过加入自适应步长 S_{auto} 减小计算复杂度。

自适应步长 S_{auto} 为

$$S_{\text{auto}} \leftarrow \begin{cases} 1 & \left\lfloor \dfrac{\text{Num}(D_{\text{temp}})}{2} \right\rfloor = 0 \\ \left\lfloor \dfrac{\text{Num}(D_{\text{temp}})}{2} \right\rfloor & \left\lfloor \dfrac{\text{Num}(D_{\text{temp}})}{2} \right\rfloor \neq 0 \end{cases} \tag{2.30}$$

式中，$\text{Num}(D_{\text{temp}})$ 为临时存放冗余数据集的冗余数据量，冗余数据集依据数据是否为冗余数据而变化。$\left\lfloor \dfrac{\text{Num}(D_{\text{temp}})}{2} \right\rfloor$ 表示不超过 $\dfrac{\text{Num}(D_{\text{temp}})}{2}$ 的最大整数。在每个冗余判断周期中，通过自适应步长 S_{auto} 改变相似数据距离 $s_{i,j} = |X_i - X_j|$ 求解过程中的两个感知数据 X_i 和 X_j 分别对应的索引位置 $j = i$，$i = i + S_{\text{auto}}$，进而达到减小计算复杂度的目的。

各个冗余判断周期中，两个感知数据 X_i 和 X_0 分别对应的感知时间的差值 t 为

$$t = T_i - T_0 \tag{2.31}$$

式中，T_i 为第 i 个数据的感知时间；T_0 为各个冗余判断周期内第一个数据的感知时间。

冗余数据判别规则：若满足 $s_{i,j} \leqslant T_h$ 且 $t \leqslant T_{\max}$，则为冗余数据，将其进行去除。若满足 $s_{i,j} > T_h$ 且 $t > T_{\max}$，将 t_i 时刻的感知数据，看作非冗余数据，将去冗余结果 $R_{\text{SN}_1} = R_{\text{SN}_1} \cup \{X_i\}$，$R_T = R_T \cup \{T_i\}$ 传输给 CH_1。

步骤 4：CH_1 将收集到的去冗余结果数据传输给 Sink。

2.2.4　性能分析

2.2.4.1　算法复杂性

假设每个冗余周期数据规模为 n，对 TCDA 算法整个去冗余过程中的时间复杂度作如下分析：第 1 步，得到实验数据用到的时间复杂度为 $O(n)$，初次传输去冗余结果的时间复杂度为 $O(1)$。第 2 步，求解 S_d 用到的时间复杂度为 $O[n(n-1)/2]$。第 3 步，通过自适应步长 S_{auto} 来降低求解 S_d 的算法复杂度，所用到的时间复杂度为 $O(n^2/m)$；第 4 步，将每个冗余周期中的非冗余数据结果传输给 Sink 的时间复杂度为 $O(1)$。在第 3 步，TCDA 算法临时存放非冗余数据所需的空间复杂度为 $O[\text{length}(R_{\text{SN}_i})]$。因此，TCDA 算法的时间

复杂度为 $O(n^2/m)$，空间复杂度为 $O[\text{length}(R_{\text{SN}_i})]$，消息复杂度为 $O[\text{length}(R_{\text{SN}_i})]$。

2.2.4.2　能耗分析

目前仅分析研究在时间序列上感知数据间的冗余相关性，因此，仅分析讨论传输大量的数据和算法复杂性分别对传输能耗和计算能耗的影响。

未去冗余所需的传感器总能耗 E_{t_f} 为

$$E_{t\_f} = E_{\text{unit}} \times N_{\text{all}} \tag{2.32}$$

式中，E_{unit} 为传输单位数据量所需能耗；N_{all} 为未去冗余的数据总量。

$$N_{\text{all}} = \sum_{i=1}^{n} \text{length}(D_{\text{CH}_i}) \tag{2.33}$$

式中，$\text{length}(D_{\text{CH}_i})$ 为 CH_i 收集的所有数据量；$\sum_{i=1}^{n} \text{length}(D_{\text{CH}_i})$ 为 n 个簇头节点收集的所有数据量之和；D_{CH_i} 通过式（2.24）求得。

去冗余所需的总能耗 $E_{\text{all\_b}}$ 为

$$E_{\text{all\_b}} = E_{t\_b} + E_c \tag{2.34}$$

式中，E_{t_b} 为去冗余后的数据传输能耗；E_c 为去冗余的算法的计算总能耗。

去冗余后的数据传输能耗 E_{t_b} 为

$$E_{t\_b} = E_{\text{unit}} \times (N_{\text{all}} - N_{\text{exist}}) \tag{2.35}$$

式中，E_{unit} 为传输单位数据量所需能耗；N_{exist} 为进行去冗余处理后的数据量。

$$N_{\text{exist}} = \sum_{i=1}^{n} \text{length}(R_{\text{CH}_i}) \tag{2.36}$$

式中，$\text{length}(R_{\text{CH}_i})$ 为 CH_i 进行去冗余后收集到所有数据量；$\sum_{i=1}^{n} \text{length}(R_{\text{CH}_i})$ 为进行去冗余后 Sink 接收到 n 个簇头所有数据量。R_{CH_i} 通过式（2.27）所求。

算法的计算总能耗 E_c 为

$$E_c = E_{\text{ac}} \times N_{\text{com}} \tag{2.37}$$

式中，E_{ac} 为单位计算的能耗；N_{com} 为算法计算量。

传输能耗提升率 R 为

$$R = \frac{E_{t\_f} - E_{\text{all\_b}}}{E_{t\_f}} \tag{2.38}$$

2.2.5　仿真分析

2.2.5.1　实验配置

实验通过英特尔伯克利研究室①采集的温度数据完成实验验证，对所提出的方法进行

---

① Madden S. Intel Lab Data. http://db.csail.mit.edu/labdata/labdata.html（2004-04-28）［2021-06-01］.

性能分析对比，以此证明所提方法的有效性。实验中为方便各种包工具的管理，借助 Anaconda 工具集成 Python 3.6 环境完成实验验证，使实验完成更简便快捷。实验中使用到的参数初始化设置如表 2.7 所示。

表 2.7　实验参数初始化设置

参数	取值
WSN 节点规模/个	54
发送 1 单位数据所需能耗/nJ	1000
单位计算能耗/nJ	0.1

实验主要通过数据丢失量 D_{num}、数据去冗余率 r、传输总能耗 E_t 和计算总能耗 E_c 四个评价指标，对 TCDA 算法进行验证，并且同 DaT 算法（Salman，2018）进行对比分析。

两数据间的数据丢失量 D_{num} 为

$$D_{num} = (T_i - T_{i-1})/0.5 \qquad (2.39)$$

式中，T_i 为第 i 个数据的感知时间；T_{i-1} 为第 $i-1$ 个数据的感知时间；0.5 为采集频率。

数据去冗余率 r 为

$$r = \frac{N_{all} - N_{exist}}{N_{all}} \qquad (2.40)$$

式中，N_{all} 为未去冗余的数据总量；N_{exist} 为进行去冗余处理后的数据量。

英特尔伯克利研究室传感器节点的位置分布如图 2.8 所示。

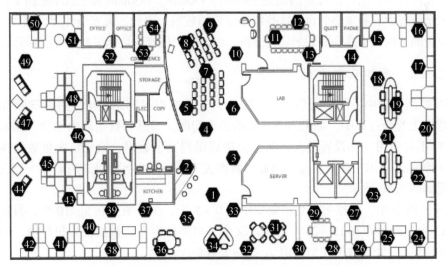

图 2.8　英特尔伯克利研究室传感器节点的位置分布图

该研究室共布置了 54 个传感器节点，数据采集频率为 0.5min，分别监测节点所在位置温度变化，收集了约一个月，每个节点采集的数据量约为 4 万条，数据总量为 200 多万条。因此，面对巨大的数据量，为便于分析研究，主要对节点 1 前 300 条的温度数据进行去冗余处理作观察分析。节点 1 的原始温度数据折线图如图 2.9 所示。

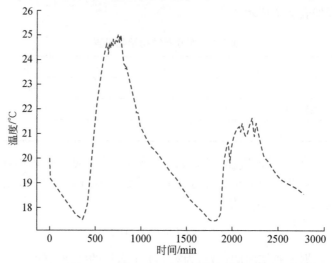

图 2.9　节点 1 的原始温度数据折线图

图 2.9 中，温度感知数据因时间的变化而变化，随着时间，温度数据折线图呈出现波谷、波峰、波谷和波峰四个状态，且分别为 380min（17.5℃）、750min（24.9℃）、1830min（17.3℃）和 2220min（21.6℃）。温度感知数据的整体变化走势表现为缓慢下降至波谷、缓慢上升至波峰、先快后慢地下降至波谷、急速上升至波峰继而再次缓慢下降。整个温度变化过程中，用户最在意的便是 380min、750min、1830min 和 2220min 四个位置的数据，而冗余处理中容易忽略的也是这些特殊位置的数据。因此，去冗余处理过程中，需要对这四个位置的数据做去冗余前后的研究分析，以使四个位置的数据误差尽可能降为最小。

2.2.5.2　感知数据丢失情况分析

WSN 数据传输中，由于网络带宽有限，大量数据引起网络拥堵，进而导致部分数据丢失。数据去冗余过程中，如果不考虑数据丢失问题，当感知数据波动平稳，同时数据相似阈值 T_h 不起作用（如设置过大）时，会造成误判冗余数据，致使将大量数据视为冗余数据，导致 Sink 做出错误的决策。因此，数据丢失分析对去冗余处理有着极大意义，数据丢失情况如图 2.10 所示。

从图 2.10 看出，数据丢失量主要集中在 0～5 个，少量集中在 5～10 个，再次之集中在 10～15 个，而分布在 15～25 个的少之又少。但整体而言，数据丢失很严重，因此通过最大时间阈值 T_{max} 处理数据相似阈值 T_h 控制失效情况。

2.2.5.3　性能比较

主要从两方面对实验进行验证分析，分别是：参数最大时间阈值 T_{max} 与数据相似阈值 T_h 分别对数据去冗余率 r 与数据误差的影响，以及能耗性能比较。

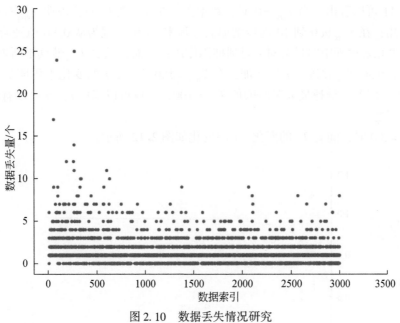

图 2.10　数据丢失情况研究

（1）参数 T_{max} 和 T_h 分别对 r 与数据误差的影响

该部分主要分析了 T_{max} 对 r 的影响；$T_{max}=100$ 时，T_h 对 r 的影响；以及当 $T_{max}=100$，$T_h=0.5$ 时，对数据误差的影响。

T_{max} 与 r 的关系如图 2.11 所示。

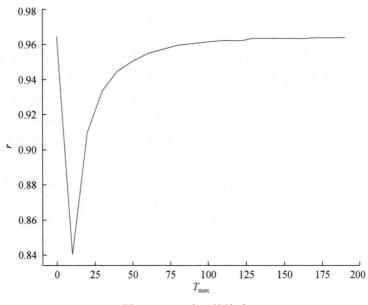

图 2.11　T_{max} 与 r 的关系

从图 2.11 可以看出，当 $T_{max}=0$ 时，数据去冗余率 r 为 0.96，说明 T_{max} 对冗余数据的判定不起作用；在 T_{max} 从 0 到 10 逐步增加的过程中，r 则表现为从 0.96 急速降低为 0.84，说明 T_{max} 在去冗余过程中明显会对 r 起到抑制作用；然而，随着 T_{max} 继续不断增大，r 继而也开始回升，说明 T_{max} 促进了 r 的增加；在 $T_{max}=100$ 之后，r 的变化不再明显，并且稳定在 0.96 上下。因此，选择最大时间阈值 $T_{max}=100$，不仅可以确保 r，还可以有效解决感知数据时效性问题。

当 $T_{max}=100$ 时，随着 T_h 的变化，r 的变化如图 2.12 所示。

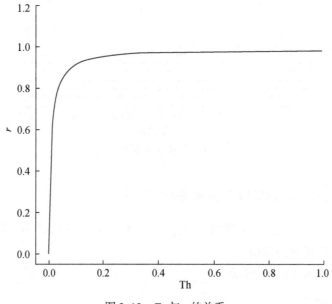

图 2.12　T_h 与 r 的关系

从图 2.12 可得出，当 $T_h=0$ 时，r 为 0，说明此时 T_h 未对 r 产生影响；伴随着 T_h 逐渐增大，r 的变化表现为先急速上升随后保持平稳。$T_h=0.1$ 为曲线变化的一个转点，此时 r 变化较 T_h 为 0~0.05 时缓慢，说明 T_h 在 0~0.05 时对 r 有很大影响，r 在 T_h 为 0.05~0.25 时转为缓慢增加，而在 T_h 为 0.25~1.0 时则趋于平稳，说明随着 T_h 增大，r 也达到了最大，且在 T_h 为 0.5~1.0 时，r 几乎不变，因此选择 $T_h=0.5$，对感知数据去冗余做深入的分析研究。

当 $T_{max}=100$，$T_h=0.5$ 时，深入分析研究去冗余前后感知数据误差变化，结果如图 2.13 所示。图 2.13 中局部特征位置依次如图 2.14 中（a）、（b）、（c）和（d）所示。

设置最大时间阈值 $T_{max}=100$ 后，四个特征位置的感知数据误差结果分析如表 2.8 所示。

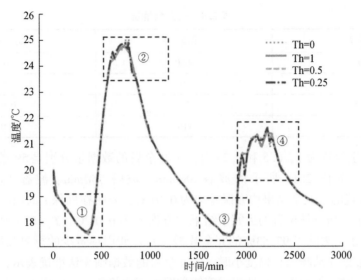

图 2.13　加入 T_{max} 的结果对比

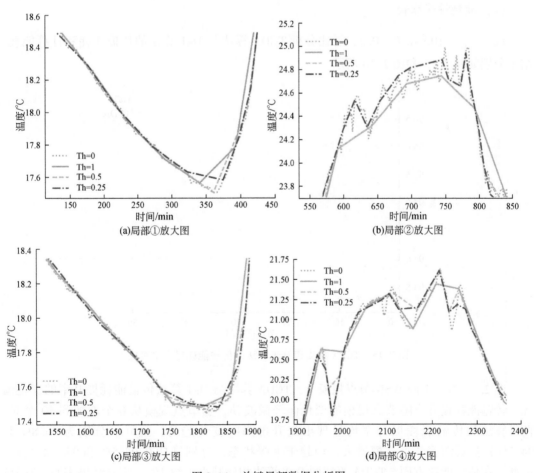

图 2.14　关键局部数据分析图

表 2.8　去冗余情况

阈值 T_h	数据量/条	均方误差/℃
0	3000	0
1	59	0.01
0.5	74	0.01
0.25	116	0.01

当将 T_h 分别设置为 1、0.5 和 0.25 时，去冗余后的数据量分别是 59 条、74 条和 116 条；并且此时，如图 2.14 所示的波谷 380min、波峰 750min、波谷 1830min 和波峰 2220min 四个位置的去冗余结果均方误差均为 0.01℃，表明在确保 r 的同时，特征位置去冗余误差比较小。当特征位置的去冗余结果均方误差为 0.01℃，$T_h = 0.5$ 时，去冗余后的数据量仅为 74 条，去除了 97.53% 的冗余数据，并且使用尽量少的重要数据代替源数据。然而，当面对数据浮动频繁且幅度小时，去冗余后的数据则无法准确表示，因此在确保数据去冗余率的同时，如何更细致地表示感知数据的变化趋势，需要深入研究探索。

（2）能耗性能比较

设置 $T_{max} = 100$ 和 $T_h = 0.5$，对比分析 TCDA 算法与 DaT 算法的传输能耗和计算能耗，结果分别如图 2.15 和图 2.16 所示。

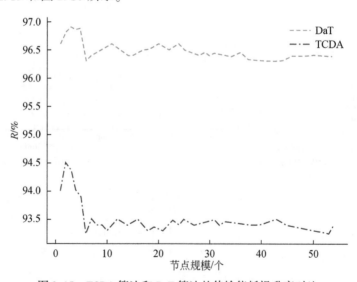

图 2.15　TCDA 算法和 DaT 算法的传输能耗提升率对比

图 2.15 为在不同 WSN 节点规模下，TCDA 算法与 DaT 算法传输能耗提升率的变化情况。传输能耗提升率随节点规模的变化而轻微波动，当节点规模从 0 个增加到 10 个时，两种算法的传输能耗提升率均呈现出先升再降的变化趋势，且峰值分别为 96.8% 和 94.5%；然后随着节点规模增大，均趋于平缓状态，分别维持在 96.5% 和 93.5% 左右。因此，在传输能耗方面，TCDA 算法同 DaT 算法相比减少了约 3%。实验结果表明，TCDA

算法在合理保证数据时效性的同时，有效减少了数据传输能耗。

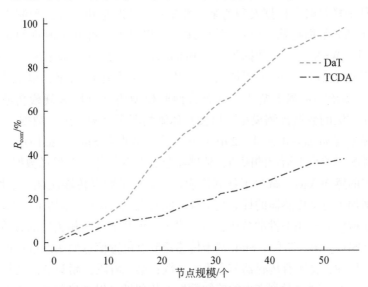

图 2.16　TCDA 算法和 DaT 算法的计算能耗使用率对比

　　图 2.16 为在不同 WSN 节点规模下，TCDA 算法与 DaT 算法计算能耗使用率的变化情况，随着节点规模的不断增大，两个算法均表现为计算能耗使用率随之增加。然而，DaT 算法的计算能耗使用率整体变化趋势是 TCDA 的 2 ~ 3 倍。因此，TCDA 算法的计算能耗使用率比 DaT 算法减少了 50% ~ 60%。实验结果表明，TCDA 算法通过引入自适应步长机制降低了算法的复杂度，显著减少了计算能耗，同时还证明了算法改进的合理性和有效性。

　　综上所述，在传输能耗和计算能耗两方面，TCDA 算法明显比 DaT 算法性能更优。同时，TCDA 算法充分考虑了数据丢失对去冗余结果的影响，因而更贴合真实情景。

2.3　基于空间相关性的分阶段分层分簇去冗余算法

2.3.1　相关工作

　　WSN 部署在一个区域，用于监测温度、湿度和地震事件等物理现象。为获得环境或事件的准确信息，在区域内部署大量的传感器节点收集数据，并以高频率的方式向 Sink 报告数据。传感器节点生成的数据通常具有较高的时空相关性，含有大量冗余数据。然而，传输冗余数据会导致大量非必需的能量损耗。因此，如何减少 WSN 冗余数据的传输能耗，使 WSN 的寿命最大化是一个非常重要的问题。

　　Elsayed 等（2019）基于最小二乘法提出了一种分布式数据预测模型，通过过滤数据的预测方法，减少了传输数据。Alduais 等（2017）基于 PCA 提出了一种更新频率度量的方法，来评估 WSN 中不同多元数据约简模型的性能。Tayeh 等（2019）提出一种基于时空相关性的采样和传输速率自适应方法，通过传感器数据间的时空相关性来确定所部署传感器节点的最佳采样策略。根据发现所采集数据集间的时空相关性，预测未采样的部分数据，从而减少了部分数据传输。Idrees 等（2019）提出了一种基于改进的 k 均值技术的综合分治策略，用于 WSN 的节能数据聚合。Mohamed 等（2019）基于决策树提出一个自适应框架，当智慧电表数据接近预测值时，智慧电表不发送该数据，以减少数据传输量。Saad 等（2019）提出一种基于循环的分布式预测模型用于分层大规模传感器网络，Sink 使用基于 LSTM 方法的数据预测模型，以便在休眠情况下预测传感器数据。

双向预测模型（Mohamed et al., 2019）在传感器节点和 Sink 上都使用了两个同步预测器。如果数据预测误差小于给定的阈值，传感器节点将不会向 Sink 发送数据。Sink 将预测值作为传感器节点的感知数据，减少了数据传输量，降低了数据传输能耗，增加了网络寿命。然而，此方法增加了每个传感器的计算复杂性，同时也无法保证预测值的真实可靠性。

因此，基于网络时空相关性的分析，本章提出一种基于空间相关性的分阶段分层分簇去冗余算法（MHCSD）。第一阶段，Sink 基于传感器节点位置信息使用改进后的 k 均值算法判断传感器节点相似性，将所有传感器节点聚类分簇；第二阶段，簇头节点使用高斯混合聚簇算法来判断簇内节点在同一时刻产生的感知数据的相似性，以准确判断簇内节点相似性；第三阶段，簇头节点将簇内相似节点的感知数据随机加权作为去冗余结果，发送给 Sink。该算法适用于聚类网络，主要由 k 均值分类模型、高斯混合分类模型和随机加权去冗余模型三部分组成。根据节点位置和簇内节点的感知数据两方面的相似性去除冗余数据，可以有效地提高节点相似性的准确性，提高冗余数据判定准确性，并进一步延长网络的生命周期。

2.3.2 问题描述

WSN 由 n 个传感器节点构成的节点集合 $S = \{SN_1, SN_2, \cdots, SN_n\}$ 和一个 Sink 组成。Sink 根据节点间的位置坐标求节点间的相似距离，根据相似距离将传感器节点分为 K 个簇 $C = \{C_1, C_2, C_3, \cdots, C_K\}$，且 $C_1 \cap C_2 = \emptyset \&\& C_1 \cap C_3 = \emptyset \&\& C_2 \cap C_3 = \emptyset \&\& \cdots\cdots$。每个簇中的簇头 CH_i 将簇内节点在 t_j 时刻产生的感知数据收集为集合 $D_{CH_h}(t_j) = \{x_1(t_j), x_2(t_j), \cdots\cdots, x_n(t_j)\}$，通过高斯混合聚类方法将采集的数据进行相似性聚类分簇，进而将簇内节点分类为 $C_i = \{C_{i,1}, C_{i,2}, C_{i,3}, \cdots, C_{i,m}\}$，$C_{i,1} = \{SN_k, SN_q, \cdots\}$ 且 $0 \leqslant m \&\& 0 \leqslant j \&\& 0 \leqslant i \leqslant K \&\& 0 \leqslant k \neq q \leqslant n$。网络中的节点使用单跳或多跳将数据发送到 Sink。MHCSD 算法中用到的参数符号如表 2.9 所示，系统模型如图 2.17 所示。

表 2.9 MHCSD 算法中用到的参数

参数	参数描述
K	空间相似簇数
β	权重比例因子，表示 $D_P(i, j)$ 对 $D(i, j)$ 权重的影响
n	WSN 中的节点数
m	数据相似簇数

续表

参数	参数描述
K_1	簇内数据相似簇数
α_i	高斯混合系数
z_{j_1}	高斯混合成分
$\gamma_{j_1,i}$	高斯混合成分的后验概率
ρ_{j_1}	样本 $x_{j_1}(t_j)$ 的簇标记
μ_i	各混合成分的均值
ρ	拉格朗日乘子
$\beta_1,\beta_2,\cdots,\beta_v$	加权因子
e	k 均值聚类分簇中的最小化平方误差
E_{elec}	发送或接收数据的电路能耗
ε_{mp} 和 ε_{fs}	多径衰落模型和自由空间模型下信号放大器的能量消耗
E_{P}	处理单位数据的能耗
$D_{\text{E}}(i,j)$	欧几里得距离
$D_{\text{P}}(i,j)$	皮尔逊相关距离
$D(i,j)$	空间相似距离
$\bar{\mu}_i$	簇 C_i 的均值
$\aleph$	$n \times n$ 的协方差矩阵
ρ_{j_1}	簇标记
$D_{C_{i,j_1}}(t_j)$	簇 C_{i,j_1} 中的节点感知数据随机加权去冗余后的结果

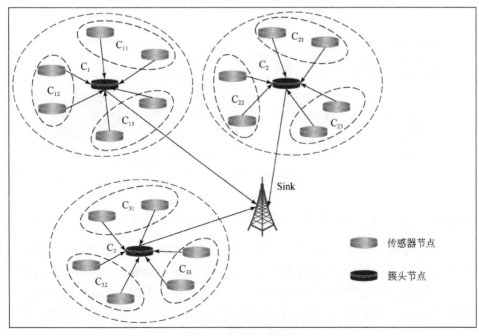

图 2.17　系统模型图

2.3.3 MHCSD 算法

MHCSD 算法的数据处理过程主要分为三阶段：第一阶段，在 Sink 处运行改进后的 KC 算法，针对节点的空间位置坐标进行聚类分析，求出相似节点分类成簇；第二阶段，在簇头节点上运行高斯混合聚类算法，根据同一时刻的感知数据进行相似聚类研究，进一步寻找相似节点簇，将相似节点的数据进行加权求和，作为该时刻的数据去冗余结果；第三阶段，在簇头节点使用 TCDA 算法将数据在时间相关性上进行去冗余，将去冗余结果传输给 Sink。MHCSD 算法如图 2.18 所示。

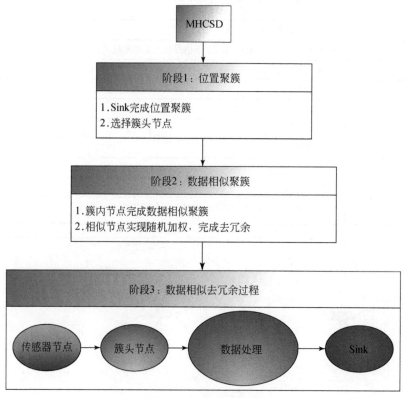

图 2.18　MHCSD 算法

2.3.3.1 聚合节点 Sink 对传感器节点的节点相似性判断

第一阶段是在 Sink 上依据节点位置坐标对节点进行节点相似性聚簇分类。由于准确地聚类需要精确定义一对样本之间的亲密度，因此根据配对的相似性或距离来判定节点相似性。在各种距离中，欧几里得距离可能是数值数据最常用的距离。然而，欧几里得距离只描述了两个特征向量分量的幅度差。两个形状不同的特征向量的欧几里得距离可能比形状相似的特征向量的欧几里得距离小。因此，应该针对相关距离度量两个向量在方向上的差

异而不是幅度大小的问题。两节点的空间相似距离 $D(i,j)$ 为

$$D(i,j) = D_{E}(i,j) + \beta D_{P}(i,j) \tag{2.41}$$

欧几里得距离 $D_{E}(i,j)$ 为

$$D_{E}(i,j) = \sqrt{\sum_{h=1}^{h} (l_{i,h} - l_{j,h})^2} \tag{2.42}$$

皮尔逊相关距离 $D_{P}(i,j)$ 为

$$D_{P}(i,j) = \frac{1}{2}\left[1 - \frac{\sum_{h=1}^{h} (l_{i,h} - \bar{l}_{i,h})(l_{j,h} - \bar{l}_{j,h})}{\sqrt{\sum_{h=1}^{h} (l_{i,h} - \bar{l}_{i,h})^2 \sum_{h=1}^{h} (l_{j,h} - \bar{l}_{j,h})^2}} \right] \tag{2.43}$$

式中，β 为一个权重比例因子，表示 $D_{P}(i,j)$ 对 $D(i,j)$ 权重的影响。双度量距离满足三个距离特性：正性、对称性和自反性。在双度量距离方面，任何活动特征向量对都可以根据欧几里得距离测量的幅度和皮尔逊相关距离测量的形状变化进行比较。

WSN 中 n 个传感器节点的空间位置坐标 l_i 分别为 (x_i, y_i)，其中 $1 \leqslant i \leqslant n$，将节点表示为集合 $S = \{SN_1, SN_2, \cdots, SN_n\}$。Sink 通过运行改进后的 k 均值算法，根据集合 $S = \{SN_1, SN_2, \cdots, SN_n\}$ 中各个节点对应的坐标位置集合 $L = \{l_1, l_2, \cdots, l_n\}$ $[l_i = (x_i, y_i) \&\& 1 \leqslant i \leqslant n]$，将集合 S 中的 n 个传感器节点分类成 K 个互不相交的子集 C_i 的集合 C，其中 $C = \{C_1, C_2, \cdots, C_K\}$，并且 $\{C_1 \cup C_2 \cup \cdots \cup C_K\} = S$（其中，$C_i \neq \varnothing$ 并且 $C_i \cap C_j = \varnothing$，$i \neq j$）。使用改进后的 k 均值算法依据传感器节点的位置数据集合 L 进行节点相似性分析，进而得到节点集合 S 的相似性聚簇分类结果 $C = \{C_1, C_2, \cdots, C_K\}$。在聚类分簇过程中，各个簇中的位置样本数据 l 与各个簇均值 $\bar{\mu}_i$ 的最小化平方误差 e 的求解为

$$e = \sum_{i=1}^{K} \sum_{l \in C_i} \| l - \bar{\mu}_i \|_2^2 \tag{2.44}$$

式中，$\bar{\mu}_i = \frac{1}{|C_i|} \sum_{l \in C_i} l$ 为簇 C_i 的均值，如算法 2.2 所示。

算法 2.2 ImpkMeans（）

输入：坐标位置集合 $L = \{l_1, l_2, \cdots, l_n\}$；聚类簇数 K

输出：簇划分 $C = \{C_1, C_2, \cdots, C_K\}$

1.   从 L 中抽取 K 个坐标数据初始化均值 $\{\mu_1, \mu_2, \cdots, \mu_K\}$

2.   While

3. $C_i \leftarrow \varnothing (1 \leqslant i \leqslant K)$

4.   For $j \leftarrow 1, 2, \cdots, n$ Do

5.   分别求位置坐标 l_j 与均值向量 $\mu_i (1 \leqslant i \leqslant K)$ 的空间相似距离 $D(i,j)$：

6. $D(i,j) \leftarrow D_E(i,j) + \beta D_P(i,j)$

7.   将使用与 μ_i 距离最小的 $D(i,j)$ 确定节点位置 l_j 的簇分类：

8. $\tau_j \leftarrow \arg \min_{i \in \{1,2,\cdots,K\}} D(i,j)$

9. $C_{\tau_j} \leftarrow C_{\tau_j} \cup \{l_j\}$

10.   End For

11.   For $i \leftarrow 1, 2, \cdots, K$ Do

12. $\overline{\mu}'_i \leftarrow \dfrac{1}{|C_i|} \sum_{l \in C_i} l$

13.   If $\overline{\mu}'_i \neq \mu_i$ then

14. $\mu'_i \leftarrow \mu_i$

15.   Else

16.   不改变当前均值的值

17.   End If

18.   End For

19. Until 均值不再更新变化

2.3.3.2 簇头节点对节点感知数据相似性判断

由于高斯混合聚类可以精确地量化事物，因此，在第一阶段依据空间节点位置进行相似簇划分后，第二阶段采用高斯混合聚类算法对同一簇内同一时刻采集的数据进一步进行相似性分析，使得节点在空间相关性上的冗余判断更准确。

WSN 由 K 个空间相似簇组成，其中某个簇产生的所有数据可表示为集合 $X = \{X_1, X_2, \cdots, X_n\}$。$X_i = \{x_i(t_1), x_i(t_2), \cdots, x_i(t_2)\}$，其中 $1 \leq i \leq n$ 为每 T 秒传感器节点 s_i 生成的时间序列集合。整个 WSN 中各个簇头节点继续将簇内节点按照数据相关性进行聚类分簇，采用高斯混合聚类算法，将同一个空间相似簇中的同一时刻的感知数据集 $D_{CH_h}(t_j) = \{x_1(t_j), x_2(t_j), \cdots, x_z(t_j)\}$ 分组成 K_1 个集群，其中 $1 \leq j \&\& 1 \leq h \leq K_1$。

高斯混合分布 p_M 由 K_1 个混合成分 $\alpha_i \cdot p(x \mid \mu_i, \aleph_i)$ 构成，且分别对应一个高斯分布 $p(x \mid \mu_i, \aleph)$，表示为

$$p_M = \sum_{i=1}^{K_1} \alpha_i \cdot p(x \mid \mu_i, \aleph_i) \tag{2.45}$$

式中，μ_i 和 $\aleph_i$ 均为 $\alpha_i \cdot p(x \mid \mu_i, \aleph)$ 的参数；当 $\alpha_i > 0$ 时，α_i 表示 $\alpha_i \cdot p(x \mid \mu_i, \aleph)$ 的混合系数（$\sum_{i=1}^{K_1} \alpha_i = 1$）。

高斯分布指，如果 n 维样本空间 X 中的随机变量 x 服从高斯分布，则其概率密度函数 $p(x \mid \mu, \aleph)$ 为

$$p(x \mid \mu, \aleph) = \frac{1}{(2\pi)^{\frac{n}{2}} |\aleph|^{\frac{1}{2}}} e^{-\frac{1}{2}(x-\mu)^{\mathrm{T}} \aleph^{-1}(x-\mu)} \tag{2.46}$$

式中，μ 为 n 维均值向量；$\aleph$ 为 $n \times n$ 的协方差矩阵。

以簇 C_1 为例，实现算法 2.3。

算法 2.3 GMM（）

输入：样本集 $D_{CH_h}(t_j) = \{x_1(t_j), x_2(t_j), \cdots, x_z(t_j)\}$；高斯混合成分个数 K_1

输出：簇划分 $C_1 = \{C_{1,1}, C_{1,2}, C_{1,3}, \cdots, C_{1,K_1}\}$

1.   Repeat

2.   For $j_1 \leftarrow 1, 2, 3, \cdots, z$ Do

3.　　根据式(2.45)计算 $x_{j_1}(t_j)$ 由各混合成分生成的后验概率,即

4.　　$\gamma_{j_1,i} \leftarrow p_M[z_{j_1} = i \mid x_{j_1}(t_j)](1 \leqslant i \leqslant K_1)$

5.　　End For

6.　　For $i \leftarrow 1, 2, 3, \cdots, K_1$ Do

7.　　$\mu'_i = \dfrac{\sum\limits_{j_1=1}^{m} \gamma_{j_1,i} x_{j_1}(t_j)}{\sum\limits_{j_1=1}^{m} \gamma_{j_1,i}}$

8.　　$\aleph'_i = \dfrac{\sum\limits_{j_1=1}^{m} \gamma_{j_1,i} [x_{j_1}(t_j) - \mu'_i][x_{j_1}(t_j) - \mu'_i]^{\mathrm{T}}}{\sum\limits_{j_1=1}^{m} \gamma_{j_1,i}}$

9.　　$\alpha'_i \leftarrow \dfrac{1}{m} \sum\limits_{j_1=1}^{m} \gamma_{j_1,i}$

10.　　End For

11.　　更新模型参数 $\{(\alpha_i, \mu_i, \aleph_i) \mid 1 \leqslant i \leqslant K_1\} \leftarrow \{(\alpha'_i, \mu'_i, \aleph'_i) \mid 1 \leqslant i \leqslant K_1\}$

12.　　Until 满足停止条件

13.　　$C_i \neq \varnothing (1 \leqslant i \leqslant K_1)$

14.　　For $j_1 \leftarrow 1, 2, 3, \cdots, z$ Do

15.　　根据式(2.48)确定 $x_{j_1}(t_j)$ 的簇标记 ρ_{j_1}

16.　　将 $x_{j_1}(t_j)$ 划入相应的簇:$C_{1,\rho_{j_1}} \leftarrow C_{1,\rho_{j_1}} \cup \{x_{j_1}(t_j)\}$

17.　　End For

假设节点 SN_{j_1} 在 t_j 时刻的感知数据 $x_{j_1}(t_j)$ 符合高斯混合分布,其高斯混合成分用随机变量 $z_{j_1} \in \{1, 2, \cdots, K_1\}$ 来表示,其值为随机赋值。z_{j_1} 的先验概率 $P(z_{j_1} = i)$ 由高斯混合系数 $\alpha_i(i = 1, 2, \cdots, K_1)$ 表示,z_{j_1} 的后验分布 $p_M[z_{j_1} = i \mid x_{j_1}(t_j)]$ 由贝叶斯定理求解:

$$
\begin{aligned}
p_M[z_{j_1} = i \mid x_{j_1}(t_j)] &= \frac{P(z_{j_1} = i) \cdot p_M[x_{j_1}(t_j) \mid z_{j_1} = i]}{p_M[x_{j_1}(t_j)]} \\
&= \frac{\alpha_i \cdot p[x_{j_1}(t_j) \mid \mu_i, \aleph'_i]}{\sum\limits_{l=1}^{k} \alpha_l \cdot p[x_{j_1}(t_j) \mid \mu_l, \aleph'_l]}
\end{aligned}
\tag{2.47}
$$

式中,$p_M[z_{j_1} = i \mid x_{j_1}(t_j)]$ 通过第 i 个 $\alpha_i \cdot p(x \mid \mu_i, \aleph_i)$ 计算求解,记为 $\gamma_{j_1,i}(i = 1, 2, \cdots, K_1)$。

在计算出 p_M 后,高斯混合模型将感知数据集 $D_{\mathrm{CH}_h}(t_j)$ 划分为 K_1 个簇 $C = \{C_{i,1}, C_{i,2}, C_{i,3}, \cdots, C_{i,m}\}$($0 < i \leqslant K_1 \,\&\&\, 0 < m <$ 各个簇内节点总数),每个感知数据 $x_{j_1}(t_j)$ 的簇分类标记 ρ_{j_1} 为

$$
\rho_{j_1} = \mathrm{argmax}_{i \in \{1, 2, \cdots, 3\}} \gamma_{j_1,i}
\tag{2.48}
$$

模型参数 $\{(\alpha_i, \mu_i, \aleph_i) \mid 1 \leqslant i \leqslant K_1\}$ 的求解:

$$
\mathrm{LL}(D) = \ln\left\{\prod_{j_1=1}^{m} p_M[x_{j_1}(t_j)]\right\}
$$

$$= \sum_{j_1=1}^{m} \ln \left\{ \sum_{i=1}^{K_1} \alpha_i \cdot p[x_{j_1}(t_j) \mid \mu_i, \ \aleph_i] \right\} \tag{2.49}$$

使用 EM 算法进行迭代优化求解。

若参数 $\{(\alpha_i, \mu_i, \ \aleph_i) \mid 1 \leqslant i \leqslant K_1\}$ 使式 (2.48) 最大化, 则由 $\frac{\partial \mathrm{LL}(D)}{\partial \mu_i} = 0$ 可得

$$\sum_{j_1=1}^{m} \frac{\alpha_i \cdot p[x_{j_1}(t_j) \mid \mu_i, \ \aleph_i]}{\sum_{l=1}^{K_1} \alpha_l \cdot p[x_{j_1}(t_j) \mid \mu_i, \ \aleph_i]} [x_{j_1}(t_j) - \mu_i] = 0 \tag{2.50}$$

同时, $\gamma_{j_1,i} = p_M[z_{j_1} = i \mid x_{j_1}(t_j)]$, 因此

$$\mu_i = \frac{\sum_{j_1=1}^{m} \gamma_{j_1,i} x_{j_1}(t_j)}{\sum_{j_1=1}^{m} \gamma_{j_1,i}} \tag{2.51}$$

式中, μ_i 为第 i 个高斯混合成分的均值。同理, 由 $\frac{\partial \mathrm{LL}(D)}{\partial \aleph_i} = 0$ 可得

$$\aleph_i = \frac{\sum_{j_1=1}^{m} \gamma_{j_1,i} [x_{j_1}(t_j) - \mu_i][x_{j_1}(t_j) - \mu_i]^{\mathrm{T}}}{\sum_{j_1=1}^{m} \gamma_{j_1,i}} \tag{2.52}$$

对于高斯混合系数 α_i, 除了要最大化 LL (D), 还需要满足 $\alpha_i \geqslant 0$, $\sum_{i=1}^{K_1} \alpha_i = 1$。

LL (D) 的拉格朗日形式为

$$\mathrm{LL}(D) + \rho \left(\sum_{i=1}^{K_1} \alpha_i - 1 \right) \tag{2.53}$$

式中, ρ 为拉格朗日乘子。根据式 (2.52) 对 α_i 求导为 0, 可得

$$\sum_{j_1=1}^{m} \frac{p[x_{j_1}(t_j) \mid \mu_i, \ \aleph_i]}{\sum_{l=1}^{K_1} \alpha_l \cdot p[x_{j_1}(t_j) \mid \mu_l, \ \aleph_l]} + \rho = 0 \tag{2.54}$$

通过在等号两边同时乘以 α_i 的方式, 对全部混合成分进行求和, 得到 $\rho = -m$, 则

$$\alpha_i = \frac{1}{m} \sum_{j_1=1}^{m} \gamma_{j_1,i} \tag{2.55}$$

即通过平均后验概率求解各个高斯混合系数。

2.3.3.3　簇头节点去除相似数据

根据第二阶段的簇划分 $C_1 = \{C_{1,1}, C_{1,2}, C_{1,3}, \cdots, C_{1,K_1}\}$ 结果, 簇头将数据相似簇内节点产生的数据进行随机加权平均, 同时簇头再使用 TCDA 算法进行时间相关性的去冗余, 最后将去冗余结果 $D_{C_{i,j_1}}(t_j)$ 传输给 Sink。

$$D_{C_{i,j_1}}(t_j) = \beta_1 x_w(t_j) + \beta_2 x_a(t_j) + \cdots + \beta_v x_b(t_j) \tag{2.56}$$

式中，$\beta_1, \beta_2, \cdots, \beta_v$ 为加权因子，且 $\beta_1 + \beta_2 + \cdots + \beta_v = 1$；$x_w(t_j), x_a(t_j), \cdots, x_b(t_j)$ 分别为 s_w，$s_a, \cdots, s_b$ 节点在 t_j 时刻所产生的感知数据，且 $s_w, s_a, \cdots, s_b \in C_{i,j_1} \&\& 0 < w, a, \cdots, b \leqslant n \&\& 0 < i \leqslant K \&\& 0 < j_1 \leqslant K_1$。

2.3.4 基于时空相关性的混合去冗余算法

为最大化去除 WSN 中的冗余数据，本书提出了一种基于时空相关性的混合去冗余算法（HMDA），该算法主要将 MHCSD 算法和 TCDA 算法相结合，从而使 WSN 在时空相关性上全面去除了冗余数据。MHCSD 算法在空间相关性方面去除冗余数据，TCDA 算法进而在时间相关性方面去除冗余数据，最终使 WSN 最大化地减少网络能耗，延长生命周期。HMDA 算法流程示意图如图 2.19 所示。

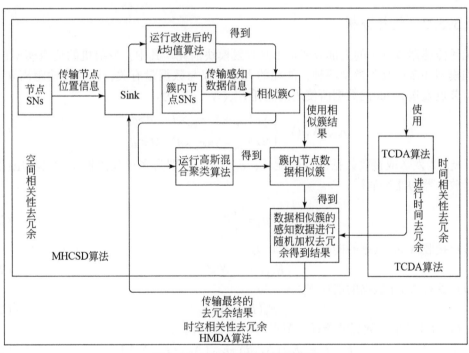

图 2.19　HMDA 算法流程示意图

2.3.5 性能分析

2.3.5.1 算法复杂性

第一阶段，Sink 对所有节点位置进行聚合分类，假设模型训练需要 f_1 周期。第 1 步，输入 n 个节点的位置集合与空间相似簇数 K，时间复杂度为 $O(n+1)$；第 2 步，随机选择

K 个节点的位置坐标数据对均值向量进行初始化，时间复杂度为 $O(K)$；第 3 步，计算各个节点的位置坐标数据同 K 个均值的绝对距离，时间复杂度为 $O(f_1 \times n \times K)$；第 4 步，更新 K 个样本作为初始均值向量，时间复杂度为 $O(f_1 \times K \times q) \&\& (1<q<n)$；第 5 步，输出簇划分结果，时间复杂度为 $O(K \times q) \&\& (1<q<n)$。

第二阶段，簇头对每个时刻产生的簇内数据进行相似性分析，假设模型训练需要 f_2 周期。第 1 步，输入 z 个节点的感知数据和簇内数据相似簇数 K_1，时间复杂度为 $O(z+1)$；第 2 步，计算各混合成分生成的后验概率，时间复杂度为 $O(f_2 \times z)$；第 3 步，计算各个模型参数，计算复杂度为 $O(f_2 \times K_1 \times m)$；第 4 步，计算簇标记分类，计算复杂度为 $O(z \times K_1)$；第 5 步，输出 K_1 个簇内数据相似簇，计算复杂度为 $O(z \times K_1)$。

第三阶段，簇头对相似节点进行随机加权得到去冗余数据并进行传输，计算复杂度为 $O(z \times K_1)$。

通过以上分析，本书所提模型的算法复杂度为 $\max[O(f_1 \times n \times K), O(f_1 \times K \times q), O(f_2 \times z), O(f_2 \times K_1 \times m), O(z \times K_1)]$。

2.3.5.2 能耗分析

无线传感器节点中的大部分能量由其收发模块消耗。其中，发射机的信道模型包括自由空间模型和多径衰落模型两种，能耗的大小不仅与数据量有关，还与传输距离 d 有关。因此，节点发送 N bit 的数据所使用的能耗 $E_{TX}(N, d)$ 为

$$E_{TX}(N,d) = \begin{cases} N \times E_{elec} + N \times \varepsilon_{mp} \times d^4 & d>d_0 \\ N \times E_{elec} + N \times \varepsilon_{fs} \times d^2 & d \leqslant d_0 \end{cases} \quad (2.57)$$

式中，E_{elec} 为发送或接收数据的电路能耗；ε_{mp} 和 ε_{fs} 分别为多径衰落模型和自由空间模型下信号放大器的能量消耗。

$$d_0 = \left(\frac{\varepsilon_{fs}}{\varepsilon_{mp}}\right)^{\frac{1}{2}} \quad (2.58)$$

节点接收 N bit 数据的能耗 $E_{RX}(N)$ 为

$$E_{RX}(N) = N \times E_{elec} \quad (2.59)$$

节点处理 N bit 数据的能耗 $E_P(N)$ 为

$$E_P(N) = N \times E_P \quad (2.60)$$

式中，E_P 为处理单位数据的能耗。节点的剩余能耗 E_r 为

$$E_r = E_0 - [E_{TX}(N_1, d) + E_{RX}(N_2) + E_P(N_3)] \quad (2.61)$$

式中，E_r 为节点的剩余能耗；E_0 为节点的初始能耗；N_1 为数据传输总量；N_2 为数据接收总量；N_3 为数据处理总量。

2.3.6 仿真实验

2.3.6.1 实验环境

为验证所提方法的可行性，实验使用英特尔伯克利研究室采集的温度数据完成实验验

证，通过 Python 3.6 平台进行仿真实验，且 MHCSD 使用单跳方式传输数据。为了验证网络中的数据传输算法和网络生命周期，采用数据传输模型和节点能耗模型来描述网络中的数据传输和节点能耗情况。仿真实验的参数设置如表 2.10 所示。

表 2.10 仿真实验的参数设置

参数	取值
年份	2004 年
时长	2 月 28 日~4 月 5 日
区域范围	42m×33m
观测条件	温度
WSN 节点规模/个	54
采集的感知数据量/万条	230
采集时间间隔/s	31
簇头节点与 Sink 的距离/m	10
$E_{elec}/(nJ/bit)$	50
$\varepsilon_{mp}/[pJ/(bit \cdot m^4)]$	0.0013
$\varepsilon_{fs}/[pJ/(bit \cdot m^2)]$	100
$E_P/(nJ/bit)$	5
E_0/J	0.05

实验主要通过对冗余节点的准确性、去冗余结果的误差、K_1 对去冗余率的影响和节点规模对去冗余率的影响四个方面进行分析来验证 MHCSD 算法的有效性，然后将 HMDA 算法同 DaT 算法（Salman，2018）、TCDA 算法进行对比分析。

2.3.6.2 性能比较

首先，分别对三个阶段进行实验分析，第一阶段获取坐标位置相似冗余节点聚类分簇，第二阶段获取感知数据相似冗余节点聚类分簇，第三阶段通过随机加权的方式对数据相似冗余节点聚类分簇产生的感知数据进行去冗余。其次，分析第二阶段中 K_1 对去冗余率的影响。最后，将 HMDA 算法同 DaT 算法（Salman，2018）和 TCDA 算法进行了去冗余率的对比分析。

1）第一阶段，Sink 通过运行改进过后的 KC 算法，根据节点坐标位置进行聚类分簇。令 $k=4$ 及 $\beta=\{0, 0.3, 0.5, 0.7, 1\}$，随着 β 的变化，四个聚类分簇结果也随之发生了明显的变化。图 2.20 中菱形表示四个分簇的簇中心，x、y 分别表示节点位置的横纵坐标，聚类分簇结果如图 2.20 所示。

从图 2.20 可以看出，54 个节点的分类主要表现为两种情况：①节点分类随着 β 的变化，簇分类未发生变化；②节点分类随着 β 的变化，簇分类发生了变化。图 2.20 中明显发生了变化的节点有 $S=\{0, 2, 5, 9, 10, 19, 20, 32, 33, 45, 46\}$，假设从左上角顺时针将分类

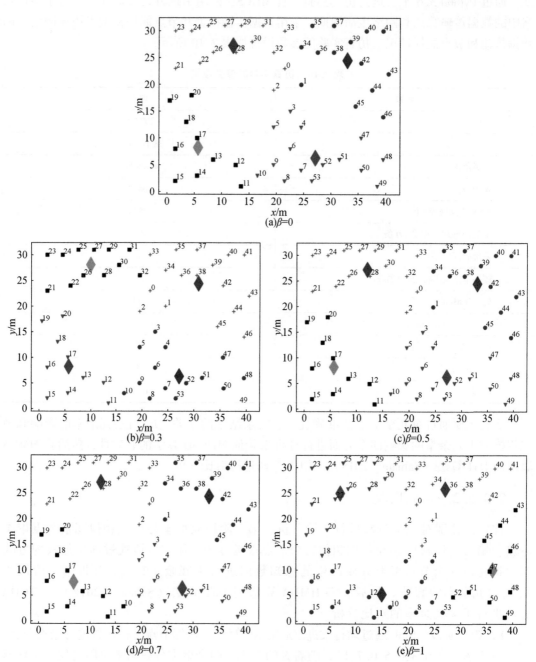

图 2.20 改进 k 均值实现节点聚类分簇

簇依次标记为簇 C_1、簇 C_2、簇 C_3 和簇 C_4。对簇分类类别发生明显变化的节点，分别计算其属于各个簇类别的概率，根据其属于各个簇类别的概率，将节点归入概率最大的相应簇。部分节点属于各个簇的概率如表 2.11 所示。

表 2.11　节点分布簇概率　　　　　　　　　　（单位:%）

节点序号	簇 C_1	簇 C_2	簇 C_3	簇 C_4
0	60	40	0	0
2	60	40	0	0
5	0	0	80	20
9	0	0	80	20
10	0	0	40	60
19	20	0	0	80
20	20	0	0	80
32	60	40	0	0
33	60	40	0	0
45	0	40	60	0
46	0	40	60	0

　　Sink 根据表 2.11 所示的概率,将易发生变化的节点,归为相对应的某一类,因此节点的最终分类结果簇 C_1、簇 C_2、簇 C_3 和簇 C_4 分别为

$C_1 = \{0,2,21,22,23,24,25,26,27,28,29,30,31,32,33\}$;

$C_2 = \{1,34,35,36,37,38,39,40,41,42,43,44\}$;

$C_3 = \{3,4,5,6,7,8,9,45,46,47,48,49,50,51,52,53\}$;

$C_4 = \{10,11,12,13,14,15,16,17,18,19,20\}$。

　　2) 第二阶段,簇 C_1、簇 C_2、簇 C_3 和簇 C_4 中的簇头节点分别运行高斯混合聚类算法,通过连续获取簇内节点两个不同时刻的感知数据进而对节点间数据进行相似性分析,经过一段时间的数据相似性判断后,计算出四个簇中节点的最终分类结果。簇 C_1 中各个节点间连续两次感知数据间的相似分类结果如图 2.21 所示。

　　图 2.21 中横坐标表示连续感知的两个数据的前一个感知数据,纵坐标表示连续感知的两个数据的后一个感知数据,并且从图中可以很明显地看出簇 C_1 中的各个节点间的相似分类结果簇。簇 C_1 被划分为 $C_{11} = \{22,25,28,30,32\}$, $C_{12} = \{23,24,26\}$, $C_{13} = \{27,29,31,33\}$, $C_{14} = \{0,2,21\}$。

　　同理,簇 C_2 被划分为 $C_{21} = \{1,34,35,36\}$, $C_{22} = \{37,38,39\}$, $C_{23} = \{40,41,42,43,44\}$;簇 C_3 被划分为 $C_{31} = \{3,4,5,6,7\}$, $C_{32} = \{8,9,45,46\}$, $C_{33} = \{47,48,49,50,51,52,53\}$;簇 C_4 被划分为 $C_{41} = \{10,11,12\}$, $C_{42} = \{13,14,15,16\}$, $C_{43} = \{17,18,19,20\}$。

　　3) 第三阶段,将数据相似簇内的数据进行随机加权求最终的去冗余结果。该阶段主要以簇 C_1 中的子簇 $C_{13} = \{27,29,31,33\}$ 为例,为便于计算,令随机加权因子 $\beta_1 + \beta_2 + \cdots + \beta_v = 1$ 且 $\beta_1 = \beta_2 = \cdots = \beta_v$,去冗余前后数据对比如图 2.22 所示,去冗余前后误差对比如图 2.23 所示。

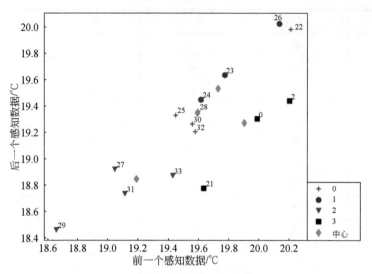

图 2.21 簇 C_1 的数据相似性分布

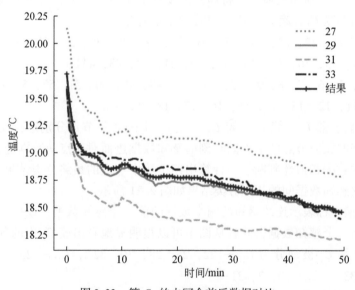

图 2.22 簇 C_{13} 的去冗余前后数据对比

从图 2.22 可以看出簇 C_{13} 去冗余后的结果数据，趋于冗余节点感知数据的中心位置，且节点 29 和节点 33 的感知数据接近结果数据，然而节点 27 和节点 31 的感知数据相对远离结果数据。图 2.23 反映了簇 C_{13} 中的各个节点的各个感知数据同去冗余后的结果数据的误差，很显然，节点 29 和节点 33 的误差相对要比节点 27 和节点 31 低很多。表 2.12 给出簇 C_{13} 中的各个节点的感知数据的均方误差，可以看出节点 27 的均方误差为 0.035，节点 29 的均方误差为 0.004，节点 31 的均方误差为 0.034，节点 33 的均方误差为 0.006。实验

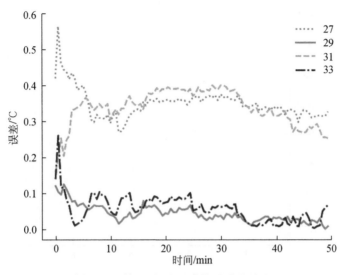

图 2.23 簇 C_{13} 的去冗余前后误差对比

表明，即使属于数据相似一类，数据间依旧存在差异。因此，针对仅使用节点的坐标位置进行相似性分析的方法，缺少对数据间的空间相关性进行分析，会造成数据间更大的误差。MHCSD 算法通过分阶段分层分簇的方式，保证了节点数据间的相似性的准确性。

表 2.12 簇 C_{13} 中节点的感知数据的均方误差

节点	均方误差
27	0.035
29	0.004
31	0.034
33	0.006

4）MHCSD 算法数据去冗余率同第二阶段中的簇内数据相似簇数 K_1 有关系，但 K_1 的值进而又会影响数据相关性的准确性，同时 K_1 越大，数据相关性的准确性越高。因而，分析 K_1 的变化对数据去冗余率的影响（$0 < K_1 \leqslant$ 簇 C_i 内节点数量），如图 2.24 所示；以及节点规模对去冗余率的影响，如图 2.25 所示。

通过图 2.24 可以看出，随着 K_1 的增大，数据去冗余率呈现逐渐降低的趋势，当 $K_1 = 1$ 时，簇 C_1、簇 C_2、簇 C_3 和簇 C_4 中并未进行相似子簇的划分，MHCSD 算法将簇 C_1、簇 C_2、簇 C_3 和簇 C_4 中的所有节点视为冗余节点，进而对冗余节点进行随机加权以优化传感数据，因此，此时的数据去冗余率表现为最大。但由于 $K_1 = 1$ 时，相当于仅对所有节点进行了节点位置相似性判断，而未进行数据相似性判断，因而数据误差增大。而当 $K_1 = 10$ 的时候，相当于将簇 C_1、簇 C_2、簇 C_3 和簇 C_4 中的节点，分别划分为 10 个子数据相似簇，且分别对簇 C_1、簇 C_2、簇 C_3 和簇 C_4 各自的 10 个子数据相似簇进行随机加权求数据去冗余结果，因而最后保留的数据便为簇 C_1、簇 C_2、簇 C_3 和簇 C_4 各自 10 个子相似簇的

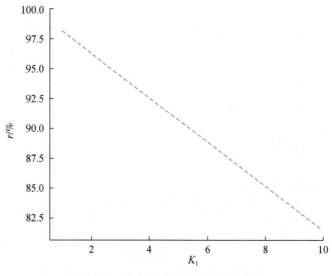

图 2.24　K_1 对数据去冗余率的影响

数据，因此，此时的数据去冗余率最低，保证了数据去冗余的准确性。为既保证数据准确度，又保证数据去冗余率，折中取 $K_1 = 4$，对其进行网络能耗分析。

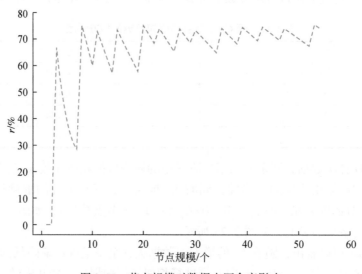

图 2.25　节点规模对数据去冗余率影响

从图 2.25 可以看出，随着节点规模的增大，数据去冗余率也呈增大的趋势，且稳定在 65% ~ 75%。节点规模为 3 个、8 个、11 个、15 个、20 个、23 个、26 个和 30 个时，数据去冗余率明显比较高，这是由 MHCSD 的算法规则造成的。传感器节点所采集的数据不进行处理，直接发给簇头节点，簇头节点进行去冗余后，将结果传输给 Sink 节点。因此，节点规模为 1 个和 2 个时，未进行空间相关性去冗余处理，因此此时数据去冗余率最

小。当节点规模为 3 个时，通过 MHCSD 算法将冗余簇中的冗余节点进行去冗余处理后，3
个节点的数据量会减少为 1 个节点的数据量，因此此时的数据去冗余率得到了提高。同
理，其他节点规模处数据去冗余率升高的原因也一样。

为进一步去除冗余数据，将 TCDA 算法与 MHCSD 算法相结合的 HMDA 算法，同
TCDA 算法和 DaT 算法进行网络能耗对比分析，如图 2.26 所示。

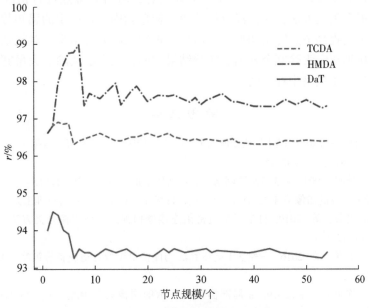

图 2.26　不同算法的数据去冗余率

通过图 2.26 可以看出，HMDA 算法的数据去冗余率主要分布在 97.50% ~ 98.0%，
TCDA 算法的数据去冗余率主要分布在 96.26% ~ 96.75%，DaT 算法的数据去冗余率主要
分布在 93% ~ 94%。HMDA 算法同 TCDA 算法和 DaT 算法相比，数据去冗余率分别提高
1.25% 和 4%。因此，MHCSD 算法与 TCDA 算法相结合的 HMDA 算法，与 TCDA 算法对
比，可以进一步去除冗余数据，实验结果表明，HDMA 算法基于空相关性有效提高了去冗
余率。

2.4　小　　结

本章分别对基于统计学、基于数据压缩和基于人工智能的 WSN 数据去冗余算法进
行了深入分析研究与探讨，详细阐述了每类算法的适用范围、对先验知识的依赖、算法
复杂度、数据去冗余率和集中式/分布式等方面的异同，总结分析了不同种类算法的优
缺点。

本章对丢失数据进行了分析研究，对 TCDA 算法进行了详细阐述，改进了算法的计算
复杂性与感知数据的时效性。同时，对算法性能与能耗进行了分析研究。对实验环境、实

验参数设置进行了详细描述，从数据丢失量、数据去冗余率、传输能耗和计算能耗四方面进行了全面分析，并与 DaT 算法从传输能耗和计算能耗两方面进行了对比分析。最后，实验证明，TCDA 算法不仅在传输能耗方面优于 DaT 算法，而且显著降低了计算能耗，延长了网络寿命。

本章针对空间数据冗余问题进行了全面分析，提出了判断空间数据冗余的系统模型。首先，基于改进后的 KC 算法，根据节点位置信息，对所有节点进行初次聚类分簇。其次，使用高斯混合聚类方法，对已经分好的簇，根据簇内节点产生的感知数据，进而二次聚类分簇，尽可能提高节点冗余相似性。最后，根据二次分类结果，对冗余节点产生的感知数据进行随机加权，去除冗余数据。实验结果表明，该方法去除了大量冗余数据，节省了大量能耗，提升了网络生存时间。

参 考 文 献

蒋鹏，李勇鹏，吴锋，等.2017. 基于均值滤波的大规模无线传感网能耗及海量数据去冗余方法研究 [J]. 工程科学与技术，49（2）：145-151.

任丰原，黄海宁，林闯.2003. 无线传感器网络 [J]. 软件学报，（7）：1282-1291.

谈超.2017. 基于云计算的图像稀疏表示算法分布式并行优化 [D]. 南京：南京理工大学.

吴鹏，林国强，郭玉荣，等.2019. 自学习稀疏密集连接卷积神经网络图像分类方法 [J]. 信号处理，35（10）：1747-1752.

徐继伟，张文博，王焘，等.2016. 一种基于遗传算法的虚拟机镜像自适应备份策略 [J]. 计算机学报，39（2）：351-363.

薛智爽，黄坤超，陈明举，等.2019. 非局部群稀疏表示的图像去噪模型 [J]. 电讯技术，59（10）：1215-1221.

杨超，纪倩，熊思纯，等.2017. 新的云存储文件去重复删除方法 [J]. 通信学报，38（3）：25-33.

杨挺，王萌，张亚健，等.2019. 云计算数据中心 HDFS 差异性存储节能优化算法 [J]. 计算机学报，42（4）：721-735.

Aguirre E, Lopez-Iturri P, Azpilicueta L, et al. 2016. Design and implementation of context aware applications with wireless sensor network support in urban train transportation environments [J]. IEEE Sensors Journal, 17（1）：169-178.

Alduais N A M, Abdullah J, Jamil A, et al. 2017. Performance evaluation of real-time multivariate data reduction models for adaptive-threshold in wireless sensor networks [J]. IEEE Sensors Ietters, 1（6）：1-4.

Bolandi H, Lajnef N, Jiao P, et al. 2019. A novel data reduction approach for structural health monitoring systems [J]. Sensors, 19（22）：4823.

Botero-Valencia J, Castano-Londono L, Marquez-Viloria D, et al. 2018. Data reduction in a low-cost environmental monitoring system based on LoRa for WSN [J]. IEEE Internet of Things Journal, 6（2）：3024-3030.

Budelmann C. 2017. Opto-electronic sensor network powered over fiber for harsh industrial applications [J]. IEEE Transactions on Industrial Electronics, 65（2）：1170-1177.

Chacon-Hurtado J C, Alfonso L, Solomatine D P. 2017. Rainfall and streamflow sensor network design: A review of applications, classification, and a proposed framework [J]. Hydrology and Earth System Sciences, 21（6）：3071-3091.

Chowdhury S, Roy A, Benslimane A, et al. 2019. On semantic clustering and adaptive robust regression based energy-aware communication with true outliers detection in WSN [J]. Ad Hoc Networks, 94: 101934.

Elsayed W M, El-Bakry H M, EL-Sayed S M. 2019. Data reduction using integrated adaptive filters for energy-efficient in the clusters of wireless sensor networks [J]. IEEE Embedded Systems Letters, 11 (4): 119-122.

Fathy Y, Barnaghi P, Tafazolli R. 2018. An adaptive method for data reduction in the internet of things [C]. 2018 IEEE 4th World Forum on Internet of Things. IEEE, 729-735.

Fouad M M, Oweis N E, Gaber T, et al. 2015. Data mining and fusion techniques for WSNs as a source of the big data [J]. Procedia Computer Science, 65: 778-786.

Giorgi G. 2019. Lightweight lossless compression for N-dimensional data in multi-sensor systems [J]. IEEE Sensors Journal, 19 (19): 8895-8903.

Hakansson V W, Venkategowda N K D, Kraemer F A, et al. 2019. Cost-aware dual prediction scheme for reducing transmissions at IoT sensor nodes [C]. 2019 27th European Signal Processing Conference. IEEE, 1-5.

Harb H, Jaoude C A, Makhoul A. 2019. An energy-efficient data prediction and processing approach for the internet of things and sensing based applications [J]. Peer-to-Peer Networking and Applications, 1-16.

He H, Huang J, Zhang W. 2017. Multi-sensor activity recognition using 2DPCA and K-means clustering based on dual-measure distance [C]. 26th IEEE International Symposium on Robot and Human Interactive Communication. Lisbon: IEEE, 858-863.

Idrees A K, Al-Qurabat A K M, Jaoude C A, et al. 2019. Integrated divide and conquer with enhanced k-means technique for energy-saving data aggregation in wireless sensor networks [C]. 2019 15th International Wireless Communications & Mobile Computing Conference. IEEE, 973-978.

Izadi D, Abawajy J, Ghanavati S, et al. 2015. A data fusion method in wireless sensor networks [J]. Sensors, 15 (2): 2964-2979.

Kandukuri S, Lebreton J, Murad N, et al. 2016. Data window aggregation techniques for energy saving in wireless sensor networks [C]. 2016 IEEE Symposium on Computers and Communication. IEEE, 226-231.

Kimura N, Latifi S. 2005. A survey on data compression in wireless sensor networks [C]. International Conference on Information Technology: Coding and Computing. IEEE, 8-13.

Lee C G, Dao N N, Jang S, et al. 2016. Gyro drift correction for an indirect Kalman filter based sensor fusion driver [J]. Sensors, 16 (6): 864.

Liazid H, Lehsaini M, Liazid A. 2019. An improved adaptive dual prediction scheme for reducing data transmission in wireless sensor networks [J]. Wireless Networks, 1-11.

Liu J, Huang K, Zhang G. 2017. An efficient distributed compressed sensing algorithm for decentralized sensor network [J]. Sensors, 17 (4): 907.

Mohamed M F, Shabayek A E R, El-Gayyar M, et al. 2019. An adaptive framework for real-time data reduction in AMI [J]. Journal of King Saud University-Computer and Information Sciences, 31 (3): 392-402.

Ogbodo E U, Dorrell D, Abu-Mahfouz A M. 2017. Cognitive radio based sensor network in smart grid: Architectures, applications and communication technologies [J]. IEEE Access, 5: 19084-19098.

Passricha V, Chopra A, Singhal S. 2019. Secure deduplication scheme for cloud encrypted data [J]. International Journal of Advanced Pervasive and Ubiquitous Computing (IJAPUC), IGI Global, 11 (2): 27-40.

Qian Z, Zhang X, Ju X, et al. 2018. An online data deduplication approach for virtual machine clusters [C].

2018 IEEE SmartWorld, Ubiquitous Intelligence & Computing, Advanced & Trusted Computing, Scalable Computing & Communications, Cloud & Big Data Computing, Internet of People and Smart City Innovation. IEEE, 2057-2062.

Radia V S, Singh D K. 2016. Secure deduplication techniques: A study [J]. International Journal of Computer Applications, 9 (5): 8887.

Raghunathan V, Schurgers C, Park S, et al. 2002. Reviewing the research paradigm of techniques used in data fusion in WSN [J]. IEEE Signal processing magazine, 19 (2): 40-50.

Razafimandimby C, Loscri V, Vegni A M, et al. 2017. Efficient Bayesian communication approach for smart agriculture applications [C]. 2017 IEEE 86th Vehicular Technology Conference. IEEE, 1-5.

Ruan J, Lu Z. 2018. A self-adaptive spatial-temporal correlation prediction algorithm to reduce data transmission in wireless sensor networks [J]. International Journal of Innovative Computing Information and Control, 14 (3): 997-1013.

Saad G, Harb H, Jaoude C A, et al. 2019. A distributed round-based prediction model for hierarchical large-scale sensor networks [C]. 2019 International Conference on Wireless and Mobile Computing, Networking and Communications. IEEE, 1-6.

Salman M. 2018. Data transmission protocol for reducing the energy consumption in wireless sensor networks [J]. New Trends in Information and Communications Technology Applications, 938: 35.

Singhal S, Kaushik A, Sharma P. 2018. A novel approach of data deduplication for distributed storage [J]. International Journal of Engineering and Technology, 7 (2): 46-52.

Subbu Lakshmi T C, Gnanadurai D, Muthulakshmi I. 2019. Energy conserving texture-based adaptable compressive sensing scheme for WVSN [J]. Concurrency and Computation: Practice and Experience, 33 (1): e5178.

Tan J, Liu W, Xie M, et al. 2019. A low redundancy data collection scheme to maximize lifetime using matrix completion technique [J]. EURASIP Journal on Wireless Communications and Networking, 2019 (1): 5.

Tan L, Wu M. 2015. Data reduction in wireless sensor networks: A hierarchical LMS prediction approach [J]. IEEE Sensors Journal, 16 (6): 1708-1715.

Tayeh G B, Makhoul A, Demerjian J, et al. 2018. A new autonomous data transmission reduction method for wireless sensors networks [C]. 2018 IEEE Middle East and North Africa Communications Conference. IEEE, 1-6.

Tayeh G B, Makhoul A, Perera C, et al. 2019. A spatial-temporal correlation approach for data reduction in cluster-based sensor networks [J]. IEEE Access, 7: 50669-50680.

Wang C, Ma H, He Y, et al. 2012. Adaptive approximate data collection for wireless sensor networks [J]. IEEE Trans. Parallel & Distributed Systems, 23 (6): 1004-1016.

Xia W, Jiang H, Feng D, et al. 2016. A comprehensive study of the past, present, and future of data deduplication [J]. Proceedings of the IEEE, 104 (9): 1681-1710.

Xu N. 2002. A survey of sensor network applications [J]. IEEE communications magazine, 40 (8): 102-114.

Yin J, Yang Y, Wang L. 2016. An adaptive data gathering scheme for multi-hop wireless sensor networks based on compressed sensing and network coding [J]. Sensors, 16 (4): 462.

Yuan Y, Liu W, Wang T, et al. 2019. Compressive sensing-based clustering joint annular routing data gathering scheme for wireless sensor networks [J]. IEEE Access, 7: 114639-114658.

Zhang S，Li X，Lin Q，et al. 2019. Nature‐inspired compressed sensing for transcriptomic profiling from random composite measurements［J］. IEEE Transactions on Cybernetics，12：1-12.

Zhang Z，Wu Y，Gan C，et al. 2019. The optimally designed autoencoder network for compressed sensing［J］. EURASIP Journal on Image and Video Processing，19（1）：56.

第3章 基于时延敏感分簇的无线传感器网络数据融合算法

3.1 无线传感器网络数据融合技术

数据融合是指将收集到的各类数据进行多层面、多级别、多维度的检测、估计和组合，以融合成更精确、更符合要求的数据的过程（Chhabra and Singh，2015；Rajagopalan and Varshney，2006；Divya and Chinnaiyan，2017；Khaleghi et al.，2013；Fortino et al.，2015）。WSN 中各个层次的协议均可以与数据融合技术进行结合，包括 MAC 层、路由层以及应用层协议等（Prathiba et al.，2016；Gopikrishnan and Priakanth，2016）。

根据输入、输出数据类型的不同以及数据融合方式的不同，研究者先后提出了多种 WSN 数据融合的功能模型（Zhang et al.，2015，2016；Zou and Liu，2015；Luo and Chang，2015）。根据数据融合的级别不同，将数据融合技术分为基于分布式、基于抽象层次与基于数据关系三类，分类如图 3.1 所示。

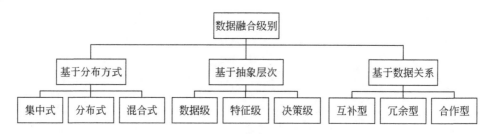

图 3.1 数据融合级别

第一种分类方式，按照数据融合操作节点的分布方式进行分类（Gupta and Shekokar，2017；Aquino et al.，2016；Yue et al.，2011；Fouad et al.，2015），包括集中式融合、分布式融合与混合式融合。在集中式融合中，数据融合只发生在单一的节点（通常为汇聚节点）中，其优点是能保留绝大部分初始的数据特征，将信息损失降至最小，缺点是对网络带宽要求较高，融合节点能耗过大。在分布式融合中，每个节点在收集完数据后均在本地进行融合操作，处理后的数据再被传输到融合中心。这种方法的优点是减少了数据流总传输量，节约了网络能耗，但相比而言数据的损失率更高。混合式融合综合了前两种特点，融合中心既接收处理后的数据，也处理直接传输过来的原始数据。但该结构在系统性能的稳定性上表现较差。

第二种分类方式，根据输入数据的抽象层次进行分类，包括数据级融合、特征级融合以及决策级融合（Chhabra and Singh，2015；Al-Obaidy et al.，2017；Nguyen et al.，2016；Usha et al.，2017；Duarte and Hu，2004）。数据级融合的主要特点是保留尽可能多的信息，缺点则是带宽要求高、效率低、抗干扰能力差。决策级融合的特点是数据传输量小、分析能力强、容错率高，缺点则是信息损失多、预处理代价高。特征级融合的性能介于两者之间。

第三种分类方式，根据源数据间的相关性进行分类（Fouad et al.，2015），包括互补型数据融合、冗余型数据融合和合作型数据融合。互补型数据融合指按照不同节点收集到对同一环境信息的不同特征进行分片，然后将其融合成完整的信息后传输到融合中心。冗余型数据融合指将邻近节点收集到的相似数据结果进行甄选，然后形成高精确度的数据以进行传输。合作型数据融合指将多个相互独立的网络节点将数据进行统一合作融合，以此形成能包含更多信息的新数据。

3.1.1　数据融合算法分类

由于数据融合算法涉及学科广泛，根据不同的融合规则，可对其进行不同类别的分类。根据融合过程中采用的不同算法，将 WSN 数据融合算法分为四类：基于统计学的数据融合算法、基于人工智能的数据融合算法、基于信息论的数据融合算法和基于拓扑学的数据融合算法，如图 3.2 所示。本章将对不同数据融合算法进行分析与比较，分析其优点、缺点及适用范围。评价的参数主要包括网络能耗、网络时延、融合准确性和算法复杂度等。

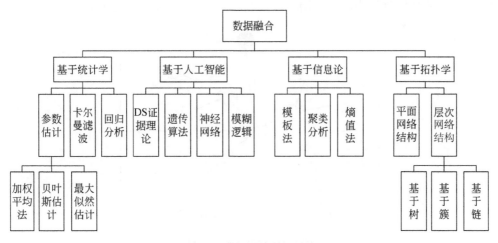

图 3.2　数据融合算法分类

3.1.2　基于统计学的数据融合算法

基于统计学的数据融合算法是通过概率分布密度函数来描述数据的不确定性，进一步推算出初始数据，甚至预测数据变化趋势的一种研究方法。统计学既能有效地分析数据的规律，又能找出最优解决方案，分析信息的不确定性。根据使用的具体数学方法，又可将其分为三类：参数估计法、卡尔曼滤波法、回归分析法。参数估计法可以利用少量样本来推断总体特征，这使得网络节点可以在付出较小代价的情况下，完成数据融合与传输的任务。卡尔曼滤波法能有效去除信息中的噪声，从而提取出用户所需要的有效数据。回归分析法通过建立回归方程、分析数据间相关程度、去除冗余数据，来减少节点间数据传输量。

3.1.2.1 基于参数估计的数据融合算法

参数估计法通过对挑选出的样本数据进行分析，来估算总体分布中的未知参数以及数字特征。参数估计法包括加权平均法、贝叶斯估计、最大似然估计、最小二乘法和最小风险法等。

（1）加权平均法

加权平均法根据节点数据的重要程度为其分配相应权重，然后通过数据数值与权重的比例或乘积相加来计算融合值。Luo 等（2010）基于加权平均法思想，提出了最小能量可靠聚集算法（Minimum Energy Reliable Information Gathering，MERIG）。针对无线传感器中由环境等因素引起的数据包出错率问题，对数据包可靠传输进行了优化。Luo 等（2010）将环境中的传感器分为房间融合节点、角落融合节点以及普通节点，如图 3.3 所示。通过动态地设定每个数据包的重传次数，在满足足够的传输可靠率的前提下，降低了数据的传输总量。但 Luo 等（2010）假设数据包出错率是固定的，信息权重的总和只是简单的输入信息的和，这在实际环境中并不适用。

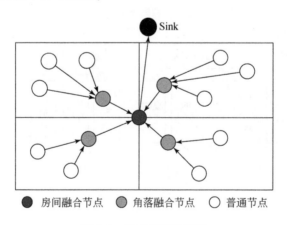

● 房间融合节点　　● 角落融合节点　　○ 普通节点

图 3.3　节点分布示意图

（2）贝叶斯估计

贝叶斯估计是数据融合方法中最为重要的参数估计算法之一，其提供了一种通过先验概率计算后验概率分布的方法。假设 B 为一个事件，A_1，A_2，A_3 为样本 S 的一个划分，则贝叶斯概率的一般形式为

$$P(A_i \mid B) = \frac{P(B \mid A_i)P(A_i)}{\sum_j P(B \mid A_j)P(A_j)} \qquad (3.1)$$

式中，$P(A_i \mid B)$ 为条件概率，即可以通过贝叶斯估推导整个系统的概率分布。

基于简化的贝叶斯估计对进行融合的数据仅仅采取加权平均的方法，不能有效地处理不准确的数据。因此，Abdulhafiz 和 Khamis（2013）采用了改进的贝叶斯方法（Modified Bayes，MB），引入了新的机制来考虑测量的不一致性，使个体分布的方差与因子 f 成正比：

$$f = \frac{m^2}{m^2 - (z_1 - z_2)^2} \qquad (3.2)$$

式中，z_1，z_2 为测量值；m 为传感器节点读取的最大预期差值。算法结合了卡尔曼滤波器，提出了针对不同情形的多种融合算法。

（3）最大似然估计

最大似然估计是通过已实现的样本和模型来估计参数值，使得前面已经实现的样本值发生概率最大。Tsai 和 Chang（2011）基于最大似然估计提出了合作式信息聚集（Cooperative Information Aggregation，CIA）算法来解决 WSN 中的分布式估计问题。在 WSN 中，采用多比特量化器来量化观测信号。同时，为了减少能耗与通信负担，每个节点只发送 1bit 数据到融合中心。最大似然估计 $\hat{\theta}$ 为

$$\hat{\theta}(\boldsymbol{R}) = \underset{\theta}{\arg\max} L(c' \mid \theta) \qquad (3.3)$$

式中，$\boldsymbol{R}$ 为源分配向量，表示传感器节点选择的数据比特传输序列；$L(c' \mid \theta)$ 为最大似然函数，表示在参数 θ 确定的情况下，码字 c' 出现的概率大小。CIA 算法运用最大似然估计对数据进行融合，提高了数据的准确性。但是，算法中对最优源分配向量 $\boldsymbol{R}$ 的寻找是非常困难的，这无疑提高了算法的复杂度，同时 $\boldsymbol{R}$ 的取值也直接影响了估计值的效果，故算法的结果不够稳定。

（4）算法性能对比

参数估计算法对比如表 3.1 所示，表中列出了算法的适用范围、对先验知识的依赖度、算法复杂度、对不可赖数据的处理能力、融合准确度、网络能耗和集中式/分布式等指标。

表 3.1　参数估计算法对比

算法	适用范围	对先验知识的依赖度	算法复杂度	对不可靠数据的处理能力	融合准确度	网络能耗	集中式/分布式
MERIG	数据包出错率固定	中等	低	中等	中等	中等	分布式
MB	线性数据	高	高	高	高	中等	集中式/分布式
CIA	资源分配向量为次优解	高	高	高	中等	低	集中式

在适用范围方面，MERIG 算法假设网络环境为理想情况，每个数据包出错率为固定值，这使得该模型在应用方面存在较大局限性。MB 算法模拟数据为线性情况，而没比较非线性情况下的仿真性能。CIA 算法因参数 R 不易求出最优解，而采用了次优解的方法。在对先验知识的依赖度方面，以上 3 种算法都需要预先输入样本数据的分布，故都需要先验知识的涉及。由于贝叶斯估计以及最大似然估计均对先验知识有要求，故以上 3 种算法对先验知识的依赖度都较高。MB 算法将贝叶斯估计与卡尔曼滤波相结合，CIA 算法对最优源分配向量 R 的计算较为复杂，故这两种算法在算法复杂度上都较高。在对不可靠数据的处理能力方面，MB 算法与 CIA 算法将传统参数估计算法进行改进，考虑网络不确定性，在鲁棒性上都有较好表现。在网络能耗方面，CIA 算法将节点数据进行归一化处理，降低了数据传输量，节约了传输能耗。各种参数估计方法也可以通过相结合的方式来提高数据的预测结果，如最小二乘法与加权思想结合，克服了最小二乘法不分优劣使用各测量值的缺点。

3.1.2.2 基于卡尔曼滤波器的数据融合算法

卡尔曼滤波法是一种能够从环境噪声中最优化估计系统的自回归算法。算法通过历史处理结果和当前时刻的测量值，不断对预测协方差进行递归，从而估算出下一时刻的数据。

Soltani 等（2014）针对大规模 WSN，在保证数据可靠、准确的前提下，提出一种大规模 WSN 场景下的卡尔曼滤波（Kalman Filters in Large WSN，KF-L）算法。KF-L 算法减少活跃节点的个数，以达到节约能耗、增加传感器网络生命周期的目的。算法定义验证门（Validation Gate）概念，节点从状态估计相近的数据节点中挑选一个，并在下个时段继续观察，其他节点则可以转换为休眠模式，以减少能耗。验证门的定义为

$$G(k) = Z_i(k) \mid Z_i(k) - \hat{Z}_t(k \mid k-1)^{\mathrm{T}} S_i(k)^{-1} \quad [Z_i(k) - \hat{Z}_t(k \mid k-1)^{\mathrm{T}} \leqslant \gamma] \qquad (3.4)$$

式中，$G(k)$ 为在 k 时刻进入验证门区域的概率；$\hat{Z}_t(k \mid k-1)$ 和 $S_i(k)$ 为节点 i 在 k 时刻的预测数据与预测协方差矩阵；$Z_i(k)$ 为节点 i 在 k 时刻的观测数据。仿真表明，该算法能有效减少活跃节点的数量，数据准确性也维持在相对高的水平。

Xu 等（2012）运用量化创新与分散卡尔曼滤波相结合的方法，考虑了网络带宽与能耗，提出了基于量化创新分散卡尔曼滤波（Quantized Innovation-decentralized Kalman Filter，QI-DKF）算法，有效解决了线性目标跟踪系统量化融合估计问题，同时节约了融合中心的能耗。最优估计 $\hat{X}_{k \mid k-1}$ 与协方差矩阵 $P_{k \mid k-1}$ 仅在融合中心改变时才进行传送。但本算法仅对标量数据有明显效果，对矢量数据则不利于处理。

表 3.2 将以上两种算法从节能方式、系统模型、融合方式、矢量/标量等方面进行了比较。相比 KF-L 采用卡尔曼滤波，仅由单一网络节点决定估计精度，QI-DKF 使用的分散卡尔曼滤波能通过节点周围节点的观察性能动态增加该节点的状态估计精度。在节能方式方面，KF-L 采用休眠节点机制减少了节点能耗的规模，而 QI-DKF 通过量化创新的方式来减少数据的传输量。由于卡尔曼滤波与分散卡尔曼滤波均只能处理线性模型，故两种算法都只能在较为理想的环境中实现，不能适用于非线性目标跟踪试验。KF-L 采用的矢量状

态标量测量意味着算法只能在每一个时隙中处理单一的测量标量，而 QI-DKF 使用范围则扩展到矢量测量。最后，两种算法的特点也较为不同，KF-L 将卡尔曼滤波运用在节点筛选中，通过预测值来调整冗余节点，使其进入休眠模式来节约网络能耗，但它忽略了传输与编码的额外能耗。QI-DKF 采用分散卡尔曼滤波加强算法预测精度，并通过量化信息的方式实现节能，但其算法实现过程复杂，网络架构难以实现。

表3.2 基于卡尔曼滤波的数据融合算法的对比

算法	采用方法	节能方式	系统模型	融合方式	矢量/标量	优点	不足
KF-L	卡尔曼滤波	休眠节点	线性	集中式	矢量状态标量测量	通过预测值来休眠冗余节点	忽略传输与编码的额外能耗
QI-DKF	分散卡尔曼滤波	量化创新	线性	分布式	矢量状态矢量测量	与邻居节点交换量化新息	算法实现过程复杂，网络架构难以实现

3.1.2.3 基于回归分析的数据融合算法

回归分析法是定量确定多个变量间关联度的一种统计分析方法。按照涉及的变量的多少，分为一元回归分析和多元回归分析，其中多元线性回归算法流程图如图 3.4 所示。

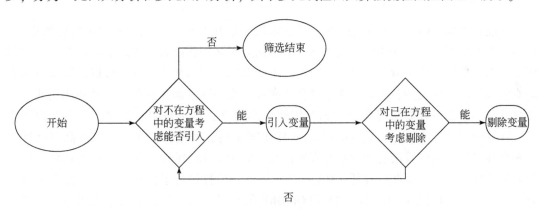

图 3.4 多元线性回归算法流程图

Carvalho 等（2011）考虑多元时空关系，提出了基于多元回归方程的数据融合算法（MREDFA），提高了数据融合的准确性。但是相比于简单的一元回归分析，MREDFA 算法复杂度更高，同时能耗接近前者的两倍。运用多元线性回归预测参数的方程如下：

$$Y_{qij} = \alpha + \beta_1 X_{pi1} + \cdots + \beta_j X_{pij} \tag{3.5}$$

式中，Y_{qij} 为一个一维向量，包含独立变量 q 的预测值；X_{pij} 为多个数据样本的历史值；β 为系数向量；α 为预测值的常数；$i = 1, \cdots, n$，其中 n 为样本的数量；$j = 1, \cdots, k$，其中 k 为向量 X_{pij} 的维度。回归算法优点在于模型简单，算法复杂度低，但其预测精度不高，且需要不断调整预测模型，造成一定额外能耗。

3.1.2.4　基于统计学的数据融合算法比较

基于统计学的数据融合算法的主要思想是对传感器收集的一段时间内的数据进行分析，利用概率分布密度函数描述数据的不确定性，然后基于现有的数据找出其规律特征，以此预估传感器的真实数据（Kamran et al., 2017）。但在现实情况下，许多先验分布和规范化数据都包含一般不能分析估计的积分，这使得基于统计学的数据融合算法在应用上有了许多限制。几种算法的对比如表3.3所示。

表3.3　算法对比

算法		使用方法	能耗	融合级别	数据准确性	对先验知识的依赖性	算法复杂度	鲁棒性	特点
基于参数估计	MERIG	加权平均	中等	互补	中等	较高	较低	中等	实现简单，精度不高
	MB	贝叶斯估计	较高	合作	较高	高	较低	较高	对先验知识依赖度较高
	CIA	最大释然估计	较低	合作	较高	高	较高	中等	
基于卡尔曼滤波	KF-L	卡尔曼滤波	中等	冗余	中等	较高	中等	较低	对异常数据敏感
	QI-DKF	分散卡尔曼滤波	较低	互补	中等	较高	较高	中等	
基于回归分析	MREDFA	多元回归分析	较高	互补	较高	中等	较高	中等	精度不高，能耗较大

在能耗方面，CIA算法和QI-DKF算法采用了量化数据的方法，减少了传输数据量，在能耗方面表现突出。MERIG算法和KF-L算法分别采用簇融合与休眠节点机制，一定程度上节约了能耗。由于数据融合会一定程度上降低原始数据精度，减少数据传输量意味着对真实数据的掌握变少，故表3.3中的算法在数据准确性方面往往与能量消耗成正比。基于统计学的数据融合算法对先验知识的依赖性都较高，这也是制约其发展的重要原因之一。在算法复杂度方面，CIA、QI-DKF和MREDFA均和其他算法相结合以提高网络性能与融合准确性，所以算法复杂度相对有所提高。MERIG和MB基于较为简单的加权平均与贝叶斯估计，故算法复杂度较低。MB针对测量不一致性进行了优化，在鲁棒性上表现良好。MERIG、MREDFA、KF-L、CIA和QI-DKF限制了网络环境，对通信出错率与噪声进行了规定，所以在鲁棒性方面表现一般。

3.1.3　基于人工智能的数据融合算法

人工智能是多学科交叉的一门学科，其本质是对人思维的信息过程的模拟。人工智能涉及计算机、逻辑学、心理学等广泛学科，应用至今，其在各行各业的应用领域也逐渐扩宽。在WSN中，运用人工智能技术能使传感器节点在复杂、动态的环境下实现智能、自适应的学习过程（Kulkarni et al., 2011）。按照具体的人工智能算法，WSN中基于人工智能的数据融合算法又可分为基于DS（Dempster-Shafer）证据理论的数据融合算法、基于神经网络的数据融合算法、基于遗传算法的数据融合算法和基于模糊逻辑的数据融合算法等。

3.1.3.1　基于 DS 证据理论的数据融合算法

DS 证据理论是一种不精确的推理算法。DS 证据理论常用于进行不确定性和不准确性数据融合（Liang et al.，2016）。

在 DS 证据理论中，假设 X 表示系统的所有可能状态，且 X 内的元素互相独立，其中只有一个状态是正确的。2^x 代表 X 所有的可能子集。统计学分配概率量到每一个 X 元素，与之相比，DS 证据理论是分配置信度 M 给每一个元素 E 以表示关于系统状态 X 的所有可能性大小。函数 M 被称为 mass 函数，其有以下两个特征：① $M(\phi)=0$；② $\sum_{E\in 2^x} M(E)=1$。置信函数定义为 $\mathrm{bel}(E)=\sum_{B\in E} m(B)$，表示 E 为真的可能；似然函数定义为 $\mathrm{pl}(E)=\sum_{B\cap E\neq\phi} m(B)$，表示 E 为非假的可能。故 E 的概率区间如下：

$$\mathrm{bel}(E)\leqslant P(E)\leqslant \mathrm{pl}(E) \tag{3.6}$$

式中，$P(E)$ 为对某个假设的信任程度。

与贝叶斯估计相比，DS 证据理论仅需更弱的前提条件，便可直接表示"不准确"与不确定的数据，且 DS 证据理论可以在没有先验分布的情况下完成数据融合。但同时，DS 证据理论也存在一些缺陷，包括：①算法的计算复杂度存在指数爆炸的情况；②数据融合过程中的正则化过程会隐藏数据间的冲突；③不适用于处理模糊型数据；等等。

Senouci 等（2016）运用 DS 证据理论提出基于融合的不确定性感知传感器网络部署（Fusion-based Uncertainty-aware Sensor Networks Deployment，FUSD），并定义了目标检测的两种状态：θ_0，目标出现但没有被监测到；θ_1，目标出现且被监测到。并且定义基本置信集来表示目标出现的置信度，计算方式为

$$m_{d_{i/p}}^{\theta^t}(x)=\begin{cases}(1-u_i)(1-b_{d_{i/p}}) & x=\{\theta_0\} \\ (1-u_i)b_{d_{i/p}} & x=\{\theta_1\} \\ u_i & x=\{\theta_0,\theta_1\} \\ 0 & x=\{\phi\}\end{cases} \tag{3.7}$$

式中，$u_i\in[0,1]$，为节点 i 自身决策的不确定性；$b_{d_{i/p}}$ 为具有检测目标 P 的传感器 i 的置信度。然后，FUSD 通过对不同传感器的基本置信集 $m_{d_{i/p}}^{\theta^t}$ 运用 DS 证据理论融合规则得到融合后的数据。该算法通过运用 DS 证据理论对连续数据进行融合，提高了不准确和不确定的数据的融合效率，但并没有考虑网络寿命与能耗等问题。

3.1.3.2　基于遗传算法的数据融合算法

遗传算法是模仿自然选择和生物进化过程来探寻空间最优解的计算模型。遗传算法不能保证用户总能得到最优解，但能让用户忽略去"找"最优解的过程，只需要淘汰掉部分劣性样本便可。遗传算法的这些特点，使其适用于样本集较多且对计算结果准确性要

求不高的场景（Mishra et al., 2017）。此外，遗传算法搜索的是问题解的串集，而不是单个解，可有效避免计算过程收敛于局部最优。同时，遗传算法基本上不依赖先验知识或其他辅助数据，仅用适应度函数来对样本进行估计，这使其可应用于多种情况。遗传算法基本流程图如图 3.5 所示。

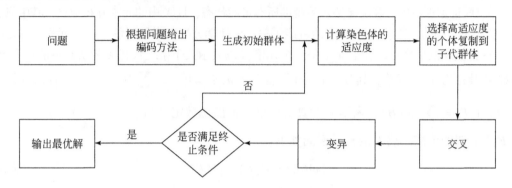

图 3.5　遗传算法基本流程图

但同时，遗传算法也有着不可避免的缺点。遗传算法存在编码与解码过程，会导致算法复杂度提高；遗传算法对问题精确结果的搜索速度偏慢；遗传算法的局部搜索能力较差；等等。

Mishra 等（2017）考虑传感器节点的负载均衡和能耗问题，提出利用遗传算法建立平衡、节能数据聚集生成树。在该算法中，对于一个染色体，基因指标决定了子节点，基因的价值确定了父节点。单点交叉和变异算子用来创建未来的一代。修复函数用来避免无效的染色体。如图 3.6 所示，交叉操作产生了环，使得染色体无效化，而修复函数则可以用来使无效的染色体变为有效。

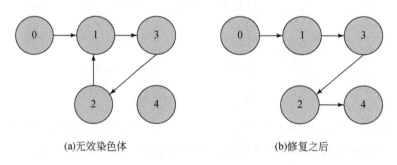

(a)无效染色体　　　　　　　　　　(b)修复之后

图 3.6　利用修复函数避免无效染色体

该算法把节点负载和能量剩余作为参考因素，优化了传感器网络的负载均衡问题，大大提高了网络的生命周期，但在节点选择时会额外消耗能量，且树形结构往往会有延迟问题。

Pinto 等（2014）基于遗传算法中的分类器系统，提出遗传机器学习算法（Genetic Machine Learning Algorithm，GMLA）。分类器系统通过一系列的规则来代表解决方案，并不断通过遗传算法最大化自己的奖励，从而产生更优良的下一代。该算法通过动态地调整传感器节点把数据发送到基站的概率，来提高数据融合的质量，并减少数据传输量，节约网络能耗。但该方案适用于高密度的传感器网络，对发送率低的传感器网络则效果不够明显，且存在一定数据延迟。

3.1.3.3 基于神经网络的数据融合算法

神经网络是一种模拟人脑神经突触连接的非线性自适应自组织系统。神经网络有优秀的非线性拟合能力和强大的自学习能力，且学习规则简单、鲁棒性高，适用于大规模并行计算、分布式存储等环境，善于处理 WSN 中精确度不高以及模糊型数据。

BP 神经网络是最典型的形式之一。BP 神经网络包括输入层、输出层和隐层，隐层可以包含多层，最常见的还是三层 BP 神经网络，其网络结构如图 3.7 所示。

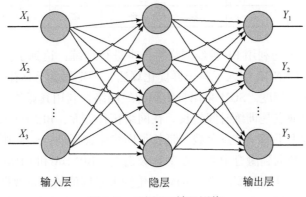

图 3.7 三层 BP 神经网络

但同时，BP 神经网络也存在一些缺点和不足（Zhao and Liang，2015）。BP 神经网络收敛速度慢，简单问题也可能需要数百上千次的学习；网络中极小值较多，使算法容易陷入局部最优，进而使训练结果各不相同。

孙凌逸等（2011）将 BP 神经网络和 WSN 分簇算法结合，提出反向传播网络数据聚合（Back-Propagation Networks Data Aggregation，BPNDA）算法。算法将节点簇结构表示成神经网络中的神经元，簇头对成员节点传输过来的数据去冗处理，提取信息特征，然后将融合数据发送给汇聚节点，以达到提升有效信息收集效率的目的。

类似地，Li 等（2015）也采用算法相结合的方法，提出了基于分簇汉明网络的数据聚合（Clustering Hamming Network-based Data Aggregation，CHNDA）算法。算法采用分期变异粒子群优化（Staged Mutation Particle Swarm Optimization，SMPSO）算法来替代传统神经网络。SHN-SMPSO 算法有较好的全局收敛性，能很好地弥补传统神经网络易陷入局部最优和收敛速度慢的不足，同时加强了数据融合的准确性。然而，CHNDA 没有考虑样本先验信息的提取问题，导致性能有所受限，特别是在大规模网络样本中，样本的优劣直接影响训练的结果准确性。

Larios 等（2012）针对具体的洪水监控环境，通过对其他方便测量的环境参数进行融合处理，来间接预测洪水水位。算法应用自组织映射（Self-organizing Map，SOM）对本地数据进行融合来达到分类的效果，然后对分类的数据取平均值得到融合后的数据，实现了对数据准确与能量消耗的折中处理，延长了网络生命周期。但当数据变化大时，取平均值作为融合数据不是很准确。

WSN 通常运用神经网络对其数据和状态进行预测来达到数据融合的效果，其特点是通过对样本进行训练来构建网络框架，然后通过不断迭代与调整来优化算法权值。不同算法比较如表 3.4 所示。

表 3.4　算法比较

算法	网络拓扑	融合级别	样本规模	训练时间	鲁棒性	特点
BPNDA	分簇	互补	中	慢	一般	非线性映射、易陷入局部最优
CHNDA	分簇	互补	中	中	一般	精度高、收敛快、样本选择问题
SOM	平面	冗余	多	慢	高	自组织、竞争学习

BPNDA 和 CHNDA 均利用 BP 神经网络对样本进行训练，达到了提高数据融合准确性的作用，不同的是，CHNDA 引入了粒子群优化算法，一定程度上弥补了 BP 神经网络收敛慢的问题，提高了训练速度。SOM 采用自组织神经网络，利用其竞争学习的特点训练出最优秀的输出数据，但缺点是训练时间较长。在网络拓扑方面，BPNDA 和 CHNDA 均采用分簇结构，在一定程度上平衡了节点负载，延长了网络生命周期。SOM 则采用了平面网络结构，各节点直接传输数据到融合中心。在融合级别上，BPNDA 和 CHNDA 通过簇头融合簇成员节点数据，属于互补型数据融合，SOM 只传输大于阈值的测量数据，消除了冗余数据的影响，属于冗余型数据融合。在鲁棒性方面，SOM 应用于实际环境中并已取得较好表现，而其他算法在仿真环境中较为理想，在实际环境中鲁棒性表现一般。

3.1.3.4　基于模糊逻辑的数据融合算法

现实生活中，许多模糊型实例很难仅用简单的二值逻辑来进行描述，由此产生了模糊逻辑的概念。模糊逻辑用"隶属度"表示数据的不确定性，故其非常适合处理 WSN 中不准确性和不确定性数据融合。但由于模糊规则的定义通常依赖先验知识与主观评定，故它经常以互补的方式集成于概率和神经网络融合算法中。

在进行模糊推理时，使用模糊规则作为准则，模糊规则通常使用自然语言表示。模糊逻辑的算法流程简单表述为：通过模糊集的输入，以及一组自然语言的规范，来计算出模糊输出。图 3.8 展示了模糊计算的流程。

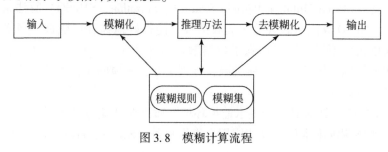

图 3.8　模糊计算流程

图 3.8 中，输入与输出分别表示源数据与经模糊计算后的数据；模糊化表示根据隶属函数将精确的输入值按适当比例得到模糊集隶属度的方法，推理方法包括最大最小法、平均法、重心法等；去模糊化表示通过映射将模糊量转化为精确的输出结果的过程。

Izadi 等（2015）在每个传感器节点中嵌入 2 型模糊逻辑系统（T2FLS），基于当前数据状态与历史状态，通过模糊逻辑控制器（Fuzzy Logic Controller，FLC）得出数据的置信水平，簇头再对其他节点数据进行统一收集与融合，达到对源数据进行区分、仅传输正确数据的目的，从而节约了网络能耗，提高了传感器网 QoS。

Zhai 等（2014）对行星探测无线传感器网络（Space Wireless Sensor Networks for Planetary Exploration，SWIPE）数据融合算法进行了介绍。该算法通过运用模糊逻辑系统与统计规则相结合的融合方式，提高了数据预测的准确性，并且减少了数据传输量，节约了能耗。

Yu 等（2014）提出基于三角模算子的三角模块多传感器数据融合（Triangle Module Multi-Sensor Data Fusion）算法。算法通过拟合高斯支持函数和最小二乘法得出 OLSF 支持函数来计算数据集的模糊中值与模糊平均值。最后，构建三角模算子，对收集的数据分配权重，归一化后得到融合结果。算法具有较低的计算复杂度和较高的数据准确性，也有较好的收敛精度与鲁棒性。

以上 3 种算法使用不同模糊逻辑算法进行数据融合，如表 3.5 所示，从 7 个方面对它们进行了比较。其中，模糊规则与模糊输出表示不同算法应用模糊逻辑时的参数选择与实现过程，而对先验知识的依赖性影响了算法的适用范围。其他如算法复杂度、网络能耗则能体现算法的整体性能。

在融合等级方面，T2FLS 选择置信水平高的节点数据进行融合，筛除了置信水平低的冗余数据。SWIPE 采用合作型与互补型两种数据融合方式处理科学数据。TMMDF 将数据分配不同权重，再归一化处理得到融合结果，属于互补型融合。在对先验知识的依赖性方面，T2FLS 需要通过先验知识进行推理规则的设定，且这只能靠历史数据进行判断，故 T2FLS 对先验知识的依赖性最高。在算法复杂度方面，三个算法的算法复杂度均不高，SWIPE 因需要处理科学数据与内务数据两种，所以在算法复杂度上略高于其他两种算法。在网络能耗方面，T2FLS 和 SWIPE 分别采用分簇与特征提取等方法，降低了数据的传输量；TMMDF 使用数据归一化方法，对源数据进行压缩，故三个算法在网络能耗上均有较好表现。

表 3.5　模糊逻辑算法比较

算法名称	使用方法	模糊规则	模糊输出	融合等级	对先验知识的依赖性	算法复杂度	网络能耗
T2FLS	2 型模糊逻辑系统	置信因子	置信高的数据	冗余	高	较低	较低
SWIPE	模糊逻辑系统	似然比选择	决策数据	合作型与互补型	中等	中等	较低
TMMDF	三角模算子	最小二乘法	模糊中值，模糊平均值	互补	中等	较低	较低

3.1.3.5　基于人工智能的数据融合算法比较

人工智能算法因能通过一定的先验知识与规律，通过自组织、自适应的学习方式有效地对数据进行训练及预测，而被广泛地应用到 WSN 中。为了更好地进行对比分析，对前文介绍的几种算法进行总结，如表 3.6 所示。

表 3.6　基于人工智能的数据融合算法总结

融合方法	对先验知识的依赖性	训练时间	信息表示	不确定性	处理数据类型	鲁棒性	优点	缺点
DS 证据理论	较低	较长	命题	无	不确定性	较差	不需先验概率	计算存在指数爆炸
遗传算法	较低	较长	染色体输入	适应度	不确定性	较好	全局优化	训练时间长
神经网络	较高	中等	神经元输入	学习错误	不确定性/不理解性	较好	非线性拟合能力	易陷入局部最优
模糊逻辑	较高	较短	命题	隶属度	模糊性	较好	算法简单，源数据需求较少	数据融合精度低

在对先验知识的依赖性方面，DS 证据理论不需要分配先验概率至函数参数，遗传算法对源数据的依赖较低，故这两种算法对先验知识的要求较低，另外两种则都对源训练数据有一定要求。在训练时间方面，遗传算法的算法实现较为复杂，DS 证据理论的计算复杂度是一个指数爆炸问题，这也使得这两种算法的训练时间较长，模糊逻辑算法较为简单，训练时间相对较短。在处理数据类型方面，DS 证据理论与遗传算法能够通过历史数据对不确定性数据进行预测，模糊逻辑能通过隶属度计算模糊性数据，而神经网络则能够通过自学习功能处理不确定性与不理解性数据。在鲁棒性方面，DS 证据理论对冲突较大的数据缺乏有效的处理能力，其鲁棒性较其他 3 种算法最差。在算法优缺点方面，DS 证据理论虽然不需要先验概率的参与，但需要保证证据间相互独立，且不适用于大规模计算；遗传算法有利于全局择优，但缺点是容易过早收敛。神经网络容易陷入局部最优，这影响了其在实际应用中的效果；模糊逻辑算法虽然算法简单、源数据需求较少，但数据融合精度不高，且对隶属度的主观设定也会大大影响最终结果的输出准确性。

3.1.4　基于信息论的数据融合算法

信息论引入信息熵的概念来定量表达数据的不确定性，基于信息论的数据融合算法通过计算信息熵的变化来对节点数据进行合理与科学的融合。基于信息论的数据融合算法包括基于模板法的数据融合算法、基于聚类分析的数据融合算法和基于熵值法的数据融合算法等。

3.1.4.1　基于模板法的数据融合算法

模板法是模式识别的基础技术之一。模板法首先通过先验知识把源数据区分为不同的区间，每个区间表示一类，然后对模板进行采样与量化以得到观察向量 $R = [r_1, r_2, \cdots, r_m]^T$，之后对 R 进行特征提取形成特征向量 $X = [x_1, x_2, \cdots, x_n]^T$，最后依照先验规则，将特征向量与数据源进行匹配，计算两者间的相似度。相似度用距离 D_i 表示，距离可以有多种表示方式，如欧几里得距离、曼哈顿距离、切比雪夫距离、卡方距离等，如果 $D_i = \min\{D_j\}$，且 D_i 小于识别门限 ε，则判定样板 X 属于第 i 类，相反，如果所有 D_i 都大于 ε，则拒绝识别。模板法理论简单，易于实际处理，故非常适合应用于 WSN 数据融合算法中。

3.1.4.2　基于聚类分析的数据融合算法

聚类分析通过将对象或样本集合按照选取的数据特点进行分类，使具有更高相似属性的数据归于同一类中。聚类分析是一种探索性的数据分析方法，不需要先验知识的输入，聚类分析能够自己从源对象出发，自动分类，故选取何种聚类分析算法非常重要，不同算法往往会导致差异很大的输出结果。

和模板法类似，聚类分析采用距离和相似系数来定量表述数据间的相关程度。越相似的数据，相似系数越接近 1 或者 –1，在 m 维空间中距离越近。聚类分析因为易于操作、不需要先验知识等特点而广泛应用于数据融合之中，但其准确程度完全取决于选择的聚类变量，同时距离参数有时并不能很好地表达数据关联性，影响了聚类分析法的具体应用。

Ribas 等（2012）提出 KC 算法运用 k 均值算法对传感器节点进行分簇，然后用数据融合算法对簇内数据进行数据型融合和决策型融合。算法先选取 k 个节点作为簇头节点，然后按照相关性将其他节点分配给相关度最高的簇。这个过程不断重复，直到分簇状态稳定，没有簇成员发生变更为止。该算法通过 k- 均值法对节点进行分簇，大大提高了簇内成员数据的相关性，但 k 值的选取需要人为给出，在不知道具体分类数量的情况下难以进行，并且该方法不适用于大规模 WSN。

Chen 等（2014）提出基于最优融合集的聚类（Optimal Fusion Set based Clustering，OFSC）算法来优化对连续目标的监测问题。同 Ribas 等（2012）相似，算法运用 k 均值法对全局节点进行分簇，同时定义最优融合集来判断每个簇是否满足规定的条件。最优融合集 ϕ 的定义为

$$\begin{cases} |s_{ji}(t) - c_j(t)| \leqslant TH(\text{for } \forall s_{ji}(t) \in \phi) \\ |s_{ji}(t) - c_j(t)| > TH(\text{for } \forall s_{ji}(t) \notin \phi) \end{cases} \quad (3.8)$$

式中，$s_{ji}(t)$ 为 t 时刻第 j 个簇中 i 号节点的数据；$c_j(t)$ 为 t 时刻的簇中心，即簇数据的平均值；TH 为融合误差。与 KC 算法不同的是，本算法采用递增的方式试探出簇头的个数，直到所有簇都满足最优融合集限定。算法增加了分簇效率，同时兼顾负载均衡，提高了融合准确度和网络生命周期，但是算法在分簇阶段需要知道全局信息，这增加了能耗，同时该算法对相关度不高的节点数据环境适用效果不佳。

3.1.4.3　基于熵值法的数据融合算法

信息熵是信息论的核心概念之一，信息熵的大小体现了节点传输数据的平均不确定

性，即表示了数据出现的期望值。信息熵 $H(x)$ 的定义为

$$H(x) = E[-\log p_i] = -\sum_{i=1}^{n} p_i \log p_i \tag{3.9}$$

式中，p_i 为数据 i 出现的概率。变量 x 越存在不确定性，其代表的熵值也就越高。

Yang（2015）提出一种节能数据聚合树（Energy Efficient Data Aggregation Trees，EDAT）算法。在数据传输阶段，节点首先通过一段时间的数据统计得出每个节点的概率分布情况以及用户要求的数据准确度 θ，然后子节点计算它与父节点的相对信息熵得到值 $h(u,v)$，如果 $h(u,v) \leq \theta$，则子节点不传输数据而进入休眠模式；反之，如果 $h(u,v) > \theta$，则子节点正常传输数据给父节点。相对信息熵为

$$D(P \parallel Q) = \sum_{i=1}^{n} p_i \log\left(\frac{p_i}{q_i}\right) \tag{3.10}$$

式中，$D(P \parallel Q)$ 越小，则表明两组概率分布越接近，即数据冗余度大。本算法通过使冗余度大的节点进入休眠来减少数据的传输量与总能耗，但很难对错误数据进行排除，且距离基站越近的节点能耗越高，越易死亡。

de San Bernabe 等（2012）提出基于熵感知聚类的目标跟踪（Entropy-aware Cluster-based Object Tracking，ECOT）算法。与 EDAT 通过比较两节点数据来决定节点状态不同，该算法引入变量奖励 $r(x_t, a_t)$ 与花费 $c(x_t, a_t)$ 来判断该节点是否值得被激活。假设 t 时刻的状态分布为 $p(x_t)$，收集新的数据后，预测状态分布为 $p(x_{t+1}^*)$，则奖励变量为

$$r(x_t, a_t) = H(x_t) - H(x_{t+1}^*) \tag{3.11}$$

式中，$H(x_t)$ 与 $H(x_{t+1}^*)$ 分别为 $p(x_t)$ 与 $p(x_{t+1}^*)$ 的信息熵。当 $c(x_t, a_t) < r(x_t, a_t)$ 时，该节点激活，反之，则抑制。该算法通过奖励-花费机制找到数据传输的折中点来决定节点的状态与对簇头的选择，达到了节约能耗、提高数据准确性的目的。但对于大规模 WSN 来说，计算相邻节点间的奖励无疑增加了计算量、降低了节能效果。

3.1.4.4 基于信息论的数据融合算法比较

信息论是基于概率论和随机过程的一门综合性学科。本节介绍了 WSN 中三种信息论的数据融合算法。其中，模板法是把历史数据进行特征提取组成模板向量，再把节点收集的数据与模板进行匹配，计算其相似度。聚类分析按照预设的聚类变量，对数据自动进行分类，拥有相似数据的节点被归为一类，通常以簇的形式表示。熵值法用来判断一件事的随机性与离散程度，是一种客观赋值法，避免了人为主观因素带来的偏差。表 3.7 对本节提到的 4 种算法进行了比较。

在网络拓扑方面，KC、OFSC 和 ECOT 均采用了分簇的网络拓扑，而 EDAT 则采用了最小生成树作为拓扑结构，父节点负责对子节点进行数据融合。作为信息论重要参数之一，相关度指标的优劣直接决定数据融合精准度。本节 4 种算法分别采用了测量值碎片、最优融合集、相对信息熵、奖励-花费机制作为相关度指标，以不同形式表现了两个数据间的相关程度。KC 中簇头数 k 需要人工提供，但由于大规模 WSN 很难直接给出 k 值，故其在大规模 WSN 中难以适用。OFSC 虽给出了 k 值推导方法，但存在簇成员位置偏远问

题，而 ECOT 计算相邻节点间的奖励会增加计算量，故这两个算法在规模较大的 WSN 中的性能均较差。由于聚类分析与熵值法均不需要先验知识的支撑，故本节 4 种算法对先验知识的依赖性均很低。在负载均衡方面，OFSC 通过距离与剩余能量选定簇头，ECOT 采用奖励–花费机制进行能量的折中，均实现了网络节点的能量均衡。KC 没有考虑节点距离与簇头轮换问题，会使较远节点过早死亡，EDAT 生成树算法会使基站附近节点负载过高，容易提前死亡，所以这两个算法在负载均衡方面表现较差。

表 3.7　基于信息论的数据融合算法比较

算法	使用方法	网络拓扑	相关度指标	是否适用于大规模网络	对先验知识的依赖性	是否考虑负载均衡
KC	k 均值法	基于簇	测量值碎片	否	低	否
OFSC	k 均值法	基于簇	最优融合集	否	低	是
EDAT	信息熵	基于树	相对信息熵	是	低	否
ECOT	信息熵	基于簇	奖励–花费机制	否	低	是

3.1.5　基于拓扑学的数据融合算法

基于拓扑学的数据融合算法主要从网络节点的拓扑结构出发，设计符合该网络约束条件与需求的数据融合算法。按照拓扑构成可分为两类：基于平面网络结构的数据融合算法与基于层次网络结构的数据融合算法。基于层次网络结构的数据融合算法又可细分为基于树的数据融合算法、基于簇的数据融合算法以及基于链的数据融合算法。

3.1.5.1　基于平面网络结构的数据融合算法

在平面网络结构中，任意传感器节点扮演着相同的角色，不存在功能与层次的差别。平面网络结构的示意图如图 3.9 所示。Sink 节点进行统一工作调度与数据处理，通过查询指令或者泛洪数据包来传递命令，相应节点接收到请求后返回自己收集的数据信息，之后再由 Sink 节点进行数据融合等操作。SPIN（Sensor Protocol for Information via Negotiation）

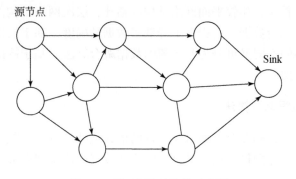

图 3.9　平面网络结构的示意图

是首个自适应型平面结构路由协议，提出了数据协商机制，通过传输元数据来达到减少能耗、消除冗余数据的目的（Kulik et al., 1999）。定向扩散（Directed Diffusion，DD）协议使用兴趣消息传输节点请求，同时运用梯度来计算节点在不同路由上匹配数据的可能性（Intanagonwiwat et al., 2000）。平面路由的优点是容易构建、便于拓展，对数据融合的损失最小，同时简化问题的复杂度；其缺点是只能由 Sink 节点进行通信调度与管理，使网络对变化的反应及调整过程较长。同时，Sink 节点会承担过度的通信消耗与计算负担，这导致其能耗过快。

Dastgheib 等（2011）提出了基于模糊逻辑的平面路由算法（Flat Routing Using Fuzzy Logic，FRUFL）。算法将节点物理位置与转发数据包的数量作为参考依据，输入模糊系统中计算出模糊值，再通过模糊规则得到模糊输出，将输出结果分为不同的等级来对邻近节点进行排序，从而挑选下一跳节点。该算法利用模糊系统能有效处理异构与不准确性数据的优点，增加了路由的速度与准确性。同时，以转发数据包的数量而不是节点剩余能量为参数，降低了节点间交换信息的能量损耗。

Arulselvi 等（2013）提出了一种高效的能量感知路由协议（Efficient Energy Aware Routing Protocol，EEARP），找到源节点与 Sink 节点间通信的最小消耗，同时构建实时数据传输的最短路由。算法使用成本函数为每条路由分配一个成本，而成本函数以能量消耗与端到端的延迟为考虑依据。成本函数 C_{ij} 为

$$C_{ij} = D_{ij} + E_j + (\text{ETX}_p \times \text{Delay}) \tag{3.12}$$

式中，D_{ij} 为节点 i 与节点 j 的距离；E_j 为节点 j 的剩余能量；ETX_p 为在该链路上发送一个数据包需要的数据传输量的预测。该算法将能耗与延迟作为主要考虑因素，增大了网络生命周期与数据传输的实时性，同时由于路由策略是多跳的，所以每个节点只需要存储下一跳的信息，这也节约了节点信息传输的能耗。

3.1.5.2 基于层次网络结构的数据融合算法

层次网络结构将 WSN 中节点按照地理位置或处理数据的类型分为不同层次，处于不同层的节点在网络中执行不同的任务。相较于平面网络结构，层次网络结构有着许多优点，如能量消耗少、易于控制网络节点、能够实现负载均衡、网络时延较低等。但同时，它也存在一些不足。首先，相较平面网络结构的拓扑，层次网络结构的拓扑更为复杂；其次，在中间节点去除冗余数据一定程度上降低了数据精确度。基于层次网络结构的数据融合算法按照划分规则的不同又可分为基于树的数据融合算法、基于簇的数据融合算法以及基于链的数据融合算法。

（1）基于树的数据融合算法

在基于树的网络中，Sink 节点通过反向树的形式从叶节点以多跳的方式收集各节点数据，父节点进行数据融合操作，最终融合后的简洁数据被传输到根节点。基于树的网络结构如图 3.10 所示。

基于树的数据融合研究的重点是采用不同算法构造和维护数据融合树。Villas 等

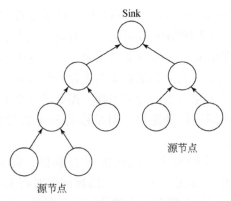

图 3.10　基于树的网络结构

（2012）提出了一种用于网络内聚合的数据路由（Data Routing for In-Network Aggregation,
DRINA）算法，旨在建立一条能够连接所有源节点以及基站的最短路由树。该算法将簇的
思想融入生成树中，保证了拥有相似数据的节点能尽快对数据进行融合，同时最短路径也
减少了能量消耗。但主节点对数据进行融合会额外消耗更多能量，容易过早死亡。

　　针对节点负载不均的问题，Nguyen 等（2016）提出了本地树重建（Local-Tree-
Reconstruction Algorithm, LTRA）算法，在 k 跳距离中重建最短路径树来构造一个虚拟融
合树。算法首先将原树中剩余能量少的节点设定为叶子节点；其次，找出原树中的瓶颈节
点，即将最先死亡的节点，通过启发式调整，减少它的子节点个数，以此提高它的生命周
期。但越准确的调整意味着节点需要知道的其他节点信息越多，从而数据交换量越大，故本
算法需要对能耗与准确度进行折中选择。

（2）基于簇的数据融合算法

　　基于簇的数据融合算法通过一定规则将网络分成多个簇结构，并选取它们的簇头，簇
成员将自己收集的数据直接发送给簇头，簇头通过数据融合算法将簇成员的数据去冗、提
取主要信息，然后直接或者以多跳的形式发送给 Sink。由于仅仅是将处理后的数据进行传
输，这大大减小了网络能耗。基于簇的网络结构因其高效性、较低的复杂度和灵活性而广
泛运用于不同环境中。基于簇的网络结构如图 3.11 所示。

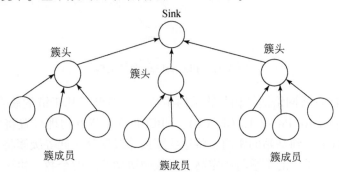

图 3.11　基于簇的网络结构

静态 Sink 往往会引起能量洞问题，即 Sink 周围的节点能量消耗大大高于其他节点，这将导致节点的过早死亡，降低网络生命周期。针对这个问题，Wang 等（2015）提出了一种能量有效分簇算法。算法采用移动 Sink 以固定、可预知的方式围绕传感区域移动。距离 Sink 最近的簇头被任命为主簇头，其他簇头将融合后的数据统一传输给主簇头。该算法通过移动 Sink 的方式均衡了网络节点的能量消耗，提高了网络生命周期，同时簇头以链的方式传输数据也减少了节点间通信的距离。但是移动 Sink 的使用必定会增加节点与 Sink 间的额外能耗，且不易扩展。

Fu 和 Liu（2015）为了获得安全与准确的融合数据，提出了双簇头模型（Double Cluster Heads Model，DCHM）。副簇头在主簇头出现问题时将其替代，其他时间则与普通簇成员实现相同功能。运用双簇头机制能有效分担簇头因数据融合而消耗的大量能量，提高网络生命周期，同时该算法的信誉机制也保证了数据融合的准确性与安全性。但该算法的部分参数需要用户运用先验知识预先设定，这增加了算法的不确定性。

（3）基于链的数据融合算法

基于链的网络拓扑是对基于簇的网络拓扑的一种变换。在传统基于簇的网络中，簇头节点在收集完数据后将数据统一传输到 Sink。然而，如果簇头与 Sink 间的距离过大，它们间的通信就会产生大量能耗。所以，基于链的数据融合的主要思想是每个簇头只将数据传输给邻近簇头，簇头间通过链的方式多跳传输数据，以此来减小网络能耗。PEGASIS（Power-Efficient Gathering in Sensor Information Systems）协议正是基于链的思想设计出的路由协议（Lindsey et al.，2002）。在 PEGASIS 中，网络通过贪心方式链接各节点，选择最靠近 Sink 的节点作为主节点，中间节点在合适的时机进行数据融合操作。图 3.12 展示了 PEGASIS 的网络结构。PEGASIS 协议极大地降低了节点通信的距离，由此降低了网络能耗。但它的缺点是拓扑的调整会带来额外的能耗且网络延迟较大。

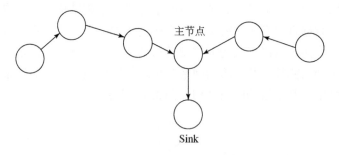

图 3.12 PEGASIS 的网络结构

Rani 等（2015）将网络链结构与簇结构相结合，提出了基于链的簇合作协议（Chain Based Cluster Cooperative Protocol，CBCCP）。CBCCP 按照节点物理位置将整个传感器网络分为多个簇，并且根据到基站的距离，将这些簇按等级划分。低等级簇将数据发送给高等级簇中的协调节点，子簇的个数将决定高等级簇中协调节点的个数。协调节点之间通过链的方式进行数据传输。该算法通过设置协调节点减小了不同簇间的通信距离，降低了网络延迟。同时，簇内以链的方式进行通信，也提高了簇内数据融合的能量有效性。

3.1.5.3 基于拓扑学的数据融合算法比较

相比于层次网络结构，平面网络结构因其节点间同构，而具备算法简单、冗余度高、数据融合精确和鲁棒性高等特点。层次网络结构通过构建更为复杂的协议，具备了许多平面网络结构所不具备的优点。层次网络结构包含基于树的网络结构、基于簇的网络结构和基于链的网络结构。基于树的数据融合算法通过构建生成树，以逐层的形式不断对收集的数据进行融合处理，降低了冗余数据的传输能耗。基于簇的数据融合算法将节点分为不同簇结构，每个簇选举一个或多个簇头节点负责数据传输与融合工作，这使得成员节点的工作大大简化，同时簇头将融合后的数据进行远距离传输也节省了网络能耗。而基于链的数据融合算法旨在将节点或者簇头连接成链，这缓解了相距较远的节点与 Sink 通信所产生的高能耗问题。

基于拓扑学的数据融合研究的主要目的是尽可能降低网络能耗，构建能量有效路由协议来延长网络生命周期，同时提高数据融合的质量以及保持数据延迟在一定的可接受范围内。但通常情况下，这三种指标难以同时达到最优。表 3.8 给出了基于拓扑学的数据融合算法比较。

在网络能耗方面，基于拓扑学的数据融合算法都以能耗作为主要优化目标，通过簇内融合、构建最小生成树、簇头成链等方式降低网络能耗，故这几种算法在网络能耗方面的表现均较好。在网络时延方面，FRUFL 和 EEARP 由于是平面型路由，网络跳数较多，故网络延迟较高。CBCCP 以链的方式连接簇头与节点，这无疑也增加了延迟。在鲁棒性方面，平面路由由于结构简单而具有较好的优势。而链节点的出错则会影响基于链的无线网络的数据传输，故 CBCCP 在鲁棒性上表现较差。平面型网络不利于负载均衡的实现，所以 FRUFL 和 EEARP 两种算法在负载均衡上表现较差。在可扩展性方面，FRUFL 和 EEARP 由于结构简单，可扩展性高；其他网络由于特定的网络结构以及移动 Sink 等元素，在可扩展性方面都受到了限制。

表 3.8 基于拓扑学的数据融合算法比较

算法	网络结构	单跳/多跳	网络能耗	网络时延	鲁棒性	负载均衡	可扩展性
FRUFL	平面型	多跳	较低	较高	高	较低	高
EEARP	平面型	多跳	中等	较高	高	较低	高
DRINA	基于树	多跳	较低	中等	较高	中等	中等
LTRA	基于树	多跳	较低	中等	中等	较高	中等
DCHM	基于簇	多跳	中等	中等	较高	中等	中等
MECA	基于簇	单跳	较低	中等	较低	高	低
CBCCP	基于链	多跳	中等	较高	较低	中等	低

一般而言，数据融合算法能有效提高数据精准度以及去除冗余无效数据。在 WSN 中，

数据融合还能够有效地节省通信带宽、提高网络生命周期。目前的研究在针对能量有效性、网络延迟、数据准确性以及算法复杂度方面都取得了良好的效果，但很少有算法能同时考虑所有因素并在各方面均获得较优表现（Feng et al.，2017；Ciuonzo and Rossi，2017）。故如何根据具体应用从多种指标参数中设计折中算法以提高网络服务质量是目前研究的难点，此外还存在许多需要研究的热点，具体如下。

1）自动融合。目前出现的各种数据融合算法层出不穷，需要开发一个统一的融合平台，将各融合方式进行规范化与通用化。这能够让每个新提出的数据融合算法快速以及自动化地实现。同时，研发与应用人员可以通过相同的编程语言实现仿真与工程搭建，为其他研究人员提供可参照的源码。

2）融合可靠性（Joshi et al.，2016）。很多研究在分析数据融合问题时都默认网络通信具有很高的可靠性或直接忽略该问题，但在实际通信中，网络的鲁棒性是极其重要的。故在将来，数据源的可靠性、异质数据的可靠性等方面存在很大的可研究性。

3）安全性（赵继军等，2012；Joshi et al.，2016）。在军事、国防等重要领域，数据融合的安全性是极其重要的。WSN 中常见的安全问题包括数据恶意篡改与第三方窃听、数据重放攻击等。其中，融合节点因为负责调度与融合，常常是黑客攻击的重点，因此，如何提高融合节点安全性能及异常入侵检测是解决安全性问题的关键。

4）融合性能的评估。目前关于 WSN 的大部分研究均是基于软件模拟实现的，这些算法在实际环境中的性能有待评估。构建一个通用、标准的测试平台是非常必要，它能增强系统设计员与用户需求间的可参照性，评估过程的规范化也能使评估更具有灵活性与普遍适用性。

3.2 混合时延敏感分簇的无线传感器网络数据融合算法

3.2.1 相关工作

在实际应用中，许多传感器的数据需要实时汇报，如地震监控、目标追踪和火灾报警等。这使得网络时延成为一个决定网络性能的关键因素（Aldalahmeh et al.，2017）。Cheng 等（2011）提出了时延敏感数据收集网络结构（Delay-aware Data Collection Network Structure，DADCNS）。DADCNS 将网络按指数幂的大小分为不同规模的多层簇结构，父节点收集并融合子节点数据后依次将处理后的数据传输给簇头，簇头通过时多分址（Time Division Multiple Access，TDMA）方式间隔与 Sink 通信。通过构建不同大小簇结构，实现合理利用网络时隙，降低网络时延。Le 等（2012）、Karthikeyan 等（2013）分别对 DADCNS 传输距离与负载均衡问题进行优化，提出了构建链路权重函数的延迟最小化能量有效数据融合（Delay-minimized Energy-efficient Data Aggregation，DEDA）算法和构建多层链结构的混合分布式非均匀分簇（Hybrid Decentralized Unequal Clustering，HDUC）算法。两者在网络能耗与网络生命周期上均较 DADCNS 有所提高。Cheng 等（2013）提出了另一种时延敏感网络结构（Delay-Aware Network Structure，DANS）。与 DADCNS 不同，DANS 将网络分为单层簇结构，簇头节点直接与簇成员节点通信，缩短了因多跳通信而产生的长传输距离，一定程度上降低了网络能耗。

网络时延与网络能耗往往是两个相互矛盾的指标。数据融合操作虽然减少了数据包大小，但往往需要特定节点收集一定数量的数据后再进行下一阶段的传输，这无疑增加了网络时延（Alinia et al.，2017）。以 DADCNS 算法、DANS 算法为例，DADCNS 算法通过多层簇结构逐层融合节点数据以减少节点数据融合等待时间，但代价就是多跳传输带来额外的能耗；而 DANS 算法采用单一簇头的单跳传输进行数据融合操作，将数据传输距离降到最小，但簇头需要收集完所有簇成员数据后方能与 Sink 通信，造成了网络时延的增加。可以看出，两种算法均无法实现网络能耗与网络时延的双重优化。同时，DADCNS 算法与 DANS 算法在不同融合率下的表现差异极大。原因是两者的时延敏感算法网络模型固定，在不同融合率下优劣势明显，无法针对不同融合率进行自适应调整，导致其缺乏普遍适用性。

针对 WSN 中网络时延与网络能耗折中处理问题与不同融合率下网络性能波动明显问题，提出一种混合时延敏感分簇的数据融合算法（Hybrid Delay Sensitive Clustering based-Data Fusion Algorithm，HDC），其主要贡献如下。

1）建立时延敏感分簇混合模型，给出不同融合率下单层簇结构与多层簇结构的网络时延与网络能耗的理论分析，提出基于网络时延与网络能耗的判决函数 F，采用线性加权和法来判决簇结构的最终形式，以达到网络时延与网络能耗的折中处理。

2）将网络成簇与重组阶段进行优化，考虑节点剩余能量与距离等因素条件，设计能量有效分簇算法与动态簇头重选算法，用以均衡各节点的能耗并进一步优化簇间通信过程。

3.2.2 系统模型

3.2.2.1 一般模型

系统包含一个 Sink 节点与 N 个传感器节点，Sink 节点位于探测区域中间，传感器节点则随机不均匀散布。节点一旦布置后位置便不再改变，且节点的初始能量均相等。任意节点均能够与另外节点和 Sink 直接进行数据传输。传感器节点不断收集单位大小数据后通过单跳或者多跳的通信方式传输至 Sink，中间融合节点对收集到的数据进行融合处理。为方便计算与分析，假设两节点间传输单位数据均需单位时间，数据产生与数据融合的时间在此忽略不计，所有融合节点的数据融合率 F_u（融合后数据总大小与融合前数据总大小之比）大小一致但可变化，且 $0.5 \leqslant F_u \leqslant 1$（Patterson and Mehmetali，2001）。$F_u = 0.5$ 表示 2 单位数据融合为 1 单位数据，$F_u = 1$ 表示 2 单位数据融合后仍为 2 单位数据，即不进行数据融合操作。系统模型如图 3.13 所示，HDC 算法涉及的相关参数如表 3.9 所示。

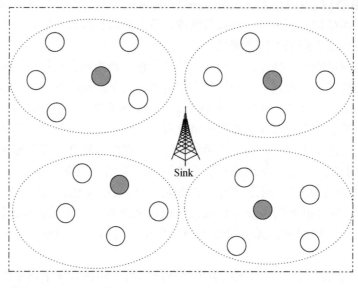

融合节点　　○ 普通节点

图 3.13　系统模型

表 3.9　HDC 算法涉及的相关参数

参数	代表含义	参数	代表含义
F_u	数据融合率	D_{T_m}	簇头 m 传输数据到 Sink 的时延
$CCH(i)$	等级为 i 的子簇头	$E_{T(i,j)}$	节点 i 传输单位数据到节点 j 的能耗
$D_{n-single}$	簇 n 在单层簇结构下的时延	e_i	节点 i 的能耗
$D_{n-multi}$	簇 n 在多层簇结构下的时延	k_i	节点 i 的等级
$E_{n-single}$	簇 n 在单层簇结构下的能耗	$D_{n-R_{single}}$	单层簇 n 接收簇内节点数据总时延
$E_{n-multi}$	簇 n 在多层簇结构下的能耗	$D_{n-R_{multi}}$	多层簇 n 接收簇内节点数据总时延
$\hat{D}_{n-single}$	规范化后的簇 n 在单层簇结构下的时延	Y_{i,C_n}	节点 i 成为簇 C_n 簇头的代价
$\hat{D}_{n-multi}$	规范化后的簇 n 在多层簇结构下的时延	$V_{i,N_{C_n}}$	节点 i 与附近 N_{C_n} 个节点的密度
$\hat{E}_{n-single}$	规范化后的簇 n 在单层簇结构下的能耗	$d_{i,j}$	节点 i 与节点 j 的距离
$\hat{E}_{n-multi}$	规范化后的簇 n 在多层簇结构下的能耗	$\hat{e}_i$	节点 i 剩余能量的功效系数
D_{R_m}	簇头 m 接收簇内节点数据的时延	$\hat{d}_{i,Sink}$	节点 i 到 Sink 的距离的功效系数
$D_{T_{m-1}}$	簇头 m 接收簇头 $m-1$ 传输数据的时延	Q_0	节点初始能量

3.2.2.2　HDC 网络结构

在不同数据融合率、不同节点间距的条件下，DANS 算法与 DADCNS 算法在网络时延与网络能耗两方面的表现各有千秋。当数据融合率较低时，DADCNS 算法由于采用多层簇结构，同一层父节点可同时对自己的子节点进行数据收集与融合操作，且融合后的数据大小大幅度减小，降低了子节点与父节点通信的时延。而 DANS 算法由于需要簇成员节点依次与簇头节点进行通信，故时延优化的程度不如 DADCNS 算法明显。当数据融合率较高时，DADCNS 算法并行融合的优点不再明显，反而其多跳传输特性使得节点总体传输距离增大，网络因此产生额外传输能耗，故在节能方面表现不如 DANS 算法。基于此，HDC 算法旨在结合 DADCNS 算法与 DANS 算法网络结构的优点，同时对其进行优化，构建自适应网络拓扑选择过程，以提高网络的时延与能耗性能。

与 DADCNS 算法和 DANS 算法类似，HDC 算法提出的网络结构也将节点组织为不同规模的簇结构，每个簇头按照簇结构规模分配特定的通信时隙，以交错的方式与 Sink 进行通信。假设网络共有 N 个节点，则网络能够被组织为 k 个簇，前 $k-1$ 个簇的大小以 2 的指数幂形式递增，第 k 个簇大小为 $N-2^{k-1}+1$。其中，

$$2^{k-1}-1<N\leq2^k-1 \tag{3.13}$$

而与 DANS 算法与 DADCNS 算法不同的是，HDC 算法中每个簇在分簇完成后，需要通过判决函数 F 对簇结构的拓扑组成进行判决，通过严格的数学推导最终决定是采用单层簇网络结构还是多层簇网络结构，以到达最优的时延与能耗的折中处理。HDC 算法的网络结构示意图如图 3.14 所示（$F_u=0.5$）。图 3.14 中共 15 个传感器节点，组成 4 个簇结构，其中前三个簇采用单层簇结构，而第 4 个簇则采用了多层簇结构。

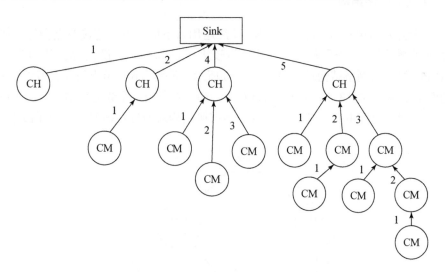

图 3.14　HDC 算法的网络结构

CH 表示簇头，CM 表示簇成员，节点间连线上的数字代表两节点通信的具体时隙；下同

（1）单层簇网络结构

HDC 算法采用的单层簇网络结构与 DANS 算法相同。簇内节点包括 1 个簇头与多个簇成员，簇成员节点处于相同地位，执行相同的功能。簇头与其余簇内节点以 TDMA 方式进行通信，簇成员节点间不进行数据传输操作，每接收完一个簇成员节点数据后，簇头节点

进行数据融合操作，簇头在收集完所有节点数据后，按照分配的时隙与 Sink 通信。DANS 算法的网络结构示意图如图 3.15 所示（$F_u = 0.5$），网络中一共 7 个节点，最终形成 3 个簇结构。

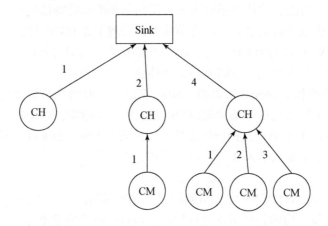

图 3.15　DANS 算法的网络结构

（2）多层簇网络结构

当簇内节点数 $N \neq 2^q - 1$ 时，DADCNS 算法运用自下而上方法连接节点会导致簇内按照规模从大到小的方式形成子簇，较小子簇与较大子簇间存在时隙间隔，从而延长网络时延。DADCNS 算法的网络结构示意图如图 3.16 所示，该簇由 6 个节点组成，最终形成规模为 2 和 4 的两个子簇。从图 3.16 可以很明显看出，簇头在与第一个簇通信前，第一个时隙处于闲置状态，造成了时隙浪费。基于此，HDC 多层簇结构对 DADCNS 算法进行了改进。

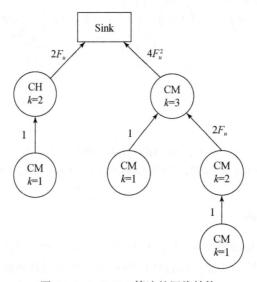

图 3.16　DADCNS 算法的网络结构

HDC 多层簇结构成簇流程如下。

1）簇内每个节点拥有该节点对应的等级 k，等级 k 的节点拥有 $k-1$ 个子节点。节点间通过合并成为子簇，$CCH(k)$ 表示等级为 k 的子簇头。初始阶段每个节点的等级均为 1，即 $k=1$，且没有子节点，簇内存在 N 个 $CCH(1)$ 节点。

2）按照距基站距离递减的方式将子簇头排序。每个子簇头节点发送连接请求信息到邻居子簇头，邻居子簇头中具有相同等级的子簇头才能与其连接形成新的子簇。两个子簇头中距基站较近的子簇头成为新的子簇头，并且等级提升 1，另一子簇头成为普通节点。例如，两个 $CCH(k)$ 通过合并后，较近节点成为 $CCH(k+1)$。之后，新簇头继续发送连接请求信息，与其最近的相同等级的子簇头连接。

3）当没有连接产生后，子簇头按照等级递增的方式排列，高等级簇头作为低等级簇头的父节点，在收集自身簇成员节点数据的同时还要负责融合低等级簇传输过来的数据。等级最高的子簇头作为该簇的簇头直接与 Sink 进行通信。

HDC 多层簇结构成簇算法具体输入要求和输出结果，以及执行过程如算法 3.1 所示。

算法 3.1 HDC 多层簇结构成簇算法

输入:簇内节点数 N;每个节点 i 的坐标位置;
输出:每个节点 i 的父节点;

1.　　　将 N 个节点按照距 Sink 距离降序排序,记为 $S(1),S(2),\cdots,S(N)$
2.　　　While 存在节点连接
3.　　　　For $i=1$ To N
4.　　　　　　寻找节点 i 的最近节点 neighbor
5.　　　　　　If $S(i)$. level $==$ neighbor. level
6.　　　　　　　　$S(i)$. parent = neighbor;$CCH(k+1)$ = neighbor;neighbor. level = neighbor. level+1;
7.　　　　　　　　$S(i)$ 退出后续循环过程;
8.　　　　　　Else
9.　　　　　　　　寻找节点 i 的下一个最近节点 neighbor,跳转步骤 5
10.　　　　　　End Else
11.　　　　End For
12.　　　End While
13.　　　将所有 CCH 按照等级升序排序,记为 $CCH(1),CCH(2),\cdots,CCH(n)$
14.　　　For $i=1$ To $N-1$
15.　　　　$CCH(i)$. parent = $CCH(i+1)$
16.　　　End For
17.　　　$CCH(n)$. parent = Sink

当节点数 $N=2^q-1$ 时，HDC 多层簇结构与 DADCNS 多层成簇结构相同。但当 $N\neq2^q-1$ 时，HDC 多层簇结构优先形成小规模子簇，保证每个时隙得到利用，从而避免了时隙的浪费。HDC 多层簇结构成簇模型流程图如图 3.17 所示，网络最终形成 $CCH(3)$ 与 $CCH(2)$ 两个子簇头，等级高的 $CCH(3)$ 负责与 Sink 直接通信。对比时延可知，DADCNS 共需 $1+2F_u+4F_u^2$ 个时隙完成数据传输（图 3.16），而 HDC 只需 $1+3F_u+2F_u^2$ 个时隙（图 3.17），简单计算可知 HDC 时延小于 DADCNS。

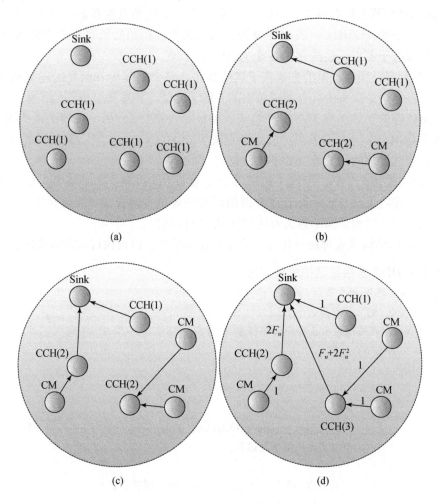

图 3.17　HDC 多层簇结构成簇模型流程图

3.2.3　算法描述

3.2.3.1　簇结构判决

在不同条件下单层簇网络结构与多层簇网络结构时延与能耗的表现各有千秋，因此为获得最优的时延与能耗的折中选择，HDC 提出判决函数 F 来依次判决每个簇应该为单层或多层簇结构。以下分别对单层网络结构与多层网络结构的时延与能耗进行定量分析。

（1）时延分析

系统使用 TDMA 调度方式，通过分配时隙来保证节点与簇头、簇头与 Sink 的间隔通信。本节主要考虑网络的传输时延，数据融合时延与处理时延则忽略不计。传输时延对应分配的时隙，为方便计算，假设每个节点含有 1 单位的数据，且两节点间传输 1 单位的数据需要 1 单位的时延。节点在同一时间只能接收来自一个节点的数据，或者传输数据给另一个节点。下面将对单层簇网络结构与多层簇网络结构的单个簇进行时延的定量分析。

1）单层簇网络结构时延。

为方便表示，假设一个簇内含有 $N+1$ 个节点，其中 N 个簇成员节点，1 个簇头节点。簇内的时延主要包括簇头逐个接收簇内其余节点数据的时延以及簇头将融合数据传输给 Sink 的时延。簇头节点与每个簇成员节点通信总共需要的时间为 T_{total}。簇头进行数据融合后的数据总大小为 $F_u^N + \sum_{i=1}^{N} F_{u_i}$。故整个簇的数据收集时延公式如下：

$$D_{n\text{-single}} = T_{\text{total}} + F_u + \sum_{i=1}^{N} F_{u_i} \tag{3.14}$$

2）多层簇网络结构时延。

按照多层簇结构成簇算法，簇结构会被分成 m 个子簇，在此按照等级递增的排列方式将它们的簇头记为 $C_1, C_2, \cdots, C_m$，其中 C_m 即为第 m 个簇的簇头，也是该簇的总簇头。低等级子簇在收集完自己子簇成员数据后将总数据传输给高等级子簇进行融合处理。故簇头 C_m 的时延 D_m 包括 3 个因素：接收簇内节点数据的时延 D_{R_m}、接收 C_{m-1} 传输数据的时延 $D_{T_{m-1}}$、传输数据到 Sink 的时延 D_{T_m}。簇 n 时延可表示为

$$D_{n\text{-multi}} = \max\left\{ D_{R_m}, D_{R_{m-1}} + D_{T_{m-2}} \right\} + D_{T_m} + D_{T_{m-1}} \tag{3.15}$$

考虑 D_{R_m} 与 $D_{R_{m-1}} + D_{T_{m-2}}$ 大小的关系，即 C_m 在接收完子簇内数据后是否需要等待额外时间才能与 C_{m-1} 通信。由 HDC 多层簇结构成簇算法可知，假设 C_m 簇内节点数小于等于其余节点数之和，则其余节点能够形成与 C_m 相同等级的子簇，这些子簇进而与 C_m 连接成为 C_{m+1}。但 C_m 为该簇内最大的子簇，不存在 C_{m+1}，故假设不成立，C_m 簇内节点数大于其余节点数之和。所以，由 $C_1, C_2, \cdots, C_{m-1}$ 构成的子簇结构可以看作是 C_m 子簇的子集，其数据收集时延必小于 D_{R_m}，故 C_m 在接收完子簇内数据后 C_{m-1} 已处于可通信状态。

由以上推论可知，多层簇结构的时延计算公式如下：

$$D_{n\text{-multi}} = D_{R_m} + D_{T_m} + D_{T_{m-1}} \tag{3.16}$$

其中，

$$\begin{cases} D_{T_m} = (S_m \times 1 + D_{T_{m-1}})r & m \geqslant 2 \\ D_{T_m} = S_1 \times 1 & m = 1 \end{cases} \tag{3.17}$$

故式（3.16）可表示为

$$\begin{aligned} D_{n\text{-multi}} &= D_{R_m} + F_u S_m + (F_u + 1) D_{T_{m-1}} \\ &= D_{R_m} + F_u S_m + (F_u + 1)\left[F_u S_{m-1} + F_u^2 S_{m-2} + \cdots + F_u^{m-3} S_2 + F_u^{m-2} S_1 \right] \\ &= \sum_{i=0}^{k_m-2} (2F_u)^i + F_u (2F_u)^{k_m-1} + (F_u + 1)\left[\sum_{i=2}^{m-1} (2F_u)^{k_i-1} \times F_u^{m-i} + (2F_u)^{k_i-1} \times F_u^{m-2} \right] \end{aligned} \tag{3.18}$$

式中，S_m 为 C_m 节点融合子节点后的数据量；k_m 为子簇 C_m 的等级。

（2）能耗分析

研究表明，WSN 中的大部分能耗产生在数据收发过程中。其中，接收机的能耗直接由所接收的数据量的大小决定，假设 E_R 表示节点接收 1 单位数据所消耗的能量。而发射机的信道模型有自由空间模型和多径衰落模型两种，能耗的大小不仅与数据量有关，还与传输距离 d 有关。当传输距离小于给定阈值 d_0，采用自由空间模型，能耗系数为 d^2，反之，采用多径衰落模型，能耗系数为 d^4。节点 i 传输 1 单位数据到距离为 d 的节点 j 的能耗可表示为

$$\begin{cases} E_{T(i,j)} = E_{\text{elec}} + \varepsilon_{\text{fs}} d^2 & d < d_0 \\ E_{T(i,j)} = E_{\text{elec}} + \varepsilon_{\text{amp}} d^4 & d \geq d_0 \end{cases} \tag{3.19}$$

式中，E_{elec} 为电路能耗；ε_{fs} 和 ε_{amp} 分别为自由空间模型和多径衰落模型下射频放大器的能耗。由于我们认为 Sink 节点的能量是可供应的，故 Sink 节点的接收能耗在此不予考虑。

1）单层网络结构能耗。

假设簇内含有 $N+1$ 个节点，其中 N 个簇成员节点，1 个簇头节点。每个节点含有 k bit 数据，融合率为 F_u。在单层簇结构中，N 个簇成员节点依次将 k bit 数据传输给簇头节点，簇头节点接收数据并进行数据融合，融合后的数据量大小为 $\left(F_u^N + \sum\limits_{i=1}^{N} F_u^i \right) k$，最后簇头将融合后的数据传输给 Sink。单层簇结构的能耗计算为

$$E_{n\text{-single}} = \sum_{i=1}^{N} \left[E_{T(\text{CM}_i,\text{CH})} \times k + E_R \times k \right] + \left(F_u^N + \sum_{j=1}^{N} F_u^j \right) E_{T(\text{CH,Sink})} \times k \tag{3.20}$$

式中，CM_i 为第 i 个簇成员节点；CH 为簇头节点。

2）多层网络结构能耗。

多层簇结构中，最底层节点只负责将数据传输给父节点，其他非子簇头节点需要收集子节点数据后再将数据传输给自己的父节点，而子簇头节点不光负责该子簇数据的收集与传输，还需与相邻子簇头通信，这会产生额外的能耗。

任意节点 i 的能耗表达式如下：

$$\begin{cases} e_i = \sum\limits_{j=1}^{k_i-1} (2F_u)^{j-1} \times E_R \times k + D_{T_{i-1}} E_R \times k + D_{T_i} E_{T(i,\text{parent})} \times k & i \text{ 是子簇头} \\ e_i = \sum\limits_{j=1}^{k_i-1} (2F_u)^{j-1} \times E_R \times k + (2F_u)^{k_i-1} \times E_{T(i,\text{parent})} \times k & i \text{ 不是子簇头} \end{cases} \tag{3.21}$$

簇内所有节点的能耗为

$$E_{n\text{-multi}} = \sum_{i=1}^{N+1} e_i \tag{3.22}$$

式中，k_i 为节点 i 的等级；$D_{T_{i-1}}$ 为节点 i 接收低等级子簇数据的时延；D_{T_i} 为节点 i 传输数据到高等级子簇的时延；$E_{T(i,\text{parent})}$ 为节点 i 传输 1 单位数据到父节点所需要的能耗。$D_{T_{i-1}}$ 与 D_{T_i} 在式（3.18）中已进行推导，在此不再展开。

（3）判决公式 F

判决函数 F 的构建需同时考虑网络的时延与能耗大小，选取时延与能耗代价相对较小的网络结构。因此，HDC 模型为多目标决策模型。采用线性加权和法对目标模型进行求解。对于时延与能耗，由于采用的单位与数值存在差异，为准确进行比较，需要先对目标进行规范化处理，使目标对测评方案的作用力趋同化。规范化表达式为

$$\begin{cases} \bar{E}_{n-\text{single}} = \dfrac{E_{n-\text{single}}}{E_{n-\text{single}}+E_{n-\text{multi}}} \\ \bar{E}_{n-\text{multi}} = \dfrac{E_{n-\text{multi}}}{E_{n-\text{single}}+E_{n-\text{multi}}} \end{cases} \tag{3.23}$$

$$\begin{cases} \bar{D}_{n-\text{single}} = \dfrac{D_{n-\text{single}}}{D_{n-\text{single}}+D_{n-\text{multi}}} \\ \bar{D}_{n-\text{multi}} = \dfrac{D_{n-\text{multi}}}{D_{n-\text{single}}+D_{n-\text{multi}}} \end{cases} \tag{3.24}$$

经过规范化的时延与能耗参数数值均处于（0，1）范围内，消除了因原数值大小不统一造成的计算误差。

判决公式定义为

$$\begin{aligned} F &= (\alpha_1 \bar{E}_{n-\text{single}} + \beta_1 \bar{D}_{n-\text{single}}) - (\alpha_1 \bar{E}_{n-\text{multi}} + \beta_1 \bar{D}_{n-\text{multi}}) \\ &= \alpha_1 \frac{E_{n-\text{single}} - E_{n-\text{multi}}}{E_{n-\text{single}} + E_{n-\text{multi}}} + \beta_1 \frac{D_{n-\text{single}} - D_{n-\text{multi}}}{D_{n-\text{single}} + D_{n-\text{multi}}} \end{aligned} \tag{3.25}$$

式中，权重 α_1 与 β_1 为常量参数，并满足 $\alpha_1 + \beta_1 = 1$，其具体值取决于用户对时延与能耗的偏好。若 F 的计算结果为正数，说明该簇为单层簇的代价大于该簇为多层簇的代价，则最终判决该簇为多层簇结构；反之，则判决该簇为单层簇结构；若 F 的计算结果恰好为 0，视为两种簇结构的代价相同，可任意选择该簇为多层簇结构或单层簇结构。簇结构的判决依据可以被描述如下：

$$\begin{cases} \text{单层簇结构} & F<0 \\ \text{多层簇结构} & F>0 \\ \text{任意} & F=0 \end{cases} \tag{3.26}$$

3.2.3.2　时隙重调

HDC 所构建的混合模型会在部分情况下存在两簇间时隙浪费的情况，即在前一个簇头传输完数据到 Sink 后，后一个簇头仍未完成数据收集过程，Sink 需要等待多余时间才能与其通信。在 DANS 中，第 k 个簇只有在第 $k-1$ 个簇与 Sink 通信后才能与 Sink 进行通信，这导致其无法利用浪费的时隙，增加了网络时延。时隙浪费的网络结构如图 3.18 所示。这里假设 $F_u = 0.5$，由图 3.18 可以看出，CH_2 在第 2 个时隙与 Sink 进行通信后，第 3 个时隙处于空闲状态，而 CH_4 只能在第 5 个时隙才能与 Sink 通信。

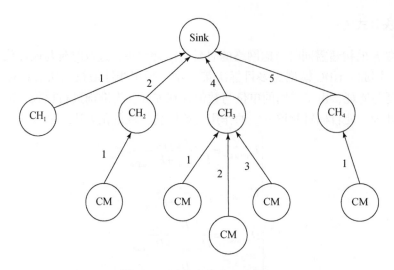

图 3.18　时隙浪费的网络结构

由于网络最后一个簇的簇成员数较少，其簇头收集数据所需的时延较低，故可将最后一个簇与 Sink 通信的时隙顺序重新排序，插入空余时隙位置，以达到节约网络时延的目的。调整时隙后的网络结构如图 3.19 所示。从图 3.19 可以看出，CH_4 由于先于 CH_3 完成数据收集工作，故可在空闲时隙 3 便与 Sink 进行通信，从而使整个网络的时延从 5 个时隙降低为 4 个时隙。

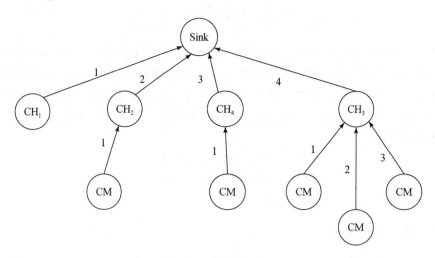

图 3.19　调整时隙后的网络结构

时隙的重调过程如下。

1）计算每个簇的簇头接收簇成员数据所需时延：

$$D_{n-R_{single}} = N \tag{3.27}$$

$$D_{n-R_{\text{multi}}} = D_{R_m} + D_{T_{m-1}}$$

$$= \sum_{i=0}^{k_m-2} (2F_u)^i + \left[\sum_{i=2}^{m-1} (2F_u)^{k_i-1} \times F_u^{m-i} + (2F_u)^{k_i-1} \times F_u^{m-2} \right] \quad (3.28)$$

将簇按照接收时延递增方式排序为 $C_1, C_2, \cdots, C_n$。

2）通过式（3.14）与式（3.18）计算每个簇的总时延，并依次分配相应时隙给 C_1，$C_2, \cdots, C_n$，C_m 簇只有在 C_{m-1} 簇与 Sink 通信后才能与 Sink 进行通信。

HDC 时隙重调算法具体输入要求和输出结果，以及执行过程如算法 3.2 所示。

算法 3.2 HDC 时隙重调算法

输入：分簇完成后的各簇结构 $C_1, C_2, \cdots, C_n$；

输出：Sink 与各簇通信的时隙分配；

1.　　　For $i=1$ To n
2.　　　　If C_i 为单层簇结构
3.　　　　　通过式(3.26)计算 $D_{n-R_{\text{single}}}$
4.　　　　Else If C_i 为多层簇结构
5.　　　　　通过式(3.27)计算 $D_{n-R_{\text{multi}}}$
6.　　　　End Else
7.　　　End For
8.　　　将各簇结构按照接收时延递增的方式重新排序为 $C_1, C_2, \cdots, C_n$
9.　　　For $i=1$ To n
10.　　　　If C_i 为单层簇结构
11.　　　　　通过式(3.14)计算 C_i 所占时隙数
12.　　　　Else If C_i 为多层簇结构
13.　　　　　通过式(3.18)计算 C_i 所占时隙数
14.　　　　End Else
15.　　　End For
16.　　　将 Sink 时隙按照计算得到的时隙数依次分配给 $C_1, C_2, \cdots, C_n$

通过时隙重调后的网络，能够保证先收集完数据的簇头优先与 Sink 进行通信，从而避免了后位簇头就绪，但因前位簇头仍在收集数据而无法与 Sink 通信，造成时隙浪费的情况。最大限度上利用了网络时隙，减少了网络时延。

3.2.3.3　能量有效分簇算法与动态簇头重选算法

DADCNS 与 DANS 均专注于减少网络时延，对网络能耗与负载均衡问题没有考虑。针对上述问题进行优化，提出能量有效分簇算法与动态簇头重选算法，旨在减少网络总能耗和保证节点的负载均衡。

（1）能量有效分簇算法

根据 3.2.2 节介绍可知，网络能耗主要由传输数据块大小和节点间传输路程共同决定，通过缩短节点数据的长距离通信便可明显减少网络能耗。由于初始阶段节点剩余能量相同，故在此忽略能量因素，基于节点通信距离与节点密度，提出能量有效分簇算法。通过构建代价函数寻找最小代价值节点作为每个簇的簇头节点。算法流程如下。

1）通过总节点数计算每个簇的簇成员数，按照簇成员数递减方式排序为 $C_n, C_{n-1}, \cdots, C_1$，对应的簇成员节点数分别为 $N_{C_n}, N_{C_{n-1}}, \cdots, N_{C_1}$。

2）所有节点通过广播距离探测包计算节点和相邻节点以及 Sink 之间的距离，记为 $d_{i,j}$，表示节点 i 与节点 j 的距离大小。

3）按照簇结构从大到小的方式依次计算每个节点成为簇头的代价，挑选代价最小的节点成为相应簇簇头，并将相应数量邻居节点加入该簇，加入该簇的节点退出其他簇头节点的竞选，且不作为其他节点的邻居节点。算法直至所有节点成为簇成员节点为止。成为簇头的节点，当该簇被判定为多层网络结构时，簇头在子簇连接时自动成为子簇头，并最终成为等级最高的子簇头。

代价函数为

$$Y_{i,C_n} = \alpha_2 \times V_{i,N_{C_n}} + \beta_2 \times d_{i,\text{Sink}} \tag{3.29}$$

其中，

$$V_{i,N_{C_n}} = \frac{\sum_{j=1}^{N_{C_n}} d_{i,a_j}}{N_{C_n}} \tag{3.30}$$

式中，Y_{i,C_n} 为节点 i 成为簇 C_n 簇头的代价；$V_{i,N_{C_n}}$ 为节点 i 与附近 N_{C_n} 个节点的密度；d_{i,a_j} 为节点 i 与最近的第 j 个节点的距离。α_2 与 β_2 为常数参量，满足 $\alpha_2 + \beta_2 = 1$。

能量有效分簇算法具体输入要求和输出结果，以及执行过程如算法 3.3 所示。

算法 3.3 能量有效分簇算法

输入：簇内节点数 N；每个节点 j 的坐标位置；

输出：各簇结构 i 簇头节点 C_i.CH，节点 j 所对应的簇结构 $S(j).C$

1. 通过式（3.13）计算总簇结构数 n 及其对应节点数，按照簇规模递减方式排序为 $C_n, C_{n-1}, \cdots, C_1$
2. 对应的簇成员数分别为 $N_{C_n}, N_{C_{n-1}}, \cdots, N_{C_1}$
3. 节点广播探测包并计算节点间距与距 Sink 的距离，分别记为 $d_{i,j}$ 与 $d_{i,\text{Sink}}$
4. For $i = n$ To 1
5.   For $j = 1$ To n
6.   通过式（3.29）和式（3.30）计算节点 j 的 Y_{j,C_i}
7.   End For
8.   选择最小 Y_{j,C_i} 成为 C_i.CH
9.   For $k = 1$ To N_{C_i}
10.   选择距 C_i.CH 最近的节点 m，$S(m).C = n, m$ 退出其他簇头竞选与入簇阶段
11.   End For
12. End For

能量有效分簇算法将节点密度大的节点作为簇头，缩短了簇内通信的总距离。同时，考虑簇头到 Sink 的距离，也避免了融合数据长距离传输带来的大量能耗。

（2） 动态簇头重选算法

相比其他簇成员节点，簇头需要承担更多的责任，如簇内通信、数据融合操作、数据传输等，需要消耗更多的能量，从而会因过早消耗完能量而降低网络性能。因此，提出动态簇头重选算法，在网络进行一段时间后通过效益函数 W_i 计算节点 i 的效益值，在簇内重新选取簇头节点，以均衡网络能耗，达到节点负载均衡的目的。在选择簇首节点时从以下两方面进行评估：①节点剩余能量；②节点与 Sink 间数据传输距离。通过分配动态权重来表示对两参数的偏好。效益函数 W_i 为

$$W_i = \alpha_3 \hat{e}_i - (1-\alpha_3) \hat{d}_{i,\text{Sink}} \tag{3.31}$$

其中，

$$\hat{e}_i = \frac{Q_i - Q_{\min}}{Q_{\max} - Q_{\min}} \tag{3.32}$$

$$\hat{d}_{i,\text{Sink}} = \frac{d_{i,\text{Sink}} - d_{\min,\text{Sink}}}{d_{\max,\text{Sink}} - d_{\min,\text{Sink}}} \tag{3.33}$$

$$\alpha_3 = \frac{1}{1+\beta_3} \tag{3.34}$$

$$\beta_3 = \frac{Q_i}{Q_0} \tag{3.35}$$

式中，α_3 为动态权重；β_3 为调节参数；$Q_{\max}$ 与 $Q_{\min}$ 分别为该簇内节点剩余能量的最大值与最小值；$d_{\max,\text{Sink}}$ 与 $d_{\min,\text{Sink}}$ 分别为簇内节点到 Sink 距离的最大值与最小值。由于随着采集轮数的增加，节点剩余能量逐渐减少，因此为实现网络的正常运行，剩余能量的权重将逐渐提高。算法引入调节参数 β_3，β_3 在区间 $[0,1]$ 依次递减，使 α_3 在区间 $[0.5,1]$ 逐渐增大，从而逐步增加能量在算法中的比例，达到网络能耗负载均衡的目的。

动态簇头重选算法具体输入要求和输出结果，以及执行过程如算法 3.4 所示。

算法 3.4 动态簇头重选算法

输入：簇内节点数 N；簇内节点 i 的剩余能量 Q_i 与 i 到 Sink 的距离 $d_{i,\text{Sink}}$

输出：各簇结构 j 簇头节点 C_j. CH

1.　　　For $i=1$ To N
2.　　　　If $Q_i < Q_{\min}$
3.　　　　　　$Q_{\min} = Q_i$
4.　　　　Else If $Q_i > Q_{\max}$
5.　　　　　　$Q_{\max} = Q_i$
6.　　　　End Else
7　　　　　If $d_{i,\text{Sink}} < d_{\min,\text{Sink}}$
8.　　　　　　$d_{\min,\text{Sink}} = d_{i,\text{Sink}}$
9.　　　　　Else If $d_{i,\text{Sink}} > d_{\max,\text{Sink}}$
10.　　　　　　$d_{\max,\text{Sink}} = d_{i,\text{Sink}}$
11.　　　　End Else

12.   End For

13.   For $i=1$ To N

14.   通过式(3.31)～式(3.35)计算节点 i 的 W_i

15.   End For

16.   选择 W_i 最小的节点成为新簇头

HDC 算法的执行流程如图 3.20 所示。下面对各步骤进行简单概括。

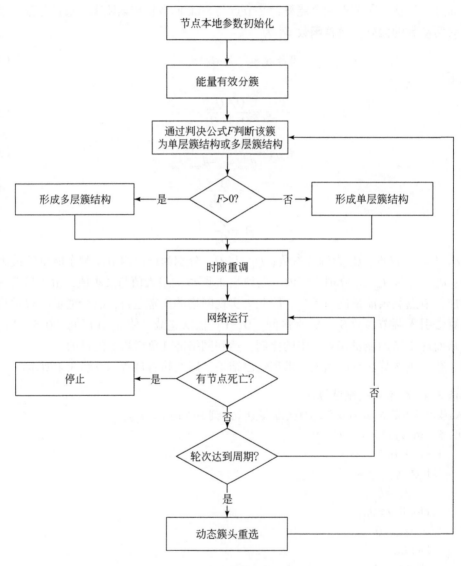

图 3.20　HDC 算法的执行流程

1) 所有节点通过能量有效分簇算法按照固定节点数形成不同规模的簇结构，通过式 (3.29) 选出各簇簇头。

2）各簇内通过式（3.25）计算判决函数 F，若 $F<0$ 为单层簇结构，若 $F>0$ 为多层簇结构，若 $F=0$ 则两种结构均可。

3）通过式（3.27）、式（3.28）计算各簇接收簇内数据的时延，按照时延从低到高的顺序分配 Sink 时隙给各簇。

4）网络开始运行，若运行轮次达到预设的簇头重选周期，则运行动态簇头重选算法，通过式（3.30）计算各簇内节点效益函数，确定各簇内新的簇头节点。之后重新进行步骤 2～4。若在运行中有节点能量耗尽，则网络停止运行。

3.3　仿真分析

采用 MATLAB 7.1 仿真平台来验证所提的基于混合时延敏感分簇的无线传感器网络数据融合算法在网络能耗、时延与生命周期三个方面的有效性。为进行参照比较，将所提算法 HDC 与 DADCNS、DANS 与 DEDA 在相同实验环境下进行多次仿真，并将实验结果取平均值以减小实验误差。

3.3.1　仿真环境

实验感知区域设定为 $100\text{m}\times100\text{m}$ 的矩形区域，Sink 节点位于区域中心且被认为能量无穷。传感器节点数取值范围为 3～99，并随机分布在感知区域内。每个传感器节点初始能量相同，能耗模型采用式（3.7）。传感器节点间通过 TDMA 方式进行无线通信，为方便计算，假设每时隙均能传输 1 单位数据，传感器节点在每单位时间内只能与一个传感器节点通信，并且不存在数据丢失与重传。数据融合率 F_u 范围为 $[0.5,1]$，同一时刻所有传感器节点的数据融合率均相同。所有的仿真结果是 100 次模拟所得到的平均值。其他常用实验参数见表 3.10。

表 3.10　实验参数

参数名称	参数值
网络区域	$100\text{m}\times100\text{m}$
节点数/个	3～99
数据包长度/bit	128
节点初始能量/J	5
$E_{\text{elec}}/(\text{nJ/bit})$	50
$\varepsilon_{\text{fs}}/[\text{pJ}/(\text{bit}\cdot\text{m}^2)]$	100
$\varepsilon_{\text{amp}}/[\text{pJ}/(\text{bit}\cdot\text{m}^4)]$	0.013
$E_{DA}/(\text{nJ/bit})$	5

3.3.2 仿真实验与性能分析

3.3.2.1 时延比较

图 3.21 ~ 图 3.23 描绘了在 F_u 分别等于 0.5、0.75、1 时，HDC、DADCNS、DANS 和 DEDA 完成一轮数据传输所需时隙随节点数变化的比较。由图 3.21 ~ 图 3.23 可知，网络时延大小与网络节点数的增加呈正相关趋势。当 $F_u = 0.5$ 时，簇头节点与父节点对子节点数据进行融合后均只会形成 1 单位数据包，DADCNS 与 DEDA 由于多层簇结构同步融合的特性，极大限度上降低了网络时延。而 DANS 由于需要簇头依次收集簇成员数据，时延降低不够明显。$F_u = 0.5$ 的情况下，多层簇结构相对于单层簇结构优势明显，故 HDC 所有簇均为多层簇结构。虽然当 $N \neq 2^q - 1$ 时 HDC 与 DADCNS 网络拓扑不相同，但时延大小一样。由图 3.21 可以看出，随着节点数的增加，DANS 与其他三组时延差距也逐渐增大，当节点数 $n = 99$ 时出现最大差距值，此时 DANS 时延为 36 个时隙，其他三组为 7 个时隙。

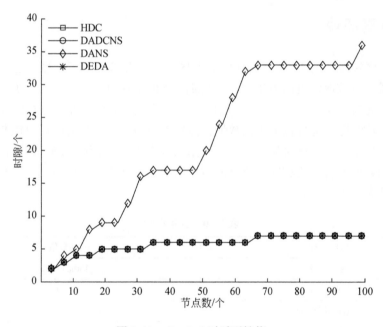

图 3.21　$F_u = 0.5$ 时时延性能

当 $F_u = 0.75$ 时，节点间数据传输量增加，各阶段时延相比 $F_u = 0.5$ 时有所提高。由图 3.22 可知，DADCNS 与 DANS 的时延曲线呈交替超越的趋势，单层簇结构与多层簇结构无明显优劣势之分。HDC 根据判决函数组建成单层簇与多层簇结合的混合模型，由于 HDC 采用优化的多层簇结构成簇算法与时隙重调算法，故其时延在绝大部分情况下均处于最小，仅在节点数 $n = 55$ 时高于 DADCNS 与 DEDA。这是由于 HDC 采取了对时延与能耗的折中处理，所有簇采用了单层簇结构以节约能耗。此外，由于 HDC 在不同节点数下网络需重新进行簇结构判断，故存在时延曲线上下波动的情况。随着节点数的增加，四种算法时延趋近平稳，HDC 的时延优势也逐渐明显，当节点数大于 67 后，DADCNS 与 DEDA 时延为 36 个时隙，DANS 为 38 个时隙，而 HDC 仅需 24 ~ 26 个时隙。

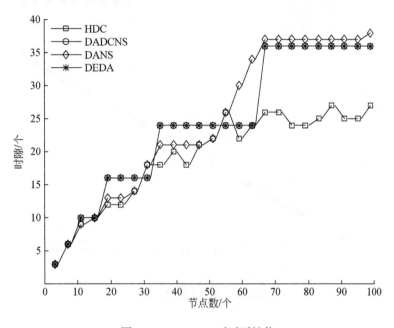

图 3.22　$F_u = 0.75$ 时时延性能

当 $F_u = 1$ 时，网络不采取数据融合方式，数据传输量由此大幅度增加，导致网络时延提高。同时，在此情况下，DADCNS 与 DEDA 因先形成大簇的特性而存在大量时隙浪费，时延表现明显差于 DANS。由于此时单层簇结构相较多层簇结构有较大优势，HDC 所有簇均形成单层簇结构，故在时延表现上与 DANS 相同。由图 3.23 可知，四种算法在节点数 $n = 2^q - 1$ 时时延达到相同，之后差距由最大逐渐变小。节点数为 67 时达到最大时延差，DADCNS 与 DEDA 需要 128 个时隙，而 HDC 与 DANS 仅需 63 个时隙。

3.3.2.2　能耗比较

图 3.24 ~ 图 3.26 描绘了在 F_u 分别等于 0.5、0.75、1 时，HDC、DADCNS、DANS 和 DEDA 完成一轮数据传输所需能耗随节点数变化的比较。由图 3.24 ~ 图 3.26 可见，网络能耗随着网络节点数与 F_u 值的增加呈增长趋势。当 $F_u = 0.5$ 时，节点间数据传输量大幅度减少，四种算法能耗均偏小。由图 3.24 可以看出，由于 DANS 仅在簇头进行数据融合操作，数据传输总量大于 DADCNS 与 DEDA，故能耗表现最差。DADCNS 与 DEDA 数据融合发生在各个父节点中，低融合率大大减少了节点间通信能耗。其中，DEDA 通过降低节点间通信距离，从而进一步降低网络能耗。在 $F_u = 0.5$ 时 HDC 所有簇均为多层簇结构，且通过能量有效分簇算法降低了节点间通信距离，能耗表现与 DEDA 相近。总体来说，在 $F_u = 0.5$ 时，四种算法能耗表现差别不大，随着节点数增加差距才逐渐明显，在节点数 $n =$

99 时达到最大，DANS 能耗为 2.13J，DADCNS 为 1.81J，HDC 为 1.60J，DEDA 为 1.59J。

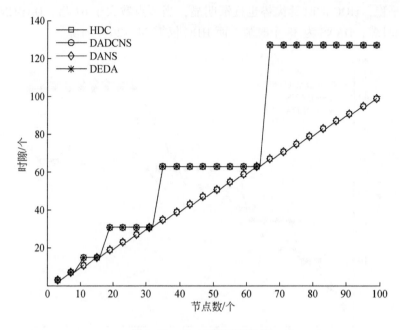

图 3.23　$F_u = 1$ 时时延性能

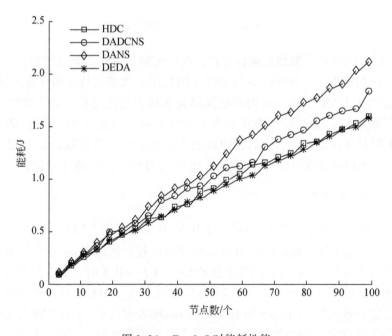

图 3.24　$F_u = 0.5$ 时能耗性能

当 $F_u = 0.75$ 时，由图 3.25 可知，单层簇结构 DANS 能耗在各时期均小于多层簇结构 DADCNS 与 DEDA。HDC 虽然采用混合结构，但能耗与 DANS 在大部分情况下都相近。这是因为 HDC 通过能量有效分簇算法降低了其中多层簇结构的通信能耗。由图 3.25 可知，HDC 在节点数小于 63 个时能耗均处于最优，当节点数大于 63 个后，为保证时延最低，最后一个簇形成多层簇结构，总能耗略高于 DANS，这也体现了 HDC 能耗与时延折中处理的思想。

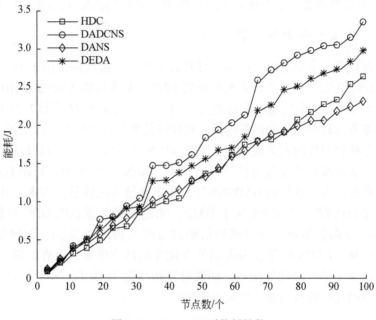

图 3.25 $F_u = 0.75$ 时能耗性能

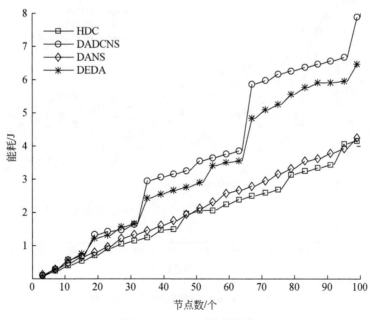

图 3.26 $F_u = 1$ 时能耗性能

当 $F_u = 1$ 时，由于节点不进行数据融合，节点间数据传输量增大，故单层簇结构 DANS 的能耗优势较多层簇结构 DADCNS 与 DEDA 更为明显。HDC 所有簇均为单层簇结构，这使其在能耗上与 DANS 相近。但 DANS 在簇头选择上仅考虑节点剩余能量，没考虑节点分布，会出现分布稀疏的节点成为簇头的情况，增加网络能耗。因此，绝大多数情况下 HDC 均为能耗最低的算法，且随着节点数增加，HDC 与其他算法的能耗差距逐渐增大。

3.3.2.3 网络生命周期比较

以网络中存在第一个节点能量耗尽的时间表示网络生命周期，图 3.27～图 3.29 给出了 F_u 分别为 0.5、0.75、1 时进行簇头重选的 HDC、未进行簇头重选的 HDC、DADCNS、DANS 和 DEDA 的网络生命周期随节点数变化的比较。由图 3.27～图 3.29 可知，网络生命周期随着网络节点数的增大而逐渐降低，其原因是当节点增加时，簇头因需要消耗更多能量来进行数据接收与传输而更快死亡。当 $F_u = 0.5$ 时，所有节点均只传输 1 单位数据到簇头或父节点，节点间能耗差仅与传输距离相关。如图 3.27 所示，相比 DANS 簇头长距离接收簇成员数据，多层簇结构 DADCNS 与 DEDA 通过多跳传输，均衡了各节点的能耗，故 DADCNS 与 DEDA 的生命周期要优于 DANS。未进行簇头重选的 HDC 在聚簇时同时考虑密度与到 Sink 距离，缩短了节点间通信距离与簇头到 Sink 距离，但网络生命周期比 DEDA 略差，原因是 DEDA 将靠近 Sink 的节点优先选择为簇头，节省了簇头的通信能耗，但其忽略了其他节点的负载均衡问题。而进行簇头重选的 HDC，采用不同节点轮流当簇头，实现了节点能耗的负载均衡，生命周期最优。

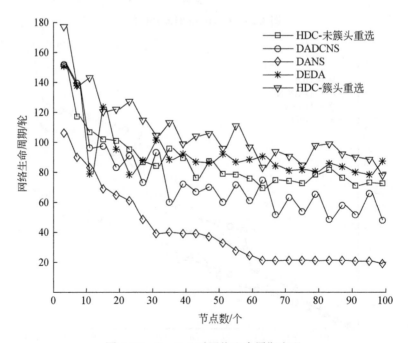

图 3.27 $F_u = 0.5$ 时网络生命周期表现

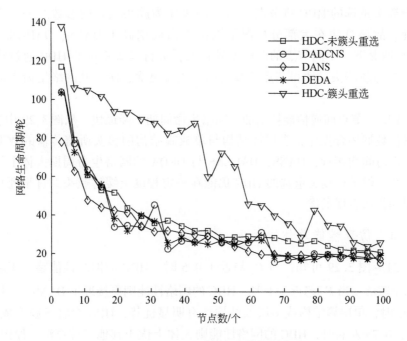

图 3.28 $F_u = 0.75$ 时网络生命周期表现

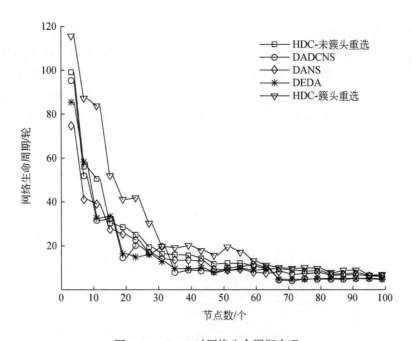

图 3.29 $F_u = 1$ 时网络生命周期表现

当 $F_u = 0.75$ 时，虽然 DADCNS 与 DEDA 节点间通信距离较 DANS 更短，但数据包大小比 DANS 更大，由图 3.28 可知三种算法的网络生命周期接近，呈交替领先的趋势。

由于未进行簇头重选的 HDC 将节点到 Sink 距离作为簇头选择的参数之一，降低了簇头的通信能耗，故该算法在大部分情况下网络生命周期高于 DANS、DADCNS 和 DEDA。在 $F_u = 0.75$ 情况下，不同节点的能耗差异较大，进行簇头重选的 HDC 通过将剩余能量高的节点设置为新簇头，使得节点负载均衡的成效更优，所以其网络生命周期极大优于其他算法。

当 $F_u = 1$ 时，节点间通信能耗增加，网络生命周期下降最快。从图 3.29 中看到，由于各簇头不进行数据融合操作，多层簇结构与单成簇结构的簇头所需传输的数据量是相同的，故其死亡时间均接近，DANS、DADCNS 与 DEDA 的网络生命周期大体上接近。虽然节点能耗较快，但进行簇头重选的 HDC 仍能在一定程度上缓解簇头的过早死亡，所以其网络生命周期仍然表现最优。

3.3.2.4　仿真性能总体比较

由图 3.21 ~ 图 3.29 可知，当 F_u 趋近于 0.5 时，HDC 的网络性能趋近于多层簇网络 DADCNS 与 DEDA。当 F_u 趋近于 1 时，HDC 的网络性能则更接近于 DANS。原因是在 $F_u = 0.5$ 与 $F_u = 1$ 时，单层簇结构或多层簇结构均有明显优势，HDC 会将各簇形成统一结构。当 F_u 趋近于 0.75 左右时，HDC 的网络性能则大体上优于其他三种算法，原因是 HDC 能够根据不同网络参数自适应形成最优簇结构，将网络时延与能耗进行折中考虑并降到最低。

图 3.30 ~ 图 3.32 展示了在不同数据融合率与不同节点数的情况下，4 种算法的能耗、时延与网络生命周期的比较。在时延方面，由图 3.30 可知，以 $F_u = 0.75$ 为界，DANS 与 DADCNS 分别在 $F_u \in (0.5, 0.75)$ 和 $F_u \in (0.75, 1)$ 上时延表现最差。当 F_u 接近 0.75 且节点数大于 69 个时，HDC 的时延表现最佳，仅为其他三种算法中表现最优的 DADCNS 的 52%。在能耗方面，如图 3.31 所示，大部分情况下 DADCNS 的能耗表现最

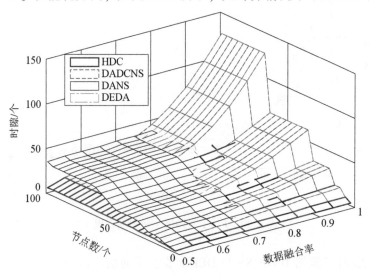

图 3.30　时延总体比较

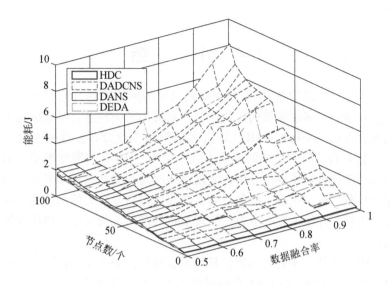

图 3.31　能耗总体比较

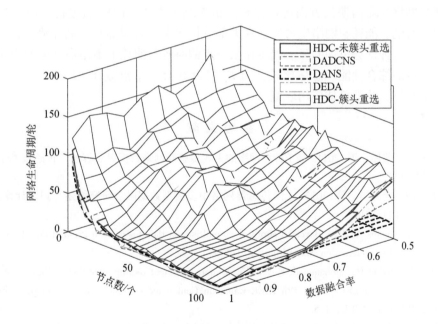

图 3.32　网络生命周期总体比较

差。当 F_u 接近 1 且节点数在 69~77 个时，HDC 能耗表现最佳，约为 DANS 的 87%，为 DADCNS 的 46%。在网络生命周期方面，由图 3.32 可知，进行簇头重选的 HDC 几乎在所有情况下均为生命周期最长。特别当 F_u 接近 0.75、节点数为 20~60 个时，进行簇头重选的 HDC 表现最佳，其网络生命周期约为其他算法的 2.4 倍。综上可知，若综合考虑网络时延、能耗与生命周期，进行簇头重选的 HDC 在 F_u 接近 0.75、节点数 60~70

个时表现最佳。

3.4 小　结

　　数据融合技术能有效减少 WSN 中数据通信总量与网络能耗，但存在产生额外时延的问题。结合单层簇结构与多层簇结构的优点，本章提出了一种混合时延敏感分簇的无线传感器网络数据融合算法——HDC。HDC 综合考虑网络节点分布、数据融合率及簇内节点数，设计判决函数 F 自适应判定簇的成簇方式，给出了 HDC 的网络模型，对单层簇与多层簇结构的时延与能耗进行了理论分析，实现网络时延与能耗的折中处理。同时，针对网络的能耗优化与负载均衡，提出了能量有效分簇算法与动态簇头重选算法，进一步减少节点间数据传输总能耗，并轮换簇头节点，实现节点的能耗负载均衡，以优化网络性能，延长网络生命周期。

　　通过 MATLAB 7.1 仿真平台搭建网络环境来验证算法 HDC 的有效性。为增强对比性，将 HDC 与 DADCNS、DANS 和 DEDA 在相同环境下进行多次试验。采用控制变量法将不同传感器节点数及数据融合率下的算法表现情况通过折线图的形式表现出来，并重点从时延、能耗和网络生命周期三方面进行比较。仿真结果表明，HDC 通过自适应选择合适的拓扑结构，时延、能耗和网络生命周期在大部分情况下的表现都有明显优势，且随着网络规模的增加，这种优势更加明显。偶尔在某一点的时延与能耗上不是最优的原因也是为了折中优化两者的综合性能。总体比较，当 F_u 接近 0.75、节点数在 60~70 个时，HDC 的相对优势最明显，此即最佳应用环境。

参 考 文 献

孙凌逸，黄先祥，蔡伟，等．2011．基于神经网络的无线传感器网络数据融合算法．传感技术学报［J］，24（1）：122-127.

赵继军，魏忠诚，李志华，等．2012．无线传感器网络中多类型数据融合研究综述［J］．计算机应用研究，29（8）：2811-2816.

Abdulhafiz W A, Khamis A. 2013. Bayesian approach to multisensor data fusion with Pre-and Post-Filtering［C］. IEEE International Conference on Networking, 373-378.

Al-Obaidy F, Zereshkian H, Mohammadi F A. 2017. A energy-efficient routing algorithm in ZigBee-based cluster tree wireless sensor networks［C］. 30th IEEE Canadian Conference on Electrical and Computer Engineering (CCECE). Windsor: IEEE, 1-5.

Aldalahmeh S, Al-Jazzar S, Jaradat Y. 2017. Contention delay distribution in event driven wireless sensor networks［C］. 2017 10th Jordanian International Electrical and Electronics Engineering Conference (JIEEEC), 1-4.

Alinia B, Hajiesmaili M, Khonsari A. 2017. Maximum-quality tree construction for deadline-constrained aggregation in WSNs［J］. IEEE Sensors Journal, 17（12）：3930-3943.

Aquino G, Pirmez L, Farias C M D. 2016. Hephaestus: A multisensor data fusion algorithm for multiple applications on wireless sensor networks［C］. 19th International Conference on Information Fusion. Heidelberg: IEEE, 59-66.

Arulselvi S, Karthik B, Kumar T V U K. 2013. Energy conservation protocol for real time traffic in wireless sensor networks. Middle East Journal of Scientific Research, 15 (12): 1727-1732.

Carvalho C, Gomes D G, Agoulmine N, et al. 2011. Improving prediction accuracy for WSN data reduction by applying multivariate spatio-temporal correlation [J]. Sensors, 11 (11): 10010-10037.

Chen H, Liu G, Wu X, et al. 2014. Optimal fusion set based clustering in WSN for continuous objects monitoring [C]. International Conference on Communications & Networking in China, 26-31.

Cheng C T, Leung H, Maupin P. 2013. A delay-aware network structure for wireless sensor networks with in-network data fusion [J]. IEEE Sensors Journal, 13 (5): 1622-1631.

Cheng C T, Tse C K, Lau F C M. 2011. A delay-aware data collection network structure for wireless sensor networks [J]. IEEE Sensors Journal, 11 (3): 699-710.

Chhabra S, Singh D. 2015. Data fusion and data aggregation/summarization techniques in WSNs: A review [J]. International Journal of Computer Applications, 121 (19): 21-30.

Ciuonzo D, Rossi P S. 2017. Quantizer design for generalized locally-optimum detectors in wireless sensor networks [J]. IEEE Wireless Communications Letters, (99): 1-4.

Dastgheib S J, Oulia H, Ghassami M R S, et al. 2011. A new method for flat routing in wireless sensor networks using fuzzy logic [C]. 2011 International Conference on Computer Science and Network Technology, 2112-2116.

Divya R, Chinnaiyan R. 2017. Reliability evaluation of wireless sensor networks (REWSN—Reliability Evaluation of wireless sensor network) [C]. Intelligent Computing and Control Systems (ICICCS), 847-852.

Duarte M F, Hu Y H. 2004. Vehicle classification in distributed sensor networks [C]. Journal of Parallel & Distributed Computing, 64 (7): 826-838.

Feng C H, Zhu P S, Yang Q H. 2017. Quality of information maximization for wireless sensor networks with heterogeneous traffic [C]. 9th International Conference on Wireless Communications and Signal Processing (WCSP), 1-6.

Fortino G, Galzarano S, Gravina R, et al. 2015. A framework for collaborative computing and multi-sensor data fusion in body sensor networks [J]. Information Fusion, 22: 50-70.

Fouad M M, Oweis N E, Gaber T, et al. 2015. Data mining and fusion techniques for WSNs as a source of the big data [J]. Procedia Computer Science, 65: 778-786.

Fu J S, Liu Y. 2015. Double cluster heads model for secure and accurate data fusion in wireless sensor networks [J]. Sensors, 15 (1): 2021-2040.

Gopikrishnan S, Priakanth P. 2016. Hybrid tree construction for sustainable delay aware data aggregation in wireless sensor networks [J]. Wireless Personal Communications, 90 (2): 923-945.

Gupta A, Shekokar N. 2017. A novel K-means L-layer algorithm for uneven clustering in WSN [C]. 2017 International Conference on Computer, Communication and Signal Processing (ICCCSP), 1-6.

Intanagonwiwat C, Govindan R, Estrin D. 2000. Directed diffusion: A scalable and robust communication paradigm for sensor networks [C]. Proceedings of Annual International Conference on Mobile Computing and Networking, 56-67.

Izadi D, Abawajy J H, Ghanavati S. 2015. A data fusion method in wireless sensor networks [J]. Sensors, 15: 2964-2979.

Joshi J, Bagga A, Bhargava A. 2016. Secured and energy efficient architecture for sensor networks [C]. 2016 IEEE International Conference on Computational Intelligence and Virtual Environments for Measurement Systems and Applications (CIVEMSA), 1-6.

Kamran M, Patwary M, Maguid M. 2017. On lifetime maximisation of heterogeneous wireless sensor networks with multi-layer realisation [C]. 2017 IEEE Wireless Communications and Networking Conference (WCNC), 1-6.

Karthikeyan A, Ranjan R, Shridhar K N. 2013. A novel hybrid decentralized unequal clustering approach for maximizing network lifetime in wireless sensor networks [C]. IEEE International Conference on Computational Intelligence & Computing Research, 1-5.

Khaleghi B, Khamis A, Karray F O, et al. 2013. Multisensor data fusion: A review of the state-of-the-art [J]. Information Fusion, 14 (1): 28-44.

Kulik J, Heinzelman W, Balakrishnan H. 1999. Negotiation-based protocols for disseminating information in wireless sensor networks. Wireless Networks, 8 (2/3): 169-185.

Kulkarni R V, Förster A, Venayagamoorthy G K. 2011. Computational intelligence in wireless sensor networks: A survey [C]. IEEE Communications Surveys & Tutorials, 13 (1): 68-96.

Larios D F, Barbancho J, Rodríguez G, et al. 2012. Energy efficient wireless sensor network communications based on computational intelligent data fusion for environmental monitoring [J]. Iet Communications, 6 (14): 2189-2197 .

Le H N, Zalyubovskiy V, Choo H. 2012. Delay-minimized energy-efficient data aggregation in wireless sensor networks [C]. International Conference on Cyber-enabled Distributed Computing & Knowledge Discovery, 401-407.

Li S, Liu M, Xia L. 2015. WSN data fusion approach based on improved BP algorithm and clustering protocol [C]. 2015 27th Chinese Control and Decision Conference, 1450-1454.

Liang L Q, Shen Y J, Cai Q. 2016. A reliability data fusion method based on improved D-S evidence theory [C]. 2016 11th International Conference on Reliability, Maintainability and Safety (ICRMS), 1-6.

Lindsey S, Raghavendra C, Sivalingam K M. 2002. Data gathering algorithms in sensor networks using energy metrics [J]. IEEE Transactions on Parallel & Distributed Systems, 13 (13): 924-935.

Luo H, Tao H, Ma H, et al. 2010. Data fusion with desired reliability in wireless sensor networks [J]. IEEE Transactions on Parallel and Distributed Systems, 22 (3): 501-513.

Luo X, Chang X H. 2015. A novel data fusion scheme using greymodel and extreme learning machine in wireless sensor networks [J]. International Journal of Control, Automation, and Systems, 13 (3): 539-546.

Mishra J, Bagga J, Choubey S, et al. 2017. Energy optimized routing for wireless sensor network using elitist genetic algorithm [C]. 2017 8th International Conference on Computing, Communication and Networking Technologies (ICCCNT), 1-5.

Nguyen N T, Liu B H, Pham V T, et al. 2016. On maximizing the lifetime for data aggregation in wireless sensor networks using virtual data aggregation trees [J]. Computer Networks the International Journal of Computer & Telecommunications Networking, 105: 99-110.

Patterson G, Mehmetali M. 2001. Modeling of data reduction in wireless sensor networks [J]. Wireless Sensor Network, 3 (8): 283-294.

Pinto A R, Montez C, Araújo G, et al. 2014. An approach to implement data fusion techniques in wireless sensor networks using genetic machine learning algorithms [J] . Information Fusion, 15 (1): 90-101.

Prathiba B, Jaya K, Sumalatha V. 2016. Enhancing the data quality in wireless sensor networks —A review [C]. 2016 International Conference on Automatic Control and Dynamic Optimization Techniques (ICACDOT), 448- 454.

Rajagopalan R, VarshneyP K. 2006. Data-aggregation techniques in sensor networks: A survey [J]. IEEE Communications Surveys & Tutorials, 8 (4): 48-63.

Rani S, Malhotra J, Talwar R. 2015. Energy efficient chain based cooperative routing protocol for WSN [J]. Applied Soft Computing, 35 (C): 386-397.

Ribas A D, Colonna J G, Figueiredo C M S, et al. 2012. Similarity clustering for data fusion in wireless sensor networks using k-means [C]. International Joint Conference on Neural Networks, 20: 1-7.

Senouci M R, Mellouk A, Aitsaadi N, et al. 2016. Fusion-based surveillance WSN deployment using Dempster-Shafer theory [J]. Journal of Network & Computer Applications, 64 (C): 154-166.

Soltani M, Hempel M, Sharif H. 2014. Data fusion utilization for optimizing large-scale wireless sensor networks [C]. IEEE ICC 2014-Ad-hoc and Sensor Networking Symposium, 367-372.

Tsai Y R, Chang C J. 2011. Cooperative information aggregation for distributed estimation in wireless sensor networks [J]. IEEE Transactions on Signal Processing, 59 (8): 3876-3888.

Usha M, Sreenithi S, Sujitha M, et al. 2017. Node density based clustering to maximize the network lifetime of WSN using multiple mobile elements [C]. 2017 International Conference of Electronics, Communication and Aerospace Technology (ICECA), (2): 10-15.

Villas L, Boukerche A, Filho H S R, et al. 2012. DRINA: A lightweight and reliable routing approach for in-network aggregation in wireless sensor networks [J]. IEEE Transactions on Computers, 99 (4): 676-689.

Wang J, Cao J, Cao Y, et al. 2015. An improved energy-efficient clustering algorithm based on MECA and PEGASIS for WSNs [C]. Third International Conference on Advanced Cloud & Big Data, 262-266.

Xu J, Li J X, Xu S. 2012. Data fusion for target tracking in wireless sensor networks using quantized innovations and Kalman filtering [J]. Science China Information Sciences, 55 (3): 530-544.

Yang M. 2015. Constructing energy efficient data aggregation trees based on information entropy in wireless sensor networks [C]. 2015 IEEE Advanced Information Technology, Electronic and Automation Control Conference (IAEAC), 527 -531.

Yu Y, Feng X, Hu J. 2014. Multi-sensor data fusion algorithm of triangle module operator in WSN [C]. International Conference on Mobile Ad-hoc & Sensor Networks, 2014: 105-111.

Yue J, Zhang W, Xiao W, et al. 2011. A novel cluster-based data fusion algorithm for wireless sensor network [J]. International Conference on Wireless Communications, Networking & Mobile Computing, 6796 (1): 1-5.

Zhai X, Jing H, Vladimirova T. 2014. Multi-sensor data fusion in Wireless Sensor Networks for planetary exploration [C]. Adaptive Hardware & Systems, 188-195.

Zhang Z, Li J X, Liu L, et al. 2015. State estimation with quantized innovations in wireless sensor networks: Gaussian mixture estimator and posterior Cramér-Rao lower bound [J]. Chinese Journal of Aeronautics, 28 (6): 1735-1746.

Zhang Z, Li J X, Liu L. 2016. Distributed state estimation and data fusion in wireless sensor networks using multi-level quantized innovation [J]. Science China Information Sciences, 59 (2): 1-15.

Zhao W, Liang Y. 2015. Energy-efficient and robust in-network inference in wireless sensor networks [J]. IEEE Transactions on Cybernetics, 45 (10): 2105-2118.

Zou P, Liu Y. 2015. An efficient data fusion approach for event detection in heterogeneous wireless sensor networks [J]. Applied Mathematics & Information Sciences, 9 (1): 517-526.

|第4章| 无线传感器网络绿色路由协议

4.1 WSN 绿色路由协议

根据网络的逻辑结构，WSN 绿色路由可以分为平面路由（Akyildiz et al., 2002；Salem et al., 2014；Yan et al., 2014；Ibanez et al., 2017；Wang et al., 2013）和层次路由（Pantazis et al., 2013；Coy and Gross, 1999；Wade et al., 2003；Rao and Fapojuwo, 2012；Alippi et al., 2009）；根据拓扑结构，路由可以分为基于簇（Yetgin et al., 2015；Ren et al., 2016；Kumar et al., 2013；Heinzelman et al., 2000；Jiang et al., 2010；Wang et al., 2017）、基于网格（Saoucene et al., 2014；Glen et al., 2007；Liang et al., 2011；Yan et al., 2013）、基于树（Barceló et al., 2013；Chen et al., 2013；Kim et al., 2014）以及基于链（Dvir et al, 2013）等的路由。这些分类条理清晰，但与路由的节能并不直接相关。本章从提高能量有效性途径的角度，对现有的 WSN 绿色路由协议进行分类。从基于特殊节点、基于节能调度以及优化数据流向的角度出发，对现有典型路由算法进行了阐述，其分类如图 4.1 所示。基于特殊节点的协议可以划分为基于层次节点的协议和基于特殊功能节点的协议两类；基于节能调度的协议可以细分为基于静止调度的协议和基于移动调度的协议两类；优化数据流向的协议可以分为单路径协议和多路径协议。

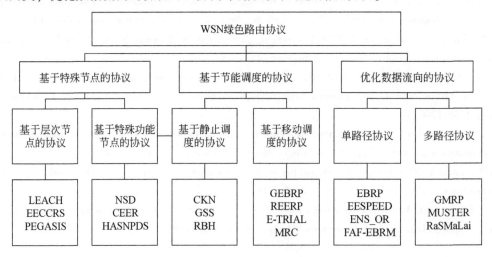

图 4.1 WSN 绿色路由协议分类

4.1.1　基于特殊节点的协议

在 WSN 中，若所有感知节点在功能和地位上都是相同的，则每个节点除了要发送自身采集的数据外，还要帮助其他节点转发数据。节点的能量消耗与发送接收数据包的大小、数据包的多少以及通信距离相关；距离基站近的节点所承担的转发任务远多于距基站较远的节点，所以近基站节点消耗能量的速度远快于远基站节点；当近基站节点因为能量耗尽而死亡时，远基站节点仍剩余不少能量，这种情况造成了网络的负载不均衡，使得网络中能量消耗不充分。另外，部分应用要求网络中感知节点具备定位能力，但为所有感知节点配置定位模块会造成网络成本过高。通过设置特殊类节点可以缓解乃至解决这些问题，在本节中，基于特殊节点的协议可以划分为基于层次节点的协议和基于特殊功能节点的协议两类。Heinzelman 等（2000）、Park 等（2009）、Chang 等（2008）都是通过设置特殊节点来优化 WSN 网络生命周期的。

4.1.1.1　基于层次节点的协议

在基于层次节点的协议中，高层次节点将作为低层次节点和基站的中间层，负责将低层次节点发送来的数据接收、融合并交付给基站。高层次节点通过增加自身通信负担，使得低层次的节点减少乃至避免转发数据的能耗。Heinzelman 等（2000）、Park 等（2009）、Lindsey 和 Raghavendra（2002）都是通过设置层次节点来优化网络的生命周期的。

低功耗自适应集簇分层（Low Energy Adaptive Clustering Hierarchy，LEACH 协议）是经典的基于层次节点的协议（Heinzelman et al., 2000）。如图 4.2 所示，LEACH 协议中节点根据其在网络中所扮演的角色分为簇头节点和簇内成员节点。簇内成员节点负责感知数据并将这些数据发送给簇头节点，簇头节点负责接收和处理感知数据，随后将之直接发送给基站。

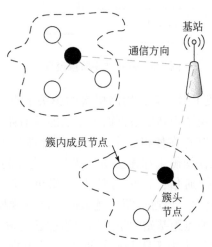

图 4.2　LEACH 协议的通信模型

LEACH 协议主要分为簇头选举阶段和传输阶段两个阶段，其中传输阶段的持续时间要远长于簇头选举阶段。如图 4.3 所示，在簇头选举阶段，簇内每个节点自身会随机生成一个 0~1 的随机值 value，随后节点将其 value 值与系统的阈值 $T(n)$ 比较，如果 value 值小于该阈值，则该节点当选为簇头节点，否则，该节点将成为普通节点。其中，$T(n)$ 按照如下公式计算：

$$T(n) = \begin{cases} \dfrac{P}{1 - P \times \left(r \bmod \dfrac{1}{P}\right)} & 若 \ n \in G \\ 0 & 其他 \end{cases} \tag{4.1}$$

式中，P 为簇头节点占总节点的比例；r 为当前选举轮数；mod 为取模运算符；$r \bmod 1/P$ 表示当前循环中当选过簇头的节点个数；G 为最近 $1/P$ 轮未当选为簇头节点的节点集合。每个簇在确定该簇的簇头节点后，簇头节点会广播自身成为簇头的消息，非簇头的节点根据自身接收信号加入信号强的簇头所在的簇。在传输阶段，簇头节点采用 TDMA 的方式，为簇内成员节点分配传输数据的时隙。簇内成员节点在其所分配的时隙感知数据并将这些数据发送给簇头节点，簇头节点负责接收和处理感知的数据并将这些数据直接交付给基站。

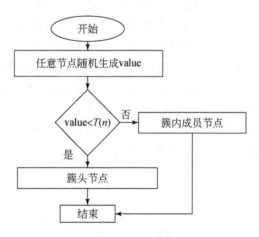

图 4.3　簇头选举阶段流程图

LEACH 协议将网络分成了多个簇，用高层次的簇头节点来统一接收与处理簇内的感知数据，使簇内成员节点避免了因转发数据而带来的能量消耗。簇头作为基站和低层次的簇内成员节点的中间节点，其存在使得整个网络便于管理与扩展。然而，LEACH 协议通过簇头选举实现了簇内的能耗均衡，却无法实现簇与簇之间的负载均衡。因为 LEACH 协议假定簇头直接和基站进行通信，这种通信方式简单，但也存在一定的缺陷。根据 LEACH 协议所采用的能量模型，当通信距离越大时，同等规模的数据通信所消耗的能量将大幅增加。偏远簇的簇头节点距基站的距离远远超过近基站节点距基站的距离，其通信能耗也就越大；而近基站的簇头由于距基站较近，其消耗的能量比远基站的簇头要小很多，这样就造成了簇与簇之间的能耗负载不均。负载能耗不均这一缺陷使得 LEACH 协议无法应用于大规模 WSN。

为了进一步减少通信的能耗，崔灿等（2016）提出了基于压缩感知（Compressive Sensing, CS）理论的无线传感器网络六边形格状优化分簇路由算法，该算法均衡了网络的通信负载，减少了数据传输次数。

针对 LEACH 协议中不同簇间的能量负载不均衡，Park 等（2009）提出了同心圆能源效丛集（Energy Efficient Concentric Clustering Scheme, EECCRS）协议，其通信模型如图4.4所示。在 EECCRS 协议中，当簇头有数据要交付给基站时，簇头将通过其他簇头以多跳形式将数据包发送给基站。采用簇间多跳通信的方式能减轻偏远簇头的能量负担，增加了近基站簇头的通信负载，在一定程度上均衡了簇间的能量平衡。但令人遗憾的是，EECCRS 协议的分簇算法过于复杂，不易实现；另外，EECCRS 协议也没有给出如何避免簇间通信冲突的方案。

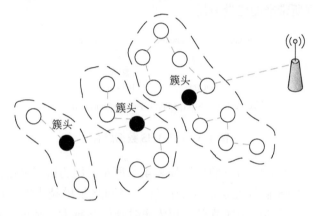

图 4.4　EECCRS 协议的通信模型

与 LEACH 协议不同，传感器系统能量高效聚集（Power- Efficient Gathering in Sensor Information System, PEGASIS）协议（Lindsey and Raghavendra, 2002）通过调整发射功率使得整个网络在逻辑上表现为一条由众多节点连成的单链网络。在最初阶段，每个节点利用信号强度来衡量其邻居节点的远近，将信号强度调整为最近的邻居节点能接收的强度，最近的邻居节点将成为该节点的下一跳，依此过程不断重复，整个网络中所有节点将连接成一条链。如图4.5所示，在这条链上，节点被分为其他节点和领导节点两类，其他节点除了感知数据之外，还要融合、转发其两端节点传输的数据包。在 PEGASIS 协议中，领导

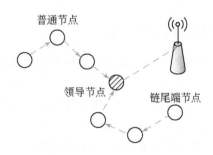

图 4.5　PEGASIS 通信模型

节点只有一个，其选举过程和 LEACH 协议类似，领导节点负责接收、融合其两端传输的数据包并将这些数据包以单跳方式发送给基站。

在 PEGASIS 协议中，除了链尾端节点之外，每个节点将从上一跳节点接收的数据包和自身感知的数据进行融合；融合后的数据包在大小上与接收的数据包一致，融合后的数据包在链上沿着领导节点所在方向传输到下一跳节点，重复融合过程，直到数据包达到领导节点。如图 4.6 所示，收到传输链上上一跳节点发来的数据包 $packet_N$ 之后，节点 A 将该数据包和自身数据包 $packet_A$ 融合之后，向节点 B 发送数据包 $packet_{N+1}$，同样节点 B 融合了 $packet_{N+1}$ 和自身数据包 $packet_B$ 后，向下一跳节点发送数据包 $packet_{N+2}$。融合后的数据包 $packet_N$、$packet_{N+1}$、$packet_{N+2}$ 的大小是一致的。通过上述融合机制，PEGASIS 协议使得网络中每个节点的能量负载得到了最大限度的均衡，同时，使得传输的数据量大幅减少，进而减少了传输数据所带来的能量消耗。

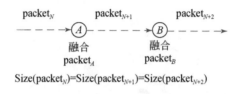

图 4.6　PEGASIS 数据融合

EECCRS 协议与 PEGASIS 协议的比较如表 4.1 所示，因为链式网络的特性，数据的传输时延过高成为 PEGASIS 协议无法回避的问题。当网络规模越大时，PEGASIS 协议中数据要经过更多的节点才能到达领导节点，其传输时延就会越大。另外，PEGASIS 协议采用了领导节点直接与基站通信的方式，这种通信方式将产生大量的能耗。

表 4.1　EECCRS 协议和 PEGASIS 协议的比较

协议	相同点	不同点
EECCRS	节点都是分簇的，有多个簇和簇头节点，有簇头选举阶段	簇头节点与基站不是单跳通信，而是采取簇头节点与簇头节点之间多跳通信到达基站
PEGASIS	领导节点到基站是单跳通信，有领导节点选举阶段	网络中节点不是分簇的，而是节点间以最小功率连成的一条通信链，领导节点两端各只有一个节点，其数据融合方式与 LEACH 协议也不同

4.1.1.2　基于特殊功能节点的协议

在这一类协议中，特殊功能节点可以是具有额外硬件模块的、更强功能的节点，也可以是网络中的普通节点。和高层次节点类似，这些节点都是通过增加自身负担来降低其他节点的通信消耗的。除了辅助转发数据外，这些特殊功能节点还能辅助网络定位，辅助实现簇与簇间的通信等。Li 等（2014）、Chang 等（2008）、孟颖辉等（2014）、Feng 等（2011）都是通过设置特殊功能节点来实现延长 WSN 网络生命周期的。

节点空间分布（Node Spatial Distribution，NSD）（Li et al.，2014）设置了一种 helping

节点，helping 节点不需要感知、处理数据，它们仅转发来自用户节点的数据。该协议存在用户模式和 helping 模式两种模式，在用户模式中，数据只在用户节点之间传输；在 helping 模式中，用户节点将数据传输到自身通信范围内最近的 helping 节点，然后数据经由 helping 网络传送到目的用户节点。NSD 通过设置 helping 节点将数据的转发从数据传输中分离出来，避免了部分用户节点因频繁转发数据而早亡；但 helping 节点也需要消耗能量，NSD 没有给出解决 helping 节点的负载不均衡的方法。

为了实现对整个网络的定位，基于颜色理论的节能路由（Color-theory based Energy Efficient Routing, CEER）（Chang et al., 2008）设定了四个锚节点，每个锚节点都配备用于定位的 GPS 模块。如图 4.7 所示，CEER 在基站处构建了一个存储节点位置信息的数据库，在该数据库中，节点的地理位置以相应的 RGB 值表示；每个节点的 RGB 值与其到基站的距离相关，距离越大，则 RGB 值越小；在锚节点的帮助下，每个节点可以计算出其 RGB 值。

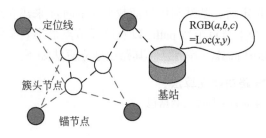

图 4.7　CEER 模型

在路由建立阶段，基站通过数据库查找位置信息，将每个簇簇内距簇中心位置最近的节点选为簇头节点。当簇头节点要向基站发送所收集的数据时，它会将通信范围内 RGB 值小于自身的节点作为候选转发节点，候选转发节点中剩余能量最多的节点将成为该节点的下一跳，重复此过程，直到数据达到锚节点；随后，锚节点将收集的数据直接发送到基站。

CEER 通过四个锚节点实现了网络的定位，大幅降低了网络定位的成本。同时，这些锚节点还可以作为簇头节点与基站的中间层，收集来自各个簇头的数据；这些数据经融合、处理后被直接转发到基站。锚节点的存在减少了每个簇头的通信距离，降低了通信能耗。然而，在 CEER 中，锚节点扮演的角色与基站相似，其构造成本必然会很高。

为了优化节点的定位，孟颖辉等（2014）提出了基于贪心思想的二阶段 WSN 定位算法，该算法分为两个阶段，在第一阶段，该算法采用贪心思想迭代优化得到第一组节点定位结果；在第二阶段，该算法选择满足预设条件的未知节点为锚节点。多次反复执行两个阶段后，网络中的节点定位完成。

为了实现簇与簇间的通信，用于差异化服务的高可用传感器网络协议（High Available Sensor Network Protocol for Differentiated Services, HASNPDS）设置了一种网关节点。在 HASNPDS 中，网关节点用于支持相邻簇簇头间的通信（图 4.8）。HASNPDS 通过设置网关节点这一特殊节点，实现了相邻簇间的通信。为了实现 WSN 的高可靠性，HASNPDS 还综合了 DD 协议（Li et al.，2014）和 LEACH 协议的优点，设计出两种不同类型的梯度表来适应不同数据服务类型，一个是最大努力服务梯度表（BG），另一个是实时服务梯度表（RTG）。

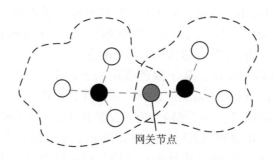

网关节点

图 4.8　HASNPDS 中的网关节点

当簇头和网关节点选定后，基站利用洪泛数据包 packet 来建立路由梯度，这个数据包含路径总能耗 $path_c$，路径上节点个数 $path_n$ 以及路径节点最小剩余能量 $path_{min}$，能量更新标记 $mark_e$，跳数更新标记 $mark_{hop}$ 等信息。其路由建立算法如下。

算法 4.1　HASNPDS 路由建立算法

输入：发送节点 n，用于建立路由梯度的数据包

输出：n 生成 BG & RTG

$W = \dfrac{path_e}{path_c}$，$E_n$ 是节点 n 的能量，E_t 是节点 n 的传输能量消耗

1. If n 是簇头节点 Then
2. 　　比较 $path_{min}$ 和 E_n 的值
3. 　　If $E_n < path_{min}$ Then
4. 　　　　$path_{min} = E_n$，$path_c = path_c + E_t$
5. 　　　　$path_n$ ++
6. 　　　　广播更新包
7. 　　End If
8. Else If 数据包是从网关接收到的第一个数据包 Then
9. 　　重复第 2 ~ 5 行，在本地 BG 和 RTG 中生成指向网关的梯度，记录 w，$path_n$，广播更新包
10. 　　If $mark_e$ 为 true Then
11. 　　　　重复 2 ~ 4 行
12. 　　　　If（$W < W'$）Then
13. 　　　　　　更新本地 W
14. 　　　　　Else
15. 　　　　　　　$mark_e$ 为 false
16. 　　　　　End Else
17. 　　　Else If $mark_{hop}$ 为 true Then
18. 　　　　$path_n$ ++
19. 　　　　If $path_n' < path_n$ Then

20.　　　　　　更新本地 $path_n$
21.　　　　　Else
22.　　　　　　$mark_{hop}$ 为 false
23.　　　　　End Else
24.　　　　Else If $mark_e$, $mark_{hop}$ 为 false Then
25.　　　　　删除此数据包,否则广播更新的数据包
26.　　　　End Else
27. End If

NSD、CEER 以及 HASNPDS 协议的比较如表 4.2 所示。在每一个簇内, 所有能收到网络中所有簇头信息的簇内成员节点中能量最高的节点将作为该簇的网关节点。随着网络规模增大, 簇内能收到所有簇头信息的节点可能会不存在, 网关节点也就无法选举。另外, 选择出来的网关节点在剩余能量上可能远小于簇内成员节点的平均水平, 这样将造成网络负载不均衡, 因为网关节点要帮助簇间通信, 其所耗能量要远多于普通节点。

表 4.2　NSD、CEER 以及 HASNPDS 协议的比较

协议	功能特殊节点	辅助功能
NSD	helping 节点	辅助转发节点
CEER	锚节点	通过 RGB 值辅助网络定位, 收集、发送节点发送来的数据并融合后直接发送给基站
HASNPDS	网关节点	辅助相邻簇间通信

4.1.1.3　基于特殊节点协议的比较

基于层次节点的协议与基于特殊功能节点的协议的比较如表 4.3 所示。层次节点和特殊功能节点都是通过增加自身的负担来减少网络其他节点的通信任务, 其不同之处在于, 在基于层次节点的协议中, 高层次节点和低层次节点是有从属关系的。而在基于特殊功能节点的协议中, 特殊功能节点只是作为一种辅助节点来帮助网络完成相应的功能。

从能耗分析、能量平衡分析、可扩展性分析来看, 基于层次节点的协议中, 与基站单跳通信的高层次节点能耗巨大, 而采用与基站多跳通信方式的高层次节点能耗会更低。在能量平衡方面, 层次节点在簇内通过簇头选举可以实现簇内的能量平衡, 但是簇与簇之间的能量负载是不平衡的。基于特殊功能节点的协议中, 特殊功能节点的设置可以很好地降低网络的能耗, 在能量平衡方面能取得较好的效果, 在可扩展性方面也有不错的表现。HASNPDS 协议之所以可扩展性不好, 是因为其协议规定只有收到所有簇头消息的节点才有资格成为簇头, 当网络规模越大, 能收到所有簇头消息的节点就会变得越少。

表 4.3　基于层次节点的协议与基于特殊功能的节点协议的比较

协议		能耗分析	能量平衡分析	可扩展性分析
基于层次节点的协议	LEACH	数据融合减少能耗, 但与基站单跳通信加大了能耗	簇内平衡, 簇间不平衡	不好
	EECCRS	数据融合减少能耗, 簇间多条通信减少能耗	簇内平衡, 簇间不平衡	不好
	PEGASIS	数据融合显著减少能耗, 与基站单跳通信加大了能耗	平衡好	不好

协议		能耗分析	能量平衡分析	可扩展性分析
基于特殊功能节点的协议	NSD	helping 节点减少转发	平衡较好	好
	CEER	锚节点辅助转发减少能耗，地理位置路由减少能耗	平衡较好	一般
	HASNPDS	簇间通信减少能耗	平衡较好	不好

4.1.2　基于节能调度的协议

在 WSN 网络通信中，并非所有节点都是时刻处在工作状态的，合理的休眠调度能减少节点因维持监听状态带来的能量消耗。同时，通过移动节点也能达到优化网络的目的；移动基站可以解决近基站节点耗能过多的问题；移动高能量节点到低密度区域可以均衡网络的能量分布；调整节点的位置能优化网络的分布，延长网络的生命周期。

在本节中，采用节点节能调度的协议有两类，一类是基于静止调度的协议，其主要办法是采用休眠调度的机制来实现降低网络能耗的目的。另一类是基于移动调度的协议，这类协议主要是通过节点的移动来优化网络，最终达到延长 WSN 网络生命周期的目的。

4.1.2.1　基于静止调度的协议

在采用静止节点调度的协议中，所有节点所在的物理位置是固定不动的。如何在维持 WSN 网络正常运转的前提下，最大限度降低网络的能耗是基于静止节点调度的协议所要解决的问题。大多数基于静止调度的协议是采用了休眠调度机制。在休眠调度机制下，部分传感器节点维持 WSN 网络的正常工作，部分节点进入休眠状态，进入休眠状态的节点在休眠时间内不再参与感知数据的发送和转发工作。由于工作节点的减少，采用休眠调度机制的网络中源节点到目的节点可选择的路径变少了，不合理的调度机制将导致源节点到目的节点的跳数过多，从而导致网络通信的时延过大不符合时延约束应用的需求。因此，减少时延成为设计休眠调度机制的一个关键点。Zhu 等（2012）的 GSS（Geographic Routing Oriented Sleep Scheduling Algorithm）和 Zhang 和 Fok（2012）的 RBH（Receiver-Based Heading）都属于采用休眠调度机制的静止节点调度协议。

CKN（Connected-K Neighborhood）（Nath and Gibbons，2007）设置了一个随机排名，节点收到现有邻居的排名然后与自身比较，当每个现有邻居的排名都低于自身且每个现有唤醒邻居拥有 K 个现有唤醒邻居，则节点可以休眠。假定 K 值为 3 时，如图 4.9 所示，节点 C 的邻居节点中没有排名比自己高的节点，且 C 的邻居节点中保持唤醒状态的节点大于 3 个，所以节点 C 可以进入休眠状态。

为了保证每个调度时期都有不同的节点处于休眠，这个排名在每一个调度时期会重新随机分配。CKN 通过在每个调度时期让部分节点休眠减少了网络的能量消耗，同时这种通过比较排名的办法减少了端到端的传输时延。然而排名随机分配的机制并不能保证剩余能量低的节点一定会得到休眠，剩余能量高的节点也有机会处于休眠状态。

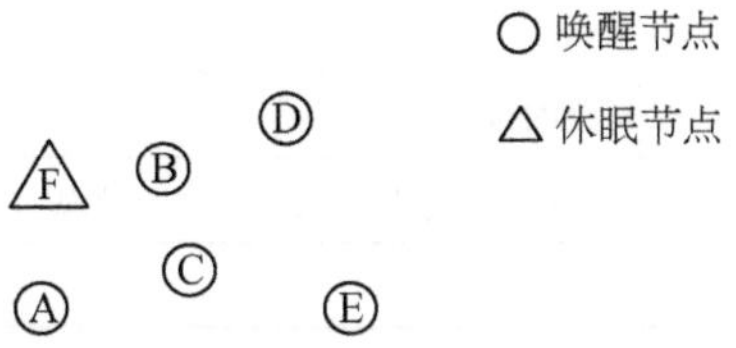

○ 唤醒节点
△ 休眠节点

节点	排名
A	7
B	5
C	8
D	4
E	1
F	0

节点	排名	跳数
A	7	6
B	5	6
C	8	5
D	4	6
E	1	6
F	0	7

(a)节点 C 的邻居节点　　　(b)CKN 的排名调度　　　(c)GSS 的排名调度

图 4.9　CKN 和 GSS 的休眠调度

面向地理路由的休眠调度算法（Geographic Routing Oriented Sleep Scheduling Algorithm，GSS）是在 CKN 的基础上结合 TPGF（Two-Phase Geographic Forwarding）（Shu et al.，2010）的折中协议。GSS 在传输阶段之前，通过广播探索所有可能的路径，然后以最少跳数为原则对这些路径进行优化并保证优化后的路径均不相交。GSS 通过这样的机制实现了节点到基站的最小跳数，减少了数据分组所经历的跳数，优化了数据的传输时延。在数据传输过程中，GSS 中发送或转发节点根据所获取的地理位置信息选择离基站最近的邻居节点作为下一跳节点，其步骤为获取每个节点的地理位置信息，确定离基站最近的邻居节点作为下一跳节点，并规定离基站最近的节点永远无法休眠，必须一直坚持工作下去，直到整个网络寿命耗尽。GSS 中节点在满足 CKN 节点休眠条件之后，还需要确认该节点是否是离基站最近的节点，如果不是，才可以休眠；否则，该节点要继续保持唤醒状态。如图 4.9（c），节点 C 虽然符合 CKN 的休眠条件，但是由于其在所有邻居中距离基站是最近的，所以节点 C 不能进入休眠状态。

GSS 中不能休眠的节点会造成一个瓶颈，即该节点能耗相较于其他能休眠的节点要快速得多，当该节点能耗完毕，该网络可能无法正常工作。要解决这个问题，可以采用节点置换的方法，用剩余能量高的节点来替代该节点。

RBH（Receiver-Based Heading）（Zhang and Fok，2012）算法包含两个阶段，第一阶段，所有节点发送它们各自的数据包且保持唤醒状态来竞争成为传输节点，竞争成功的节点将成为头节点。在第二阶段只有头节点以唤醒状态进行数据的传输，其他节点都处在低能耗状态，如图 4.10 所示。在第一阶段，当有数据包需要发送，源节点将产生一个包含源节点和基站位置信息的请求发送包 RTS，所有在其通信范围的节点都会收到该 RTS 包，并根据自身到基站的距离计算时延。时延最小的节点将成为源节点下一跳的节点。表 4.4 为 CKN、GSS、RBH 三种协议的节点休眠条件。

图 4.10　RBH 的休眠调度

表 4.4　采用休眠调度机制的协议

协议	节点休眠条件
CKN	K 个邻居节点唤醒,且自身排名比所有邻居节点的排名高
GSS	K 个邻居节点唤醒,且自身排名比所有邻居节点的排名高,且该节点不能是距离基站最近的节点
RBH	在第一阶段竞争失败成为低能耗状态节点

此外,陈良银等（2014）为了实现在时延约束下的最小能耗,提出了考虑链路质量的 LES（Link-quality and Energy-aware based Scheduling Scheme Algorithm）协议,LES 引用了能量感知技术,使得网络能量负载得到了均衡。

4.1.2.2　基于移动调度的协议

在节点物理位置固定不动的 WSN 中,随着传感器节点持续通信,整个网络的能量分布将出现变化。发送节点到目的节点的距离影响着 WSN 的通信能耗,发送节点和目的节点之间的跳数越少、每跳间的物理距离越短,则网络的通信能耗越小。通过移动节点可以优化源节点和目的节点的传输路径,减少网络的能耗。节点的移动可以通过机器人、无人机的调度实现。

移动传感器节点到预先设定或临时计算的位置是基于移动调度的协议常采用的方法,除此之外,还有协议采用移动目的节点（基站）的方式来优化网络的能量分布。采用移动调度机制能减少网络的能耗、均衡网络的能量负载。Nath 和 Gibbons（2007）、Zhu 等（2012）、Shu 等（2010）和 Zhang 和 Fok（2012）都采用了移动调度机制来提高 WSN 的网络寿命。

全局能量平衡路由协议（Global Energy Balancing Routing Protocol, GEBRP）（Deng et al., 2015）中,WSN 采用的是基于虚拟格的网络模型,在该协议中节点的移动调度分为两个阶段:扩散阶段和补充阶段。如图 4.11 所示,在扩散阶段,高覆盖率区域的节点将向低覆盖率区域移动,以保持目标区域的节点密度均匀分布;而在补充阶段,剩余能量低或者功能失效的节点将被邻居中剩余能量最高的节点取代。

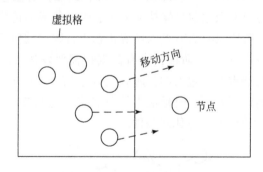

图 4.11　GEBRP 协议的扩散阶段

GEBRP 协议通过将高密度区域节点向低密度区域移动,实现了节点的均匀分布;通过将低能量节点传输数据的任务移交给其剩余能量最高的邻居节点,提升了网络的健壮性。GEBRP 规定当同一个虚拟块中有超过一个节点时，只需要极少的节点保持唤醒状态就可以保持正常工作，其他节点都可以保持休眠状态，这种机制有效地节省了能量。

REERP 协议（Reliable and Energy-efficient Routing Protocol）（Yim et al., 2012）通过调度基站群移动来均衡网络的能量负载，其模型如图 4.12 所示。

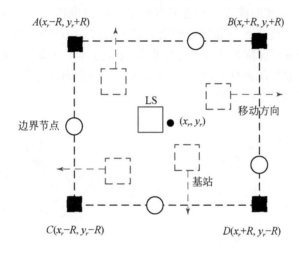

A(x_r−R, y_r+R) B(x_r+R, y_r+R)

LS

边界节点

移动方向

(x_r, y_r)

基站

C(x_r−R, y_r−R) D(x_r+R, y_r−R)

图 4.12　REERP 协议的基站群模型

REERP 协议构建了一个包含若干基站在内的虚拟格，虚线表示移动基站群的边界，当源节点有数据要发送时，数据将首先传输到虚拟格的边界节点上，当基站离开虚拟格时，将从边界节点接收数据。REERP 协议主要分为两个阶段：基站群注册阶段和数据传输阶段。在基站群注册阶段，群中的基站领导节点（LS）将收集其他基站成员的位置信息，通过其他成员基站的位置信息计算出包含所有节点在内的圆范围，随后计算出这个圆区域的中心坐标（x_r, y_r），最后 LS 以这个坐标为中心设定一个虚拟方格 ABCD，其中 A，B，C，D 分别为这个方格的四个顶点，坐标依次如图 4.12 所示。

在数据传输阶段，当信源收到了 ABCD 的位置信息后，它将数据发送给虚拟方格边界节点。当虚拟方格中任意一个顶点收到信息后，将数据沿方格边传输给其他三个节点并存储，这样，虚拟方格边上所有节点都能收到信源发送的数据。当有基站经过这个虚拟边界的时候，将从边界线上接收信源发来的数据。

基站节点在移出虚拟格时从虚拟边界获得信源发送的数据，这一机制保证了数据发送的可靠性，不会出现注册区域和实际区域因为异步而不一致的现象。而基站节点的移动性使得信源只需要发送数据到基站群可能移动的区域即可，而基站群要接收数据，仅仅在一跳范围内区域就可以完成。该机制有效减少了能量的消耗，提高了数据的传输速率。另外，基站群的虚拟格边界上的每个节点都需要存储转发来的数据，这增加了节点的内存成本。

E-TRAIL（Energy-Efficient TRAIL-based）（Pazzi et al., 2011）协议提出了一种寻找发送节点到基站节点传输路径的办法。如图 4.13，当移动基站离开原来位置（足够远）的时候，会留下跟踪节点，这些跟踪节点将帮助原来簇内的节点找到基站节点。E-TRAIL 协议采用了以下四种机制：簇形成机制、休眠调度机制、跟踪节点生成机制以及路径恢复机制。在每一个工作周期，移动的基站通过广播消息 CLU_CFG 来初始化簇，消息 CLU_CFG 包含移动基站的 ID、发送者的地址、发送者到该基站的跳数、簇的生命周期、发送者的剩余能量。发送节点到基站节点的中间节点通过比较 CLU_CFG 中的跳数来决定是否将该 CLU_CFG 存储下来。在簇形成后，发送节点如果需要将谁作为下一跳节点，则发送 NO_SLEEP 消息给这个下一跳节点（邻居中剩余能量比较多的节点），没有收到 NO_SLEEP 消息的节点可以调整功率到休眠模式。为了使得发送节点到基站节点的路径不会丢失，移动的基站节点会周期性地发送消息 TRAIL_BEACON，当若干周期之后，基站将留下一个跟踪节点来保证发送节点到基站的连续。

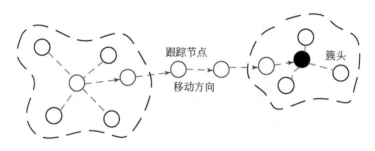

图 4.13　E-TRAIL 协议追踪通信过程

为保证传感器网络路由协议的高效性，余晟等（2015）提出了一种可调节的基于局部洪泛更新的路由协议（Adjustable Local-Flooding-based Routing Protocol，ALFRP），ALFRP 通过局部洪泛更新网络的路由，保持了网络的健壮性。同时，ALFRP 通过轮换锚节点和路由树，均衡了网络的能量负载。

MRC（Mobile Relay Configuration）（El-Moukaddem et al.，2013）采用了可任意移动的低成本的移动装置来减少能量。MRC 协议分为三个阶段，第一阶段，MRC 使用最短路径的策略将不移动的节点构成路由树。第二阶段，MRC 计算树边两节点间移动节点插入的位置，移动节点插入的位置为两节点间减少能耗最多的位置。第三阶段，在不破坏路由树的拓扑的前提下，将树的根看作是奇数层，将根的子节点看作是偶数层，以此类推。交替地在奇数层间中重新定位偶数层节点的位置，在偶数层节点间重新定位奇数层的位置，直到得到一条能耗最少的路由。表 4.5 为 4 种基于移动调度的协议对比。

表 4.5　基于移动调度的协议对比

协议	移动的节点	移动方向	调度目的
GEBRP	密集区域的节点	节点密集区向节点稀疏区域移动	均衡节点密度分布
REERP	基站群	基站群基于应用任务移动，基站定期移出基站群的虚拟边界	均衡网络能量负载
E-TRAIL	基站	Random Way-point Mobility 模型	均衡网络能量负载

协议	移动的节点	移动方向	调度目的
MRC	额外插入节点和收发两端节点通信路径的中间节点	邻居两端节点能耗最少理论位置	优化收发两端的通信路径

如图 4.14，在发送节点 s_0 和目的节点 d_0 之间存在 a，b，c 节点，其下标 $i \in \{0,1,2,3\}$ 为第 i 次调整后的节点位置。a_1 是 $<s_0$，$d_0>$ 间减少通信能耗最多的位置，也就是说 $<s_0$，a_1，$d_0>$ 路径所消耗能量是最小的。依据同样的方法，可以得出 c_1 的位置。以 s_0 为奇数层，这个时候偶数层的定位已经完成，再通过已经确定好的偶数层节点位置可以求出奇数层的重定位位置。最后，经过三次调整后，得到能耗最少路径 $<s_0$，a_3，b_3，c_3，$d_0>$。

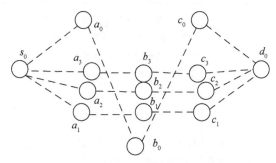

图 4.14   MRC 协议优化拓扑过程

4.1.2.3   基于节能调度的协议的比较

基于静止调度的协议和基于移动调度的协议的比较如表 4.6 所示。减少能耗和优化能量平衡都能提高 WSN 的网络寿命，基于静止调度的协议在节能方面的优势比较明显，但由于部分节点在休眠时间内不参与通信过程，时延变成了基于静止调度的协议设计的重要问题。CKN 协议、GSS 协议、RBH 协议都是为了解决在采用休眠调度的网络中的时延问题。基于移动调度的协议在优化网络能量平衡方面的优势比较明显，如 GEBRP 协议通过节点移动来优化节点密度，使得网络的能量分布变得均衡，REERP 协议和 E-TRAIL 协议分别采用移动基站群和基站优化了由距离目的节点远近带来的能量负载不平衡的问题。采用移动节点优化的协议还可以通过移动节点来优化网络拓扑，达到减少网络能耗的目的，如 MRC 协议。

表 4.6   基于静止调度的协议和基于移动调度的协议的比较

协议		节能分析	平衡性分析	时延分析
基于静止调度的协议	CKN	采用排名机制使得部分节点进入休眠状态，从而节省能量	节点的排名是随机生成的，能量等级低的节点可能处于唤醒状态，而能量等级高的节点可能处于休眠状态	K 个邻居保持唤醒状态可以确保网络的连通性，在时延方面不一定最优

协议		节能分析	平衡性分析	时延分析
基于静止调度的协议	GSS	采用排名机制动态使得部分节点进入休眠状态，节省能量	与 CKN 类似，另外离基站最近的节点无法进入休眠状态这一设定将导致这些节点提前耗能完，降低网络寿命	K 个邻居保持唤醒状态可以确保网络的连通性，TPGF 减少了通信的跳数，另外离基站最近节点永不休眠保证了网络的时延
	RBH	通过竞争的方式确定通信的节点，竞争失败的节点休眠，节省能量	以每跳通信的时延大小为标准确定参与通信的节点，能量等级低的节点可能处于唤醒状态，而能量等级高的节点可能处于休眠状态	将时延最小作为路由过程中选择下一跳的标准，以局部时延最优化来达成全局时延最优化的目的
基于移动调度的协议	GEBRP	—	通过节点移动来均衡网络节点的密度，使得网络的能量分布变得均衡，用能量等级高的节点取代能量快耗尽的节点平衡了网络能量负载	—
	REERP	基站群的移动使得部分源节点到目的节点的能耗增加，部分节点能耗减少	优化了由距离目的节点远近带来的能量负载不平衡的问题	基站群的移动使得部分源节点到目的节点的时延增加，部分节点时延减少
	E-TRAIL	同 REERP	同 REERP	同 REERP
	MRC	减少了收发节点间的路径能耗	—	—

4.1.3 优化数据流向的协议

针对不同的应用，WSN 需要具备的网络性能也是不同的。对能量得不到补充且有作业时长要求的应用，WSN 应在能耗和能量负载上具备良好的性能；对于实时应用，WSN 应在通信时延方面低于端到端通信的时延上限；对于数据传输量大的应用，WSN 在吞吐量方面要性能良好；为了防止数据丢失、错传等问题，可靠性也是 WSN 设计的一个重要性能指标。

要实现不同应用的 WSN 性能，除了采用设置特殊节点、节点节能调度的方法外，还可以通过对数据流向进行优化来达到这一目的。优化数据流向的协议根据从源节点到目的节点的路径数可以分为两个子类，一类是单路径协议，另一类是多路径协议。

4.1.3.1 单路径协议

在单路径协议里面，对数据流向的优化主要是通过修改节点下一跳来实现的。单路径协议通过局部最优的办法反复迭代直到最终得到一条近似最优或者最优的通信路径。

Ren 等（2011）受物理学中场概念的启发，提出了 EBRP 协议（Energy-Balanced Routing Protocol），它设定了三个虚拟的场，即深度场、能量密度场以及剩余能量场，并将这些场混合起来，构建成一种混合虚拟的场，其中深度是指源节点到基站的最短跳数。场中的数据在混合场的影响下，数据包从密集能量区域朝着基站节点传输数据，以保护剩余能量相对较低的节点。这种考虑节点剩余能量、转发区域能量密度以及节点到基站最少跳数的方法，为数据传输找到了一条负载均衡的路径，同时也保证了网络的时延。对于采用多跳的路由协议，距离基站越近节点消耗能量越多的问题在 EBRP 中只得到了缓解，而没有得到解决，区域间能耗不均的问题依然存在。

EESPEED（Energy-Efficient SPEED）（Kordafshari et al., 2009）在无状态实时协议（A Stateless Protocol for Real-Time Communication, SPRTC）（He et al., 2005）基础上进行了改进，具有能量有效性。在 SPRTC 中，每个节点记录所有邻节点的位置信息和转发速度，设定一个阈值，当节点接收到一个数据包时，其根据这个数据包的目的位置把相邻节点中所有距离目的位置比自身近的节点当作候选转发节点，候选转发节点中速度高于阈值的所有节点划归于转发节点集合，转发速度越高的节点被选为转发节点的可能越大。如果没有节点转发速度高于阈值则重新路由。EESPEED 与 SPRTC 不同之处在于该协议在转发数据选取转发节点的时候考虑了 3 个要素：传输时延、剩余能量和转发速率。通过计算，权值最高的被选为下一跳节点，这样在保证传输时延、转发速率的同时也考虑到了能量有效性。

ENS_OR（Energy Saving via Opportunistic Routing Algorithm）（Luo et al., 2015）是针对感知节点呈一维队列排列设计的 WSN 机会路由协议，ENS_OR 提出了能量等效节点（Energy Equivalent Node, EEN）的概念，EEN 是虚拟的转发节点，其转发节点的实现是通过多个节点实现的，且其能量值与这些节点的能量总值是一致的。

ENS_OR 通过确定最优每跳传输距离 d_{op} 来实现最优的能量策略，并将能量平衡和节点剩余能量作为选择下一跳节点的参数。d_{op} 的计算如下：

$$d_{op} = (M - x_h)/n_{op} = \left\{ (2E_{elec})/\left[(\tau-1)\varepsilon_{amp}\right] \right\}^{1/\tau} \tag{4.2}$$

式中，M 为源节点到基站的距离；x_h 为节点 h 的位置；n_{op} 为信源节点到基站的最优跳数；E_{elec} 为节点发送或接收数据时保持电路工作所需要的能量；τ 为无线通道路径能量耗散指数，受无线电频率大小的影响且 $2 \leqslant \tau \leqslant 4$；$\varepsilon_{amp}$ 为信号放大器的能耗。

ENS_OR 优化下一跳的具体办法如下，当有节点 h 要发送数据到基站，其邻居节点 $h+i$ 到节点 h 的距离越接近 d_{op} 且含有的剩余能量越多就越会被选为候选转发节点。ENS_OR 通过计算节点 h 的候选转发节点的 $P(h+i)$ 值来确定节点 h 的下一跳节点。$P(h+i)$ 的计算如下：

$$P(h+i) = \begin{cases} (d_{h+i} - d_h)\left[1/\mid d_{h+i} - d_{op}\mid + (E_{h+i} - \xi)\right] & i \in F(h) \\ (h+i) \in F(h) & -R \leqslant i \leqslant R \end{cases} \tag{4.3}$$

式中，$d_{h+i} - d_h$ 为节点 $h+i$ 到节点 h 的距离；E_{h+i} 为节点 $h+i$ 的剩余能量；ξ 为能量的阈值；$F(h)$ 为候选转发节点的集合；$P(h+i)$ 值最高的节点将成为节点 h 的下一跳传输节点。

FAF-EBRM（an Energy-Balanced Routing Method based on Forward-Aware Factor）（Zhang et al., 2014）是根据节点的链路权重和前向能量密度来优化节点传输下一跳的绿色路由协议。FAF-EBRM 定义，节点 i 到节点 j 的权重为 w_{ij}，计算如下：

$$w_{ij}(t) = \zeta [E_i(t)E_j(t)]^{\psi} / [d(i,j)^2]^{\eta} [T_{ij}(t)]^{\xi} \tag{4.4}$$

$$T_{ij}(t) = t / [d(i,\text{Sink})^2] \tag{4.5}$$

$$\text{FED}(i,t) = \frac{\sum\limits_{j \in \text{FTA}(i)} E_j(t)}{S_{\text{FTA}(i)}} \tag{4.6}$$

$$\text{FTA}(i) = \Theta O_1 \cap \Theta O_2 \tag{4.7}$$

式中，ζ，ψ，η，ξ 都为正常数；$E_i(t)$ 和 $E_j(t)$ 为节点 i 和节点 j 的剩余能量；$d(i,\text{Sink})$ 为节点 i 到基站的距离；$\text{FED}(i,t)$ 为节点 i 的前向能量密度；$\text{FTA}(i)$ 为节点 i 的前向传输区域；$S_{\text{FTA}(i)}$ 为 $\text{FTA}(i)$ 的面积；ΘO_1 为以基站为圆心，节点 i 到基站的距离为半径的圆；ΘO_2 为以节点 i 为圆心，以 d_{ip} 为半径的圆（d_{ip} 为节点 i 边缘节点集合中最远节点到节点 i 的距离）。FAF(ij) 为节点 j 的前向感知因子，计算过程如下：

$$\text{FAF}(ij) = \alpha \frac{\text{FED}(j)}{\sum\limits_{j \in \text{FTA}(j)} \text{FED}(j)} + \beta \frac{w_{ij}}{\sum\limits_{j \in \text{FTA}(i)} w_{ij}} \quad (\alpha + \beta = 1) \tag{4.8}$$

当节点 j 的前向感知因子最大的时候，节点 j 将成为节点 i 的下一跳节点。

单路径协议的下一跳节点如表 4.7 所示。FAF-EBRM 有效地平衡了 WSN 中节点能量的消耗，并延长了网络的使用周期。但是，FAF-EBRM 规定每个感知节点都要储存其邻居节点的 ID 及邻居节点与自身的距离，同时需要维护前向感知因子表，而表的维护过程会产生大量能耗。

表 4.7　单路径协议

协议	下一跳节点
EBRP	转发区域能量密度高且到目的节点最少跳数的节点
EESPEED	传输时延、剩余能量和转发速率权重最高的节点
ENS_OR	先确定每跳通信距离，再选择能量平衡和剩余能量高的节点
FAF-EBRM	链路权重，能量密度权值最高节点

4.1.3.2　多路径协议

几种多路径协议优化方式如表 4.8 所示。多路径协议中，源节点到目的节点之间存在多条路径，因此数据在通信的过程中能得到很好的保障，即便网络中部分节点因为能量耗尽或者故障而失效，数据依然可以通过其他路径来完成通信。另外，树路由在优化协议的性能方面有不错的作用。

表 4.8   多路径协议

协议	优化方式
GMRP	路径段优化
MUSTER	树路由优化
RaSMaLi	树路由优化

基于梯度的多路径路由协议（a Gradient based Multi-path Routing Protocol，GMRP）（Hao et al.，2012）是基于多路径的协议，它利用节点梯度信息建立多个路径段，节点从这些路径段中选择能最快将数据发送到基站节点的路径段作为下一个路径段，路径段的终点节点这样反复下去，最终从多个路径段中得到基站最短时延的路径。GMRP 中，每个节点需要维持自身的梯度信息和多条路径段的信息，梯度信息表示节点到基站的最小跳数，节点的每一个路径段从节点本身出发，在遇到梯度比自己小的节点时终止，在确定多个路径段之后，节点通过传输数据计算每个路径段的时延，选择时延最小的路径段中的第一个节点作为下一跳。GMRP 从多条路径中找出了源节点到基站节点最小时延的路径，其实现复杂度也比较低。

用于节能路由的多源多链路树（MultiSource MultiSink Trees for Energy-efficient Routing，MUSTER）（Mottola and Picco，2011）协议在初始阶段通过洪泛回溯的方法生成多个独立的树，这些树连接着源节点和它们的基站，不同的源节点的基站可能不同。在 MUSTER 协议中树的更新依据节点的变化。节点变化依据两个因素，一个是邻居节点提供路由的时间 t_1，另一个是邻居节点的路由质量。其中，路由质量跟邻居节点到基站的可靠性（reliability）、邻居节点占用源节点到基站的路径数（path）以及正在发送数据的基站的个数有关（Sink）。

$$Q = \alpha \cdot \text{reliability}(n,s) + \beta \cdot \text{path}(n) + \lambda \cdot \text{Sink}(n) \tag{4.9}$$

式中，α，β，λ 为根据网络整体情况调整的参数。随着节点的父节点支持路由时间的减少，节点将选择邻居节点中 t_1 最大且符合其通信质量的节点作为父节点。

最大化寿命随机切换（Randomized Switching for Maximizing Lifetime，RaSMaLi）（Imon et al.，2014）是基于树的路由协议，主要通过均衡能量负载来实现绿色路由的目的。其基本思想是通过将树中负载高的节点变成某些符合要求的邻居节点的子节点来实现传输路径的负载均衡。在 RaSMaLi 协议中，节点的负载是节点收发数据的能耗与自身能量之比，在树中，可以设定一个值 x（x 代表着网络的均衡程度），若最大路径负载和最小路径负载的差值的绝对值大于 x，则负载较高的子节点将在邻居节点中选择路径负载较低的节点作为父节点。再依次迭代寻找树中负载最高的节点并进行同样的处理，直到最大路径负载和最小路径负载的差值的绝对值不大于 x，这样最优的负载均衡树就生成了。

假定 x 值为 1，即节点 0 两端路径的负载相差为 1。每个节点 i 根据自身的剩余能量、能耗和所在路径的能耗计算自身的权值（a，b），其中能量负载 a 与自身能量 E_i 以及自身能耗 C_i 有关，路径负载 b 为路径中最大的 a 的值，a 的值计算如下：

$$a = C_i / E_i \tag{4.10}$$

假定每个节点发送一个数据包和转发一个数据包的能耗均为 1 单位的能量，且其他能耗不计。当节点分布如图 4.15（a）所示，且 $E_5 = 0.5$，$E_i = 1(i \neq 5)$ 时，节点 7 从节点 9、节点 10 收到数据包并且要将它们转发出去，将消耗 4 单位的能量（接收数据消耗 2 单位，发送数据包消耗 2 单位），且其自身发送数据也会消耗掉 1 单位的能量，通过式 (4.10)，节点 7 的权值 a 为 5；节点 5 从节点 7 收到 3 个数据包，从节点 8 收到 1 个数据包并将这些数据包转发到节点 2，消耗了 8 单位的能量，再加上自身的能耗，根据式 (4.10) 可以得出其 a 值为 18。依次计算，得到每个节点权值如图 4.15（b）所示。

在图 4.15（b）中，最大路径负载和最小路径负载之差为 13，远远大于均衡参数 1，节点 5 的 a 值为 18，其能量负载最大，其子节点 7 的能量负载大于节点 8，而节点 7 的邻居节点 4 的路径负载远小于节点 7 的路径负载，所以节点 7 选择节点 4 作为父节点，节点 5 不再是节点 7 的父节点，经过自上而下的更新，树的权值图如图（c）所示。在图 4.15

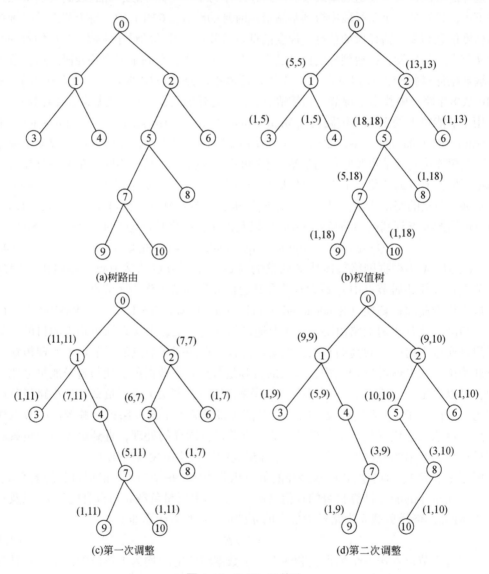

图 4.15　RaSMaLi 算法

（c）中，最大路径负载和最小路径负载之差为 4，大于平衡参数 1，节点 1 的能量负载为
11，其能量负载最大，节点 4 的子节点 7 已经经过一次换父节点的过程，所以直接考虑节
点 7 的子节点 9 和 10，节点 9 没有可能的父节点。而节点 10 可以以节点 8 作为父节点，
所以最终节点 8 成为节点 10 的父节点，而节点 7 不再是节点 10 的父节点，随后树的权值
图变成了图 4.15（d）。此时最大路径负载和最小路径负载之差为 1，满足平衡参数的需
求，因此最优的树路由已经生成了。

4.1.3.3 优化数据流向的协议对比

从结构上看，单路径协议和多路径协议的区别在于源节点到目的节点的路径数；从性
能上看，多路径协议相比单路径协议具备更好的可靠性；从优化数据流向的具体过程来
看，单路径协议主要是采取下一跳优化的办法通过局部优化来完成对网络的全局优化，而
多路径协议则是采用优化下一路径段或者优化父节点的办法来实现的。

如表 4.9 所示，时延和剩余能量是优化数据流向的协议所采用最多的参数，时延与发
送节点到目的节点的跳数相关，通信两端的跳数越短，其时延就越低，其能耗也相应地变
化。节点的剩余能量关系着 WSN 的网络寿命，如果节点剩余能量过低不足以完成通信任
务，那么该节点失效，而部分节点失效将导致网络提前停止工作。

表 4.9 单路径协议和多路径协议的比较

协议	优化涉及参数	
单路径协议	EBRP	能量密度，时延，剩余能量
	EESPEED	时延，剩余能量，速率
	ENS_OR	时延，剩余能量，速率
	FAF-EBRM	链路权重，能量密度
多路径协议	GMRP	时延
	MUSTER	能耗，剩余能量
	RaSMaLi	路由质量，路由时长

4.1.4 路由协议的比较

路由协议的比较如表 4.10 所示。在基于特殊节点的协议中，特殊节点的类型有两种，
一种是分层次节点，一种是特殊功能节点。特殊节点的设置，可以减轻普通节点的负担，
如 LEACH、EECCRS、PEGASIS 都是通过层次节点（簇头、领导节点）来减轻其他节点的
转发负担，CEER 是通过锚节点来帮助其他节点定位的，NSD 通过 helping 节点帮助其他节
点转发，HASNPDS 采用网关节点来帮助相连簇间通信。

表 4.10　路由协议的比较

协议			层次节点	特殊功能节点	静止调度	移动调度	单路径	多路径
基于特殊节点的协议	基于层次节点的协议	LEACH	Y				Y	
		EECCRS	Y				Y	
		PEGASIS	Y				Y	
	基于特殊功能节点的协议	NSD	Y	Y			Y	
		CEER	Y	Y			Y	
		HASNPDS	Y	Y			Y	
基于节能调度的协议	基于静止调度的协议	CKN			Y		Y	
		GSS			Y		Y	
		RBH			Y		Y	
	基于移动调度的协议	GEBRP				Y	Y	
		REERP				Y	Y	
		E-TRAIL	Y	Y		Y	Y	
		MRC				Y		Y
优化数据流向的协议	单路径协议	EBRP	Y				Y	
		EESPEED					Y	
		ENS_OR					Y	
		FAF-EBRM					Y	
	多路径协议	GMRP						Y
		MUSTER						Y
		RaSMaLi						Y

注：Y 表示该协议适用

基于节能调度的协议分为基于静止调度的协议和基于移动调度的协议两类。基于静止调度的协议主要是采用休眠调度机制，休眠调度机制可以使网络中节点不用持续不停地工作，部分节点只需要在特定的时间里保持唤醒维持网络的正常工作，因为这个特性，设计采用休眠调度的协议必须考虑数据的传输时延，CKN、GSS 都提出了降低传输时延的措施。基于移动调度的协议可以使网络中节点的分布动态地调整，从而根据网络的耗能情况均衡网络的能量负载，GEBRP、REERP、E-TRAIL、MRC 都是通过调度节点移动来实现对网络的优化，GEBRP 是通过感知节点移动的方式均衡区域间的节点密度差异，REERP 则通过移动基站群来实现网络的负载均衡，E-TRAIL 通过移动基站来收集数据，并给出了追踪移动基站的办法，MRC 则是通过不断移动节点来优化网络的拓扑以及能耗。

优化数据流向的协议包括单路径协议和多路径协议。在单路径协议里面，优化数据流向的方法为通过不断局部优化下一跳来完成对网络的优化，而多路径协议则提供了更多的可靠性。因为这些途径本身并不矛盾，所以很多协议在设计的时候也兼有其中两种或者三种特性。

除了上述协议外，也有学者对能量受限的 WSN 广播路由进行了研究，徐同伟等 (2017) 提出了一种基于改进离散果蝇优化算法的 WSN 广播路由算法，可以为 WSN 系统找到能耗最小的广播路径。

4.2　基于节点转发压力的绿色全局路由算法

4.2.1　相关工作

在平面路由中，基站周边的节点需要频繁转发来自其他节点的数据，因此近基站节点的能耗远远高于其他节点，更容易早亡。当网络中有节点能量耗尽时，网络的生命周期也就终止了。为提高近基站节点的生存时间，延长网络的生命周期，本书提出了节点转发压力的概念，对于任意节点 v_i，其转发压力值 $press_i$ 与节点 v_i 距离基站的最小跳数 hop_i 和节点 v_i 的剩余能量 E_i 有关；当 hop_i 越小、E_i 越小时，节点 v_i 的 $press_i$ 越大，在选择路由时，$press_i$ 小的节点更容易成为数据包传输路径 $select_i$ 上的节点；将节点转发压力值作为择路依据能很好保护那些通信负担沉重和剩余能量低的节点，从而延长网络的生命周期。基于该概念，提出了一种基于节点转发压力的绿色全局路由（Green Global routing based on Node Relaying Pressure，GGNRP）算法。在网络逻辑结构上，GGNRP 路由属于平面路由，简单且健壮性好。GGNRP 分为路由建立阶段和数据传输阶段。在数据传输阶段，它通过采用路由探索与反馈机制避免了路由空洞问题。在该机制中，源节点 v_i 将通过定向多播的方式向基站发送探索数据包；探索数据包每到达一个节点 v_j 后，将记录该节点 ID 并以 v_j 的候选转发节点集合 $cand_j$（邻居节点集合 $nbor_j$ 中最小跳数小于 hop_j 的节点集合）作为多播对象，直到探索数据包到达基站；当所有探索数据包都到达基站后，基站将探索数据包中所记录的传输轨迹汇总、编号后发送给每个源节点。同时，GGNRP 将节点的转发压力值与路由传输时延作为路由决策的依据参数，延长了网络的生命周期并降低了网络的传输时延。

4.2.2　GGNRP 网络建模及能量分析

4.2.2.1　GGNRP 网络描述

为了更好地表述网络模型，GGNRP 中用到的主要符号如表 4.11 所示。

表 4.11　GGNRP 涉及的主要符号

符号	释义	符号	释义
V	WSN 中感知节点集合	base	基站
v_i	ID 为 i 的节点	hop_i	v_i 的最小跳数
r	通信半径	$nbor_i$	节点 v_i 的邻居节点集合

符号	释义	符号	释义
β	传播损耗指数	cand_i	候选转发节点集合
m	网络最大最小跳数	select_i	v_i 的数据包传输路径
E_{R}	接收端能耗	max_{ij}	路径 p_{ij} 最大压力值节点压力
E_{T}	发送端的能耗	cost_{ij}	路径 p_{ij} 的总能耗
E_{amp}	信号发射器放大信号所需能耗	press_i	节点 v_i 的转发压力值
E_{elec}	发送或接收每 bit 数据的能耗		

定义 4.1 （最大最小跳数）：假定 V 为 WSN 中所有感知节点的集合，节点 v_i 到达基站的最小跳数为 hop_i，则最大最小跳数 m 为

$$m = \max(\mathrm{hop}_i) \quad (v_i \in V) \tag{4.11}$$

图 4.16 为一个由 18 个感知节点和 1 个基站节点构成的 WSN，这些感知节点的最小跳数都已标出。在该网络中，hop_1、hop_2、hop_4、hop_{13}、hop_{18} 值均为 3，为网络中最大最小跳数。hop_3、hop_5、hop_8、hop_9、hop_{12}、hop_{14}、hop_{15}、hop_{16} 值为 2，近基站节点的节点 hop_6、hop_7、hop_{10}、hop_{11}、hop_{17}、hop_{19} 值均为 1；根据定义，对于 ID 为 8 的节点而言，$\mathrm{hop}_8 = 2$，$m = 3$，所以 $\mathrm{press}_8 = 3/E_8$；$\mathrm{nbor}_8 = \{v_4、v_7、v_{12}、v_{16}、v_{17}\}$，其中 bop_7、hop_{17} 均小于 2，所以 $\mathrm{cand}_8 = \{v_7、v_{18}\}$。

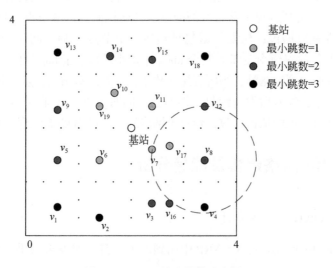

图 4.16　WSN 最小跳数示意图

定义 4.2 （节点转发压力）：当节点 v_i 到达基站的最小跳数为 hop_i，m 为网络的最大最小跳数，E_i 为节点 v_i 剩余能量，则其转发压力值 press_i 为

$$\mathrm{press}_i = [2(m - \mathrm{hop}_i) + 1]/E_i \tag{4.12}$$

定义 4.3 （候选转发节点）：假设节点 v_i 的邻居节点集合为 nbor_i，节点 v_i 到达基站

的最小跳数为 hop_i，则其候选转发节点集合 cand_i 为

$$\text{cand}_i = \sum_{v_j \in \text{nbor}_i} \text{nbor}_i(\text{hop}_j < \text{hop}_i) \tag{4.13}$$

4.2.2.2 GGNRP 网络模型

图 4.17 为 WSN 网络模型，图 4.17 中横纵坐标轴为 WSN 部署区域的长宽；实心圈代表基站，空心圈代表感知节点，虚线圈表示节点的通信范围，为便于分析，在 GGNRP 中，网络中所有节点都具有相同的最大单跳通信半径。该网络由 n 个感知节点和 1 个基站组成，它们的最大通信半径均为 r，任何两个距离超过 r 的节点无法直接通信，如节点 v_1 和节点 v_6 无法直接通信。为了保证能完成对感知区域的全面监控，GGNRP 要求每个虚拟方格中必须有一个传感器节点。这些感知节点的分布为特定随机分布，即节点所属的部署方格是确定的，其在方格内的位置是随机分布的。每个感知节点都会感知收集所在区域的数据信息；当感知节点有数据要发送时，它将通过网络中其他节点以多跳的方式与基站进行通信，从节点 v_1 出发的数据包可以通过节点 v_5、节点 v_6 的转发最终达到基站。在初始化阶段，所有感知节点的初始能量值相同，节点发送或者接收数据都将产生一定的能量消耗；能量消耗的多少与数据包个数、每个数据包大小、传输距离等因素有关；当网络中部分节点能量耗尽时，整个网络将死亡。

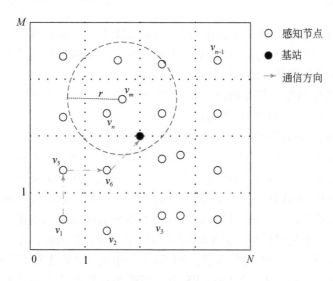

图 4.17　WSN 网络模型

4.2.2.3 GGNRP 能量分析

GGNRP 算法采用 LEACH 协议中的能量消耗模型，接收端的能耗如下：

$$E_R = E_{\text{elec}} \cdot k \tag{4.14}$$

式中，k 为接收端接收数据包的大小，单位为 bit；E_{elec} 为发送或接收每 bit 数据的能耗，单位为 nJ/bit；E_R 为接收端收到 k bit 数据的能耗。发送端的能耗要考虑信号放大以及传播

过程中的耗损，其能耗计算如下：

$$E_\mathrm{T}=E_\mathrm{elec}\times k+E_\mathrm{amp}\times k\times d^{\beta} \tag{4.15}$$

式中，E_amp 为信号发射器放大信号所需能耗；β 为传播损耗指数；d 为发送端到数据接收端的距离；E_T 为发送端发送 k bit 数据到距离 d 的接收端所消耗的能量。在 LEACH 协议中，β 值设置为 2。

4.2.3　路由算法

4.2.3.1　路由算法优选

现有的绿色路由根据网络结的逻辑结构可以分为两类，一类是层次路由，另一类是平面路由。在层次路由中，节点被分为了多个层次，现有的层次路由一般采用"簇内节点—簇头节点—基站节点"三级层次划分。簇内节点感知数据并将数据发送给簇头节点，簇头节点负责接收、融合簇内节点发送的数据并将处理后的数据发送给基站，基站接收来自不同簇头节点的数据并处理这些数据。在平面路由中，所有节点在网络中的功能和地位都是相同的，节点通过网络中节点间的协作将数据传输给基站节点。

（1）层次路由

LEACH 是基于分簇思想的经典路由协议。LEACH 中节点根据其在网络中所扮演的角色分为簇头节点和簇内成员节点。簇内成员节点负责感知数据并将这些数据发送给簇头节点，簇头节点负责接收和处理感知的数据，随后将之直接发送给基站。为了均衡簇内的能量负载，LEACH 规定每轮通信开始前所有簇都会重新选举簇头节点，簇内剩余能量最高的节点将成为下一轮通信中其所在簇的簇头。

与 LEACH 不同，PEGASIS 通过功率的调节使得整个网络在逻辑上表现为一条由众多节点连成的单链网络。在这条链上，节点被分为普通节点和领导节点两类。普通节点除了感知数据之外，还要融合、转发其两端节点传输的数据包。在 PEGASIS 中，领导节点只有一个，其选举过程和 LEACH 类似，领导节点负责接收、融合其两端传输的数据包并将这些数据包以单跳方式发送给基站。PEGASIS 通过数据融合使得网络的能耗降低、能量负载均衡，但其只适用于小规模网络，其平均时延与网络中节点个数成正比。

LEACH 协议均衡了簇内的能量负载，而不同簇间的能量负载并不均衡，为此 Park 等（2009）提出了 EECCRS 协议。在 EECCRS 中，当簇头有数据要交付给基站时，簇头将通过其他簇头以多跳形式将数据包发送给基站。采用簇间多跳通信的方式能减轻偏远簇头的能量负担，增加近基站簇头的通信负载，在一定程度上均衡簇间的能量。但令人遗憾的是，EECCRS 的分簇算法过于复杂，不易实现；另外，EECCRS 也没有给出如何避免簇间通信冲突的方案。

（2）平面路由

GSS 是 CKN 与 TPGF 的折中的休眠调度协议。在 GSS 数据传输阶段，发送或转发节点根据所获取的地理位置信息选择离基站最近的邻居节点作为下一跳节点。为了降低不必要的能耗，GSS 设置了一个随机排名，节点收到现有邻居的排名然后与自身比较，当每个现有邻居的排名都低于自身且邻居具有 K 个唤醒邻居，则节点可以休眠。为了均衡网络的能量负载，保证每个调度时期都有不同的节点处于休眠，这个排名在每一个调度时期会重新随机分配。GSS 通过在每个调度时期让部分节点休眠减少了网络的能量消耗，同时这种通过比较排名的办法减少了端到端的传输时延。另外，GSS 还规定离基站最近的节点永远无法休眠，必须一直坚持工作下去，直到整个网络寿命耗尽。GSS 通过选择最近的邻居节点作为下一跳节点降低了网络传输时延，采用休眠调度减少了网络的能耗。但近基站节点通信负载大，GSS 为了保证传输时延规定近基站节点无法休眠，这将缩短网络的生命周期。

Ren 等（2011）受物理学中场概念的启发，提出了 EBRP 协议，它设定了深度场、能量密度场以及剩余能量场三个虚拟场，其中深度是指源节点到基站的最小跳数。在虚拟场的影响下，数据包优先选择能量密集、离基站近的区域传输，保证了网络的时延，也保护了剩余能量较低的节点。

FAF-EBRM 是根据节点的链路权重和前向区域能量密度来优化节点传输下一跳的绿色路由协议。FAF-EBRM 有效地平衡了 WSN 中节点能量的消耗，并延长了网络的使用周期。但是，前向能量感知因子表的维护将产生大量能耗；另外，当网络节点密度比较大时，由于 FAF-EBRM 中节点优先选择所处区域内能量密度更高、传输距离更近的节点作为下一跳节点，因此数据包可能经历更多的节点、消耗更多能量才能到达基站。

现有的协议中，簇头与基站的通信能耗过大的问题始终存在于层次路由中，簇头选举环节只能均衡簇内的能耗，不能减少网络的通信能耗。在采用单跳通信的簇路由中，因为通信能耗随着距离的增大而大幅度增加，远基站簇的能量消耗远大于近基站簇。而在采用簇间多跳通信的路由中，近基站簇由于过重的通信负担而早亡。平面路由一般采用局部最优原则进行路由决策，这样的决策容易导致路由空洞问题以及频繁绕路的问题，前者导致数据在某些特定节点间反复传输，而频繁的绕路将产生大量不必要的能耗。

4.2.3.2　GGNRP 原理

网络中每个节点都有一个节点转发压力参数，其值与该节点距离基站的最小跳数以及其剩余能量有关；对于任意节点，其最小跳数越大、剩余能量越高，其节点转发压力值越低；节点转发压力值越小的节点越容易成为数据传输的转发节点。将节点转发压力值作为路由决策的参数之一，能保护通信负担重、剩余能量低的节点，避免近基站节点过早死亡，从而达到延长网络生命周期的目的。在 GGNRP 中，源节点根据基站中所存储的节点到基站的路径信息、节点能量信息，获得一条绿色全局路由来进行数据传输，避免了平面路由中广泛存在的路由空洞问题。

GGNRP 中包含五种报文类型，分别为 Broadcast_hop 报文、Candidate 报文、Ask 报文、Feedback 报文、Forwarding 报文。

在路由建立的初始阶段，网络通过广播 Broadcast_hop 报文来计算每个节点到基站的最小跳数，其格式为

ID	VALUE

其中，ID 为 Broadcast_hop 报文的源节点的编号；VALUE 为源节点的最小跳数。

节点通过比较邻居节点和自身的最小跳数，得到自身的候选转发节点集合，并将该集合信息上传到基站，此时 GGNRP 采用的报文协议为 Candidate 报文，其格式为

ID	CANDIDATE	DESTINATION	NEXT_HOP

其中，ID 为报文源节点的编号；CANDIDATE 为源节点的候选转发节点集合的数组；DESTINATION 为目的节点，一般为基站；NEXT_HOP 为报文的下一跳传输节点编号。

在数据传输阶段，当源节点有数据要发送时，其将向基站申请链路进行传输，此时 GGNRP 采用请求报文 Ask，其格式为

ID	DESTINATION	NEXT_HOP

基站在收到源节点的请求报文后，会根据其自身存储的能量信息以及路径信息反馈给源节点一个报文 Feedback，其格式为

SOURCE	NEXT_HOP	PATH_ID

其中，SOURCE 为请求路径的源节点；PATH_ID 为基站给源节点分配的路径编号数组。

源节点在接收到反馈报文后，将发送一个数据传输报文 Forwarding，其格式为

PATH_ID	DATA

其中，DATA 为源节点要传输的数据。Forwarding 报文每到达一处节点时，将在本地查找当前 PATH_ID 中的相应路径，并根据该路径继续传输数据。

4.2.3.3　GGNRP 算法过程

（1）GGNRP 路由建立阶段

第一，最小跳数计算。

GGNRP 以分批次洪泛的方式为每个节点确定了到基站的最小跳数，初始阶段，网络中每个节点的最小跳数默认设置为 999。

首先，基站以节点最大单跳通信半径广播数据包，数据包中包含的内容为 1；如果数据包的值小于自身的最小跳数，则收到数据包的节点将自身最小跳数置为该数据包中的值。一段时间后，最小跳数等于数据包中的值的节点开始以最大通信半径广播数据包，此时广播的数据包中的值均为自身最小跳数加 1，以此类推，直到网络中没有节点的最小跳数为 999。

如图 4.18 所示，基站通信半径范围内的节点有 v_6、v_7、v_{10}、v_{11}、v_{17}、v_{19}，所以 v_6、v_7、v_{10}、v_{11}、v_{17}、v_{19} 最小跳数为 1。当最小跳数为 1 的节点完全确定后，v_6 开始广播，此时 v_5、v_7、v_{19} 在 v_6 的通信半径范围内，v_5 未应答过其他节点，所以 v_5 将其最小跳数置为 2，而 v_7、v_{19} 已应答过基站，且其最小跳数均不大于 v_6 的最小跳数，所以 v_7、v_{19} 最小跳数

仍为1。依次类推,最小跳数为2的节点有 v_3、v_5、v_8、v_9、v_{12}、v_{14}、v_{15}、v_{16};最小跳数为3的节点有 v_1、v_2、v_4、v_{13}、v_{18}。

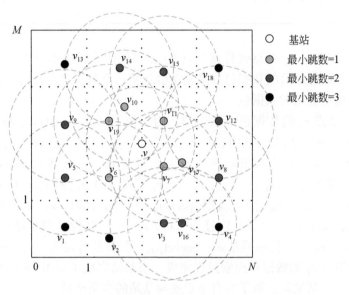

图 4.18 计算最小跳数

根据定义4.3,图4.18中所有节点的候选转发节点集合如表4.12所示。

表 4.12 节点的候选转发节点集合

节点	候选转发集合	节点	候选转发集合	节点	候选转发集合
v_1	v_5	v_8	v_7、v_{17}	v_{15}	v_{10}、v_{11}
v_2	v_3	v_9	v_{19}	v_{16}	v_7、v_{17}
v_3	v_7	v_{10}	v_s	v_{17}	v_s
v_4	v_3、v_8、v_{16}	v_{11}	v_s	v_{18}	v_{12}、v_{15}
v_5	v_6	v_{12}	v_{11}、v_{17}	v_{19}	v_s
v_6	v_s	v_{13}	v_{14}		
v_7	v_s	v_{14}	v_{10}、v_{19}		

第二,模拟数据包的探索过程。

经过前面的步骤,基站已获取了足够的信息来独立完成路由建立阶段剩下的步骤。GGNRP采用模拟探索路径的方法使得路由建立阶段只需要节点发送少量的数据,不会产生其他能量的消耗。

表4.13为探索数据包格式,探索数据包包含多播对象以及传输轨迹集合。在探索过程中,数据包的传播方式始终为定向多播,多播对象为探索数据包所在节点的候选转发集合中的节点,传输轨迹集合用以记录数据包所经过的节点 ID。

表 4.13　探索数据包格式

多播对象	传输轨迹集合
$cand_i$	$\{v_0, \cdots, v_i\}$

　　探索数据包每到达一个节点就将该节点 ID 更新到传输轨迹集合中。当多播对象中出现了基站时，节点将更新后的数据包直接发送给基站；否则，节点收到探索数据包后向其候选转发节点多播更新后的数据包。

　　图 4.19 为源节点 v_4 的数据包探索过程，为了便于区分，packet 下标为节点的轨迹。探索数据包 $packet_4$ 从 v_4 出发，其内容为 $\{\{v_3、v_8、v_{16}\}, \{v_4\}\}$，$packet_4$ 被 v_4 发送给 v_3、v_8、v_{16}；在 v_3 处，$packet_{4-3}$ 内容更新为 $\{\{v_7\}, \{v_4、v_3\}\}$，v_3 转发 $packet_{4-3}$ 到 v_7；在 v_8 处，$packet_{4-8}$ 内容更新为 $\{\{v_{17}\}, \{v_4、v_8\}\}$，$v_8$ 转发 $packet_{4-8}$ 到 v_{17}；在 v_{16} 处，$packet_{4-16}$ 内容更新为 $\{\{v_{17}\}, \{v_4、v_{16}\}\}$，$v_{16}$ 转发 $packet_{4-16}$ 到 v_{17}；此时，v_7、v_{17} 的候选转发节点均包含有基站节点，$packet_{4-3-7}$ 更新其轨迹为 $\{v_4、v_3、v_7\}$ 并传输到基站；$packet_{4-8-17}$ 更新其轨迹为 $\{v_4、v_8、v_{17}\}$ 并传输到基站；$packet_{4-16-17}$ 更新其轨迹为 $\{v_4、v_{16}、v_{17}\}$ 并传输到基站，至此源节点 v_4 的数据包探索过程完成。当基站完成了对 WSN 中所有节点的数据包模拟探索过程后，基站就获取了所有节点通向基站的多条路径。

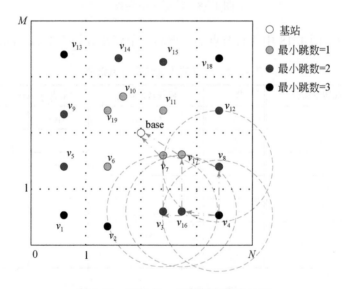

图 4.19　源节点 v_4 的数据包探索过程

　　基站最终收到从 v_4 出发以不同轨迹到达基站的数据包，从 v_4 到达基站路径有 3 条，如表 4.14 所示。

表 4.14　v_4 到基站的轨迹

v_4 路径编号	路径轨迹
p_{40}	$v_4 \rightarrow v_3 \rightarrow v_7 \rightarrow \text{base}$
p_{41}	$v_4 \rightarrow v_{16} \rightarrow v_{17} \rightarrow \text{base}$
p_{42}	$v_4 \rightarrow v_8 \rightarrow v_{17} \rightarrow \text{base}$

第三，基站反馈。

基站通过数据包模拟探索过程后将对这些路径进行编号，每个编号是唯一的。随后，基站将这些路径的编号以及路径中每个节点下一跳 ID 信息反馈给对应路径上所有节点。例如，基站获得 v_4 的多条路径后，它将部分信息返还到 v_3、v_4、v_7、v_8、v_{16}、v_{17}，这些节点获得信息如表 4.15 所示。

表 4.15　基站根据 v_4 发送来的数据包的反馈路径

节点	下一跳 & 路径	节点	下一跳 & 路径
v_3	v_7，$\{p_{40}\}$	v_8	v_{17} $\{p_{42}\}$
v_4	v_3，$\{p_{40}\}$	v_{16}	v_{17} $\{p_{41}\}$
v_4	v_{16}，$\{p_{41}\}$	v_{17}	base，$\{p_{41}、p_{42}\}$
v_7	base，$\{p_{40}\}$	v_4	v_8 $\{p_{42}\}$

在传输阶段，当 v_4 收到基站反馈的路径编号为 p_{40} 时，v_4 将查询本地存储的路径信息得到 p_{40} 下一跳节点为 v_3，v_4 将数据包传送到 v_3；v_3 通过查询得出 p_{40} 下一跳为 v_7，将数据包传送给 v_7；v_7 的候选转发节点中存在 base，则将数据包直接传送给基站。

(2) GGNRP 数据传输阶段

在数据传输阶段，当源节点有数据要发送时，它会先向基站节点申请通信。基站收到该节点数据包后会根据自身所缓存的全局能量信息、各节点的路径信息、节点压力值来计算出节点数据包的传输轨迹，并将轨迹所涉及的路径编号排好序后传输给该节点。节点将反馈的路径编号放入要发送数据包的首部，数据包每抵达一个节点将从路径编号数组尾部开始查询该节点处是否存在该路径，若存在则以该编号对应的下一跳节点作为传输节点。

第一，基站全局能量信息缓存。

全局能量信息是 GGNRP 为源节点选择全局路由的重要依据，在 GGNRP 中，基站负责维护全局能量信息。对于基站而言，实时更新全局能量信息虽然能使得路由决策更为准确，但其代价是以网络节点频繁上传自身剩余能量值为代价，这样会造成网络大量不必要的能耗。所以，GGNRP 采用了能量缓存机制，当有源节点通信时，基站根据收到的数据包数量、大小、经过节点、节点间的通信能耗计算各节点的能耗并更新这些节点的能量信息。同时，GGNRP 还规定每隔一段时间收集一次全网节点的能量信息，使得基站的能量信息尽量准确。

第二，GGNRP 路由决策。

GGNRP 的路由决策过程在基站处发生，其算法分为两个部分。第一部分，基站根据源节点的路径相关信息和能量信息计算其最优路径及最优路径权值并记录下路径编号，路径上转发压力值最大的节点的转发压力值越小，路径消耗能量越小，该路径越有可能成为最优路径。

若仅采用第一部分算法，由于每个源节点存储的多条路径到基站都是最小跳数，所以其在时延上性能特别优秀，由于每个源节点到基站的路径选择较少，网络中低能量高负载的节点很难得到保护。因此，GGNRP 提出了第二部分算法。

在第二部分中，基站将模拟数据节点通信过程。模拟中，数据包每到达一个节点时，节点将所有邻居中能量高于自身的节点进行比较，数据包将被发送到具有最高权值的节点上，基站将记录这一最高权值节点对应路径的编号；若该节点不存在能量高于自身的邻居，则数据包依照最新编号路径轨迹传输。重复此过程，直到数据包抵达基站。最后，基站将所得的路径编号序列发送给源节点。源节点得到编号序列后，将该编号序列放入要发送的数据包中，数据包在发送前会从尾部检查自己的编号序列是否存在于该节点，若存在，则选择该编号对应的下一跳作为传输节点，直到数据包到达基站。

算法 4.2 GGNRP 的路由选择算法

输入：Path_i

输出：select，weight

1. For $p_{ij} \in \text{Path}_i$
2.   For $v_k \in p_{ij}$
3.   If $\text{max}_{ij} < \text{Press}_{v_k}$
4. $\text{max}_{ij} = \text{Press}_{v_k}$
5.   End If
6.   End For
7.   If weight$<1/(\text{max}_{ij} \times \text{cost}_{ij})$
8.   weight$=1/(\text{max}_{ij} \times \text{cost}_{ij})$
9.   select$=p_{ij}$
10.   End If
11. End For

GGNRP 将节点转发压力值作为选择路由的参数之一，可以起到保护剩余能量低、通信负载重的节点。路径能耗作为参数，可以减少每次通信的能耗。通过算法第二部分，GGNRP 丰富了源节点的通信路径选择，延长了低能量高负载节点的生命周期。

4.3 仿真分析

4.3.1 仿真环境

为了验证 GGNRP 协议的性能，本节以 Microsoft Visual Studio 2015 为平台，采 C++语言实现了对 FAF-EBRM 协议和 GGNRP 协议的仿真，对比了两者在网络生命周期、平均能耗和平均时延方面的性能，仿真参数如表 4.16 所示。

表 4.16　仿真参数

参数	值	参数	值
初始能量	10mJ	E_{amp}	$10\text{pJ}/(\text{bit} \cdot \text{m}^2)$
数据包大小	1000bit	E_{elec}	$10\text{nJ}/\text{bit}$
r	10m	β	2

表 4.16 中，每个节点的初始能量一致，都为 10mJ；每个数据包的大小都有 1000bit；节点的最大通信半径为 10m，任何两个距离超过 10m 的节点不能直接通信，而需要其他节点协作以多跳的形式进行通信。E_{elec} 为发送或接收每 bit 数据的能耗，其值为 10nJ/bit；E_{amp} 为信号发射器放大信号所需能耗，其值为 $10\text{pJ}/(\text{bit} \cdot \text{m}^2)$。$\beta$ 为传播损耗指数，LEACH 协议中将 β 值设置为 2，GGNRP 也采用这一做法。

在计算网络传输时延时，GGNRP 中每次通信的传输时延与通信数据所经过的节点数成正比，不考虑数据包的排队时间，单位大小的数据包从发射到接收消耗时间为 1ms。

首先，比较 GGNRP 和 FAF-EBRM 协议在生命周期和平均时延上的性能，仿真场景设置为 1000m×1000m，网络节点数量设置为 100 个。

生命周期是衡量 WSN 性能最重要的指标之一，生命周期越长，意味着网络的能量利用率越高，对应的路由协议的能量有效性越强，当有部分节点能量耗尽时，则网络死亡。网络的生命周期以网络开始运行为起点，网络死亡为结束。延长生命周期的方式有多种，一是减少网络的通信能耗；二是保护网络中剩余能量低的节点。

时延是衡量网络性能比较重要的参数之一，针对一些时延要求高的应用场景，路由协议必须限制通信时延在一定范围之内。对于时延约束的应用，网络平均传输时延越低越好。

衡量协议是否能量高效，能量负载均衡也是一个很重要的参数。能量负载越平衡的协议，其生命周期会随之越长。本研究在 1000m×1000m 中 100 个节点的场景下仿真对比了 GGNRP 协议与 FAF-EBRM 协议在能量负载均衡上的性能。将所有节点的剩余能量的标准差作为衡量网络能量负载均衡的参数，剩余能量标准差值越小，则该协议在能量负载上的性能越好。

为了比较 GGNRP 和 FAF-EBRM 对于不同网络规模的适应性，在 1000m×1000m 场景，本研究首先分别在 100 个、150 个、200 个、250 个、300 个、350 个、400 个节点规模下对 GGNRP 和 FAF-EBRM 进行了仿真。然后，对 500m×500m 和 25 个节点、600m×600m 和 36 个节点、700m×700m 和 49 个节点、800m×800m 和 64 个节点、900m×900m 和 81 个节点五种场景进行了仿真比较。

4.3.2　生命周期与平均时延性能

图 4.20 为 GGNRP 和 FAF-EBRM 在生命周期上的对比图，图中横坐标轴代表通信轮数，纵坐标轴为网络中最低能量节点能量，其单位为 $10\mu J$。当网络死亡时，通信轮数代表网络生命周期的时长。

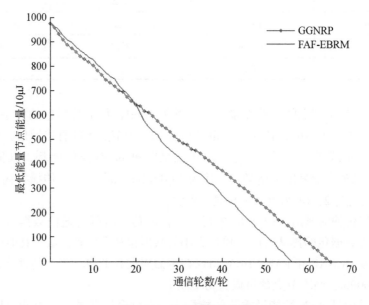

图 4.20　生命周期的比较

在通信开始时，FAF-EBRM 和 GGNRP 的所有节点初始能量值均为 10mJ。在第 21 轮通信前，FAF-EBRM 的最低能量节点的剩余能量一直高于 GGNRP，这说明在前期 FAF-EBRM 在网络能量负载方面的性能是优于 GGNRP 的。这种现象产生的原因在于 FAF-EBRM 优先选择前向能量密度大的区域作为数据传输的方向，而 GGNRP 将路径能耗和节点压力转发值作为了选路依据。在第 20 轮通信时，FAF-EBRM 最低能量节点剩余能量比 GGNRP 高出 $3\mu J$，而在第 21 轮时，GGNRP 最低能量节点剩余能量值比 FAF-EBRM 高出了 $263\mu J$。随着时间的推移，GGNRP 与 FAF-EBRM 最低能量节点剩余能量的差值越来越大，在第 57 轮时，FAF-EBRM 因出现节点能量耗尽而早亡，此时 GGNRP 最低能量节点剩余能量值仍有 $1322\mu J$。

这段数据说明，GGNRP 将路径能耗和节点压力转发值作为路由参数比 FAF-EBRM 优先选择前向能量密度大的区域作为数据传输的方向的方法更能保护网络中低能量高负载的节点。因为，FAF-EBRM 采用的定向多播的方法并不能保证数据以最小跳数到达基站，数据包会选择能量密度高区域进行传输而不考虑路径的能量代价大不大，当所选路径不是最小跳数时，多出的每一跳节点都有可能消费了更多的能量；GGNRP 考虑了这些因素，在路由决策的过程中考虑了路径能耗，其所节约的能量在第 21 轮开始发挥作用，使得 GGNRP 在生命周期性能上得以反超 FAF-EBRM，并与 FAF-EBRM 拉开差距直到 GGNRP 在第 66 轮死亡。结果表明，在生命周期上，GGNRP 性能比 FAF-EBRM 高出 15.8%。

图 4.21 为 GGNRP 和 FAF-EBRM 在平均时延方面的比较。在图 4.21 中，横坐标为网络的通信轮数，纵坐标为网络的平均时延，单位为 ms。在首轮通信时，FAF-EBRM 的平均时延为 34.1ms，GGNRP 的平均时延为 30.4ms，GGNRP 比 FAF-EBRM 低了 10.85%。FAF-EBRM 的平均时延一直在 38ms 上下波动，其时延波动大，而 GGNRP 的平均时延一直维持在 30ms 上下，时延波动小；在第 24 轮时，FAF-EBRM 和 GGNRP 的平均时延差达到了最大值，FAF-EBRM 的平均时延为 61.6ms，GGNRP 的平均时延为 29.6ms，前者为后者 2.081 倍；在第 39 轮时，FAF-EBRM 和 GGNRP 的平均时延差最小，FAF-EBRM 的平均时延为 30.3ms，GGNRP 的平均时延为 29.0ms，前者为后者 1.045 倍。

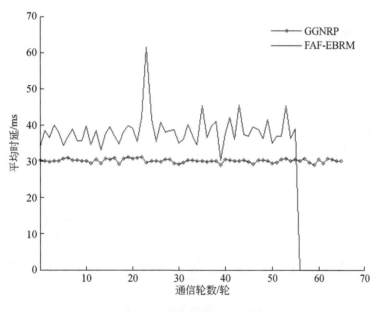

图 4.21 平均时延的比较

FAF-EBRM 之所以出现如此大的时延抖动，其原因在于 FAF-EBRM 中数据包会优先选择能量密度大的区域进行传输，在地理位置上比数据包所在节点的位置距离基站近的节点都有机会作为数据传输的下一跳，源节点不同、节点能量分布不同，都将导致网络的传输时延不同。FAF-EBRM 在平均时延上的综合表现远逊于 GGNRP，原因在于其通过局部能量密度最优来选择传输路径，局部最优并不等效于全局最优，多余的转发节点将大大增加网络的平均传输时延。而在 GGNRP 中，源节点选择的路由是在到达基站的最小路径的基础上优化而来的，与源节点、节点能量分布无关。所以，其时延总维持在一个很低的水平，时延波动不明显。

4.3.3 能量负载均衡比较

如图 4.22 所示，随着通信轮数的增加，GGNRP 和 FAF-EBRM 的剩余能量标准差呈线性增长。在剩余能量标准差上，两者的值近乎一致；采用 FAF-EBRM 协议的网络在第 52 轮通信时，其值不再变化，原因在于此时该网络已经因有节点能量耗尽而死亡。而 GGNRP 依旧随着通信轮数呈线性增长，这说明 GGNRP 不仅在能量负载均衡性能上不弱于 FAF-EBRM，其剩余能量平均值也高于 FAF-EBRM，在节能性能上优于 FAF-EBRM。GGNRP 之所以能在负载均衡性能上与 FAF-EBRM 一致，原因在于 GGNRP 将节点转发压力值作为择路依据，保护了低剩余能量高通信负载的节点，从而实现了网络的均衡。GGNRP 根据全局能量信息决策出路由，为数据传输提供了高效节能的全局路由，所以 GGNRP 在节能上优于 FAF-EBRM。

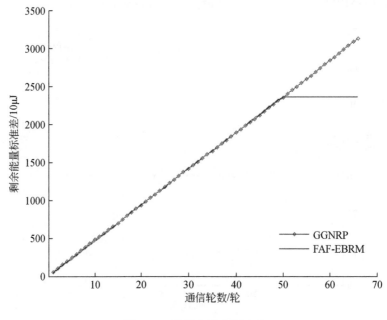

图 4.22 能量负载均衡比较

4.3.4 不同网络规模下网络性能的比较

图 4.23 为两者在不同网络规模下生命周期的比较，横坐标轴为网络中节点的数量，用以表示网络规模；纵坐标轴为数据包传输的数量，用以表示网络的生命周期。整体上，GGNRP 传输的数据包总数总是多于 FAF-EBRM，且随着网络规模的增大两者生命周期的

差距也是增大的。当节点数为 150 个时，GGNRP 的生命周期与 FAF-EBRM 的生命周期最接近，前者发送了 8044 个数据包，后者发送了 7651 个数据包，GGNRP 生命周期比 FAF-EBRM 要高出 5.14%；当节点数目为 350 个时，GGNRP 发送了 25 032 个数据包，而 FAF-EBRM 发送了 5727 个数据包，此时，GGNRP 的生命周期是 FAF-EBRM 生命周期的 4.37 倍。

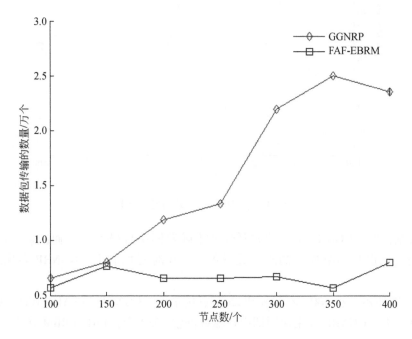

图 4.23　不同网络规模下生命周期的比较

这些数据充分说明，在生命周期方面，GGNRP 对网络规模的增大有很好的适应性，而 FAF-EBRM 对网络规模的增大并不敏感，当网络规模增大时，FAF-EBRM 生命周期还有可能减短。这种现象产生的原因在于，GGNRP 将路径能耗作为选择路径的依据之一能减少不必要的能量浪费；FAF-EBRM 选择下一跳的因素是能量密度和传输距离，节点更倾向于选择能量密度越大、离自身近的前向区域节点作为下一跳，当网络中节点密度增大，数据包将需要经过更多的节点才能到达基站。

图 4.24 为 GGNRP 和 FAF-EBRM 在不同网络规模下平均时延的比较。图 4.24 中纵坐标轴为网络的平均时延，其单位为 ms。随着网络规模的增大，GGNRP 的平均时延在 29.7ms 上下略微浮动，而 FAF-EBRM 的平均时延波动比较大，其平均时延也远大于 GGNRP 的平均时延。当网络中有 100 个节点时，GGNRP 的平均时延为 29.9754ms，FAF-EBRM 的平均时延为 37.7999ms，GGNRP 的平均时延仅为 FAF-EBRM 的 79.30%；当节点数达到 250 个时，两者的平均时延差达到最大，此时，GGNRP 的平均时延为 29.934ms，FAF-EBRM 的平均时延为 46.1762ms，GGNRP 的平均时延仅为 FAF-EBRM 的 64.83%；当节点数为 300 个时，两者的平均时延差最小，GGNRP 的平均时延为 29.1312ms，FAF-EBRM 的平均时延为 29.9080ms，GGNRP 的平均时延为 FAF-EBRM 的 97.40%。

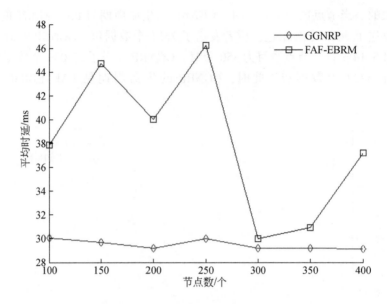

图 4.24　不同规模下平均时延的比较

　　以上数据说明，GGNRP 优秀的时延性能不随着网络规模的增大而减弱，FAF-EBRM 时延性能的变化也与网络规模的改变关系不大；在时延性能上，GGNRP 表现远比 FAF-EBRM 好。

　　如图 4.25 所示，在 500m×500m 和 25 节点场景下，GGNRP 和 FAF-EBRM 在生命周期上性能差别最大，GGNRP 在生命周期内传输数据包 8532 个，FAF-EBRM 在生命周期内传

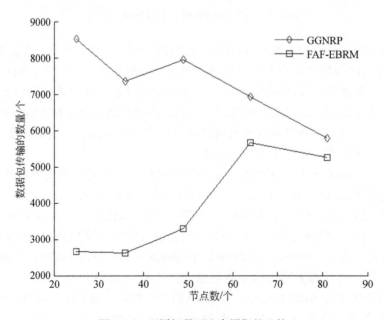

图 4.25　不同场景下生命周期的比较

输数据包 2666 个，前者为后者的 3.2 倍。在 900m×900m 和 81 节点场景下，GGNRP 和 FAF-EBRM 在生命周期性能上最相近，GGNRP 在生命周期内传输数据包 5791 个，FAF-EBRM 在生命周期内传输数据包 5271 个，前者高出后者 9.87%。从整体上来看，GGNRP 在生命周期上始终是优于 FAF-EBRM 的。但随着感知区域的变大、节点数的增加，GGNRP 的生命周期呈下降趋势，原因在于近基站节点的通信压力随着网络中节点数的增加而增大。FAF-EBRM 选择能量密度高的区域作为传输导向，所以在节点数目特别少时，FAF-EBRM 协议几乎不起作用，而随着节点数目的增加，其生命周期开始呈上升趋势。

如图 4.26 所示，在 500m×500m 和 25 节点场景下，GGNRP 的平均时延为 7.1390ms，而 FAF-EBRM 为 6.9899ms，前者超出后者 2.1%。随着感知区域的变大、节点数的增加，GGNRP 和 FAF-EBRM 在平均时延上的性能差异越来越大。在 900m×900m 和 81 节点场景下，GGNRP 和 FAF-EBRM 在平均时延上的性能差异达到了最大，此时，GGNRP 的平均时延为 28.7318ms，FAF-EBRM 的平均时延为 33.9793ms，前者仅为后者的 84.56%。

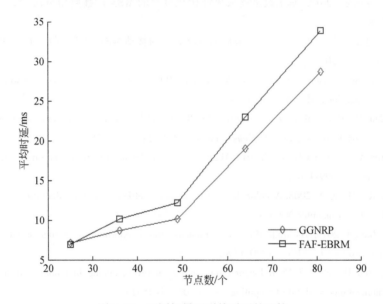

图 4.26　不同场景下平均时延的比较

上述数据说明，在不同场景下，GGNRP 在生命周期和平均时延上依然优于 FAF-EBRM。

4.4　小　　结

针对近基站节点容易早亡问题，提出了节点转发压力的概念，距基站跳数越小的节点其压力值越大，在选择路由时，压力小的节点更容易被选择为传输路径上的节点。基于节点转发压力的概念，提出了一种基于节点转发压力的绿色全局路由算法（GGNRP）。为了保证网络的传输时延并避免路由空洞问题，GGNRP 采用了一种路由探索与反馈机制，保证了数据的传输跳数最小并避免了路由空洞问题。在 Microsoft Visual Studio 2015 上用 C++ 语言编程实现了 GGNRP 和 FAF- EBRM，并对比了它们在生命周期和平均时延上的性能，还比较了它们在不同规模网络下的性能。仿真结果表明了，GGNRP 算法能有效延长网络的生命周期，保证网络的传输时延。

参 考 文 献

陈良银，王金磊，张靖宇，等 . 2014. 低占空比 WSN 中一种节点休眠调度算法［J］. 软件学报，5（3）：631-641.

崔灿，孙毅，陆俊，等 . 2016. 基于混合 CS 的 WSN 六边形格状优化分簇路由算法研究［J］. 通信学报，37（5）：176-183.

孟颖辉，陈剑，闻英友，等 . 2014. 基于贪婪思想的二阶段无线传感器网络定位算法［J］. 电子学报，42（2）：328-334.

徐同伟，何庆，吴意乐 . 2017. 基于改进离散果蝇优化算法的 WSN 广播路由算法［J］. 计算机应用，37（4）：965-969.

余晟，尚德重，周猛，等 . 2015. 基于可调节局部洪泛更新的移动 WSN 路由协议［J］. 中国科学院大学学报，32（2）：273-280.

Akyildiz I F, Su W, Sankarasubramaniam Y, et al. 2002. A survey on sensor networks［J］. IEEE Communications Magazine, 40（8）：102-114.

Alippi C, Camplani R, Roveri M. 2009. An adaptive LLC-Based and hierarchical power-aware routing algorithm［J］. IEEE Transactions on Instrumentation & Measurement, 58（9）：3347-3357.

Barceló M, Correa A, Vicario J L, et al. 2013. Multi-tree routing for heterogeneous data traffic in wireless sensor networks［C］. ICC, 1899-1903.

Chang T, Wang K, Hsieh Y. 2008. A color-theory-based energy efficient routing algorithm for mobile wireless sensor networks［J］. Computer Networks, 52（3）：531-541.

Chen X, He C, Jiang L. 2013. The tradeoff between transmission cost and network lifetime of data gathering tree in wireless sensor networks［J］. ICC, 1790-1794.

Deng Y, Lin C, Wu D, et al. 2015. Relocation routing for energy balancing in mobile sensor networks［J］. Wireless Communications & Mobile Computing, 15（10）：1418-1432.

Dvir A, Buttyan L, Thong T V. 2013. SDTP+：Securing a distributed transport protocol for WSNs using Merkle trees and Hash chains［C］. ICC, 2073-2078.

El-Moukaddem F, Torng E, Xing G, et al. 2013. Mobile relay configuration in data-intensive wireless sensor networks［C］. IEEE Transactions on Mobile Computing, 12（2）：261-273.

Glen T, Xu K, Hossam H. 2007. How Resilient is Grid-based WSN Coverage to Deployment Errors？［C］. WCNC, 2872-2877.

Hao J, Yao Z, Zhang B A. 2012. Gradient-based multi-path routing protocol for low duty-cycled wireless sensor networks［C］. ICC, 233-237.

He T, Stankovic J A, Lu C, et al. 2005. SPEED：A stateless protocol for real-time communication in sensor networks［P］. Proceedings of IEEE International Conference on Distributed Computing Systems.

Heinzelman W R, Chandrakasan A, Balakrishnan H. 2000. Energy-efficient routing protocols for wireless microsensor networks［C］. In 33rd Annual Hawaii International Conference on System Sciences.

Ibanez J A G, Leon M C, Ruiz A E, et al. 2017. GeoSoc: A geocast-based communication protocol for monitoring of marine environments [J]. IEEE Latin America Transactions, 15 (2): 324-332.

Imon S K A, Khan A, Francesco M D, et al. 2014. Energy-efficient randomized switching for maximizing lifetime in tree-based wireless sensor networks [J]. IEEE/ACM Transactions on Networking, 1 (1): 112-121.

Intanagonwiwat C, Govindan R, Estrin D, et al. 2003. Directed diffusion for wireless sensor networking [J]. IEEE/ACM Transactions on Networking, 11 (1): 2-16.

Jiang H, Jin S, Wang C. 2010. Prediction or not? An energy-efficient framework for clustering-based data collection in wireless sensor networks [J]. IEEE Transactions on Parallel & Distributed Systems, 22 (6): 1064-1071.

Kim T, Kim S H, Yang J, et al. 2014. Neighbor table based shortcut tree routing in ZigBee wireless networks [J]. IEEE Transactions on Parallel & Distributed Systems, 25 (3): 706-716.

Kordafshari M S, Pourkabirian A, Faez K, et al. 2009. Energy-efficient speed routing protocol for wireless sensor networks [C]. Fifth Advanced International Conference on Telecommunications, 267-271.

Kumar H, Arora H, Singla R K. 2013. Energy-Aware Fisheye Routing (EA-FSR) algorithm for wireless mobile sensor networks [J]. Egyptian Informatics Journal, 14 (3): 235-238.

Li C, Wang L, Sun T, et al. 2014. Topology analysis of wireless sensor networks based on Nodes' Spatial distribution [J]. IEEE Transactions on Wireless Communications, 13 (5): 2454-2453.

Liang Z, Feng S, Zhao D, et al. 2011. Delay performance analysis for supporting real-time traffic in a cognitive radio sensor network [J]. IEEE Transactions on Wireless Communications, 10 (1): 325-335.

Lindsey S, Raghavendra C S. 2002. PEGASIS: Power-efficient gathering in sensor information systems [P]. IEEE Aerospace Conference Proceedings, 3 (1): 1125-1130.

Luo J, Hu J, Wu D, et al. 2015. Opportunistic routing algorithm for relay node selection in wireless sensor networks [J]. IEEE Transactions on Industrial Informatics, 11 (1): 112-121.

Mottola L, Picco G P. 2011. MUSTER: Adaptive energy-aware multisink routing in wireless sensor networks [J]. IEEE Transactions on Mobile Computing, 10 (12): 1694-1709.

Nath S, Gibbons P B. 2007. Communicating via Fireflies: Geographic routing on duty-cycled sensors [C]. In IPSN' 07, 440-449.

Pantazis N A, Nikolidakis S A, Vergados D D. 2013. Energy-efficient routing protocols in wireless sensor networks: A survey [J]. Communications Surveys & Tutorials IEEE, 15 (2): 551-591.

Park M W, Choi J Y, Han Y J, et al. 2009. An energy efficient concentric clustering scheme in wireless sensor networks [C]. Fifth International Joint Conference on INC, IMC and IDC, 58-61.

Pazzi R W, Zhang D, Boukerche A, et al. 2011. E-TRAIL: Energy-efficient trail-based data dissemination protocol for wireless sensor networks with mobile sinks [C]. ICC, 1-5.

Rao J, Fapojuwo A O. 2012. A battery aware distributed clustering and routing protocol for wireless sensor networks [C]. WCNC, 1538-1543.

Ren F, Zhang J, He T, et al. 2011. EBRP: Energy-balanced routing protocol for data gathering in wireless sensor networks [J]. IEEE Transactions on Parallel & Distributed Systems, 22 (12): 2108-2125.

Ren J, Zhang Y, Zhang K, et al. 2016. Lifetime and energy hole evolution analysis in data-gathering wireless sensor networks [J]. IEEE Transactions on Industrial Informatics, 12 (2): 788-800.

Salem O, Liu Y, Mehaoua A. 2014. Anomaly detection in medical WSNs using enclosing ellipse and chi-square distance [C]. ICC, 3658-3663.

Saoucene M, Ines K, Pascale M, et al. 2014. GDVFA: A distributed algorithm based on grid and virtual forces for the redeployment of WSNs [C]. WCNC.

Shu L, Zhang Y, Yang L T, et al. 2010. Geographic routing in wireless multimedia sensor networks [J]. Tele-communication Systems, 44 (1): 79-95.

Wade R, Mitchell W M, Petter F, et al. 2003. Ten emerging technologies that will change the world [J]. Technology Review, 106 (1): 22-49.

Wang H, Chen Y, Dong S. 2017. Research on efficient-efficient routing protocol for WSNs based on improved artificial bee colony algorithm [J]. IET Wireless Sensor Systems, 7 (1): 15-20.

Wang X, Wang J, Lu K, et al. 2013. GKAR: A novel geographic K-anycast routing for wireless sensor networks [J]. IEEE Transactions on Parallel & Distributed Systems, 24 (5): 916-925.

Yan H, Zhang Y, Pang Z, et al. 2014. Superframe planning and access latency of slotted MAC for industrial WSN in IoT environment [J]. IEEE Transactions on Industrial Informatics, 10 (2): 1242-1251.

Yan R, Sun H, Qian Y. 2013. Energy-aware sensor node design with its application in wireless sensor networks [J]. IEEE Transactions on Instrumentation & Measurement, 62 (5): 1183-1191.

Yetgin H, Cheung K T K, El-Hajjar M, et al. 2015. Cross-layer network lifetime maximization in interference-limited WSNs [J]. IEEE Transactions on Vehicular Technology, 64 (8): 3795-3803.

Yim Y, Lee E, Lee J, et al. 2012. Reliable and energy-efficient routing protocol for mobile sink groups in wireless sensor networks [C]. In IEEE 23rd International Symposium on Personal Indoor and Mobile Radio Communications (PIMRC), 11 (4): 1102-1107.

Zhang D, Li G, Zheng K, et al. 2014. An energy-balanced routing method based on forward-aware factor for wireless sensor networks [J]. IEEE Transactions on Industrial Informatics, 10 (1): 766-773.

Zhang Y, Fok C L. 2012. Receiver-based heading: Towards on-line energy efficient duty cycle assignments [C]. In IEEE Global Communications Conference (GLOBECOM), 244-249.

Zhu C, Yang L T, Shu L, et al. 2012. A geographic routing oriented sleep scheduling algorithm in duty-cycled sensor networks [C]. ICC, 5473-5477.

|第5章| 绿色车联网上行链路通信价值优化算法

5.1 绿色车联网技术

作为智能交通的重要实现手段，车载自组织网络（Vehicular Ad-hoc Network，VANET）节能和高效通信问题值得深入研究（Alsabaan et al.，2013；An et al.，2011；Hartenstein and Laberteaux，2008）。针对这些问题，现有研究工作已提出了许多相关算法（Pardakhe and Keole，2013；Hajlaoui et al.，2016；刘建航等，2016），并对具有代表性的节能高效算法分别从 MAC 层、网络层和跨层设计三个方面进行了分类，重点研究了车联网节能高效算法的主要实现原理，并分析对比了现有算法及协议的特点（Peirce and Mauri，2007；冯诚等，2015；吴黎兵等，2016）。

根据目前对车载网络节能高效算法的研究，通用协议一般直接继承 IEEE 802.11p 协议的节能模式（Power Saving Mode，PSM）（Wen and Zheng，2015；Hammad et al.，2015；Piscataway，2012；Liu et al.，2010），不过这种节能协议有自身的局限性，它需要一个辅助的时间同步器来保证通信双方在唤醒期的时槽重叠（Bali et al.，2015；Zhang et al.，2007；Alcaraz et al.，2010），Jiang 等（2003）、Tseng 等（2002）提出了异步的 AQPS（Asynchronous Quorum-based Power-Saving）节能协议，最大可以实现75%的通信节能，具有良好的伸缩性和可移植性。Wu 等（2010）提出了 DSRC-AA（DSRC Asymmetric and Asynchronous）协议，该协议考虑了车载网络通信中的服务质量。唐伦等（2015）基于支持多信道通信的 IEEE 1609.4 协议提出了一种基于异步 TDMA 的多信道协议（ATMP），该协议通过降低数据帧碰撞概率，在网络节点密度较大、数据传输量集中时有上佳表现。以上协议都工作在网络的 MAC 层（Atoui et al.，2016；Chen et al.，2012；Kim et al.，2016）。

网络层节能协议向下有来自 MAC 层的支持，向上又提供了应用层的实现。在网络层，车辆与车辆间（Vehicle to Vehicle，V2V）的消息传递最直接的方法是洪泛广播，这样产生的最大问题是网络带宽的浪费和能量的无谓损耗。为减少信息碰撞、提升吞吐量、降低能耗，有研究提出聚簇的策略（Hammad et al.，2010；Almheiri and Alqamzi，2015；Cooper et al.，2017）。

在 VANET 节能算法的设计中，跨层设计是从物理层到应用层的联合优化。跨层算法及协议根据应用场景的不同可以分为静态场景和动态场景，其中静态场景分为微观上对单个路边单元（RSU）通信算法的优化和宏观上对整个十字路口的通信效率的优化。动态场景则基于 VANET 对出行路线进行动态诱导，从而实现高效节能。图 5.1 为车联网节能高效算法的分类。

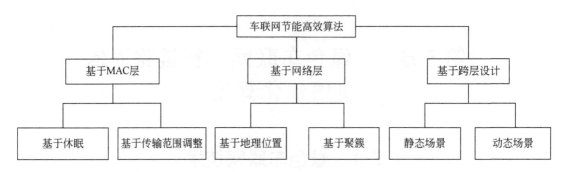

图 5.1　车联网节能高效算法的分类

5.1.1　基于 MAC 层的节能协议设计

基于 MAC 层的 VANET 节能协议，可以分为基于休眠的节能协议和基于传输范围调整的节能协议。其中，基于休眠的节能协议中比较有代表性的是 IEEE 802.11p 协议中的节能模式（Piscataway，2012），这是一种基于时间同步器的节能协议，为了便于车载网络的多跳传输模式，Piscataway（2012）基于 PSM 改进提出了异步的 AQPS 协议和 DSRC-AA 协议。在多跳无线传输中，端到端的能量消耗是一个与跳数 n 和节点间距离 d 相关的函数。Feng 和 Elmirghani（2009）以地理位置适应 GAF 为基础，对比了固定范围和可调节范围方法的节能效果。Gao 等（2006）在线性的情况下，基于路径损耗指数，动态地把一个较长的传输范围调整为若干个较短的传输范围，从而实现节能。考虑到车载网络的服务质量和节能，Corporation（2013）提出了一种基于 MAC 层的 MRB（Multihop Relay Broadcast）-MAC 协议，该协议考虑了对向车道和 RSU 临界范围有可能产生的帧碰撞，从而降低了信息重发的次数和时延，实现了节能效果并保证了服务质量。

5.1.1.1　基于休眠的节能协议

（1）IEEE 802.11p 协议的节能模式

IEEE 802.11p 协议的节能模式：在移动自组网络中，IEEE 802.11p 协议提供活跃和节能两种模式，它主要针对单跳网络，在这种模式下，每个节点都会周期性地在"唤醒"和"休眠"两种状态间进行切换，节能主机会把时间片等分，称之为信标间隔。每个信标间隔内有 ATIM 窗口和节能状态，其中 ATIM 窗口占 1/4 的信标间隔，如果在 ATIM 窗口时间内没有发生数据传输请求，那么接下来的 3/4 将进入休眠状态，所以，理论上讲，IEEE 802.11p 协议的节能模式可以节省大约 75% 的能量，如图 5.2 所示。

这是一种同步的节能模式，意味着通信双方必须在 ATIM 窗口时间内产生重叠，否则就无法发现对方，也无法进行数据传输。在 VANET 中，由于节点的高速移动性，网络拓

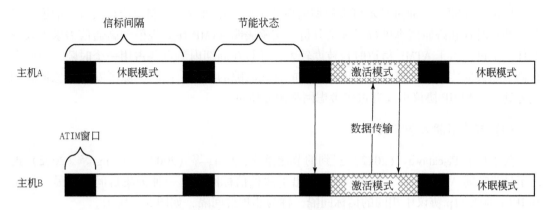

图 5.2　IEEE 802.11p 节能通信模块

扑也是动态变化的，维持任意节点间的窗口同步开销是巨大的，所以节能模式并不具备良好的可移植性能。

（2）基于时分复用的异步 MAC 协议

ATMP（Asynchronous TDMA-based Multi-channel MAC Protocol）协议框架（唐伦等，2015）如图 5.3 所示。

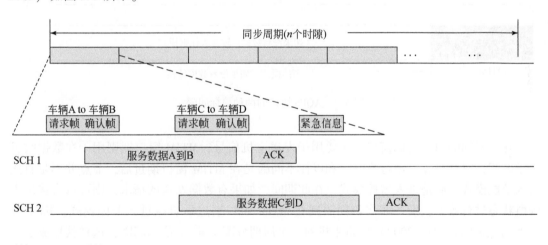

图 5.3　ATMP 协议框架

ATMP 基于适用于多信道通信的 IEEE 1609.4 协议，做了如下改进。

1）不需要进行低效率时间同步，避免了一部分用于信道切换的开销，ATMP 协议因为划分的时隙较长，对异步通信的容忍度也更好。

2）对于有数据传输需求的车辆节点，信道接入的成功率更高。

3）由于安全紧急信息不受信道限制，所以这些信息的时延可以得到保证。

唐伦等（2015）通过马尔可夫模型模拟了车辆节点通过二进制退让算法竞争信道的过程，并对时延和碰撞概率进行了理论分析。实验表明 ATMP 在大规模和高通信需求下表现上佳。不过，由于 ATMP 信道时长粒度较大，并且在周期内节点各占用一个时隙，因此在车辆节点数据传输需求碎片化严重时，可能存在时隙的浪费，同时，除了安全紧急信息的优先处理，ATMP 协议也没有过多考虑网络服务质量。

（3）异步节能 AQPS 协议

为了扩展 Piscataway（2012）提到的节能模式，Jiang 等（2003）、Tseng 等（2002）提出了异步节能 AQPS 协议。AQPS 协议提出了两种信标间隔，一种为集群间隔，另一种是和 IEEE 802.11p 协议中相同的信标间隔，称为非集群间隔，如图 5.4 所示。

图 5.4　AQPS 协议的两种信标间隔

在集群间隔内，信标窗口期主要用于发送主机信号，MTIM 窗口期则用于在数据收发请求和缓存时对接收方进行唤醒，和以往不同的是在 MTIM 窗口期过后，节点并不是直接进入节能模式，而是进入监控模式，在此期间，如果有数据发送的请求，则可以直接进入唤醒状态进行数据收发。非集群间隔则在 MTIM 窗口期过后直接进入节能模式。Jiang 等（2003）和 Tseng 等（2002）中将主机的一个周期分配了 n^2 个信标间隔，这样就形成了一个 $n×n$ 的矩阵，任取矩阵的某一行一列，将它作为集群间隔，这样任意两个主机在任意周期内必定存在 2 个或以上的重合期，这样就解决了 IEEE 802.11p 中异步模块的时间同步问题，通过在重合期发送包含主机周期信息的数据包，便可对任意通信主机的通信周期进行预测，如图 5.5 所示。

然而 AQPS 协议存在工作效率问题：它的工作周期最低限值是 $O\left(\frac{\sqrt{n}}{n}\right)=O\left(\frac{1}{\sqrt{n}}\right)$，这就意味着，当循环长度 n 足够大的时候，节点发现的时间就不能得到保证，而当循环长度 n 太小时，节能效果就得不到保障。

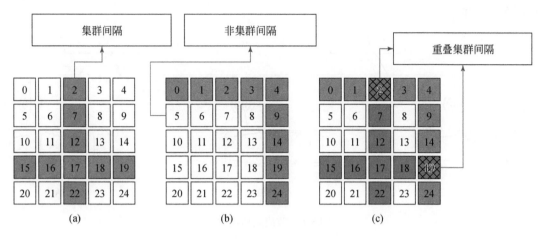

图 5.5 周期为 25（5^2）的信标间隔

（4）DSRC-AA 协议

相对于 AQPS 协议，DSRC-AA 协议（Wu et al.，2010）健壮性更佳，它包含对称和非对称两种模式，与传统的集群异步协议不同的是，它不仅接受循环周期长度作为参数，而且还考虑了时延。

在车载网络的场景中，相对速度较低的车辆可以形成聚簇并推选一个临时簇头，簇成员依据簇头可以轻松获取其他成员的信息，包括它们的唤醒与休眠计划。于是，每一对簇成员在有通信需求时可以依赖簇头保持唤醒时刻的重叠。

在 DSRC-AA 协议中，簇成员间的通信是基于非对称模式的，而簇头与簇头之间、簇头与 RSU 之间、RSU 与 RSU（R2R）之间的通信则是基于对称模式的。所谓对称模式，指的是对 AQPS 协议的继承，它可以保证两个选定的信标集合之间总是存在交集，而非对称集群则是对 AQPS 协议的一般化扩展，值得注意的是，其可以保证非对称集群和对称集群之间的信标集合有交集，但是并不保证两个非对称集群之间相交，也就是说，它们有可能无法在循环周期内互相发现并通信。正是因为设定了车辆节点间通信的最大延迟 α 和 RSU 与车辆间通信的最大延迟 β，才可以保证簇成员的工作周期低于普通 AQPS 协议的 $O\left(\frac{1}{\sqrt{n}}\right)$ 最低限值，同时也保证了网络的服务质量。

5.1.1.2 基于传输范围调整的节能协议

（1）混合频谱接入

在多跳无线传输中，端到端的能量消耗是一个与跳数 n 和节点间距离 d 相关的函数（Yang et al.，2013），在一定的通信距离内，车辆与 RSU 直接通信比较节能，在超出阈值 d 之后，采用中继节点则会更加节省能量。它的基础思想基于以下模型（Volkan，1999），如图 5.6 所示。

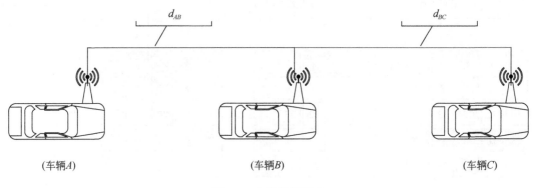

$$d_{AB} \qquad\qquad d_{BC}$$

(车辆A)   (车辆B)   (车辆C)

图 5.6　节能通信模式

比如存在 A、B、C 三个通信节点，假设它们处于同一条直线上，B 位于 A 和 C 的中间，A 若要与 C 通信，那么有两种途径。

1）A 直接与 C 通信，因为有路径损耗指数的存在，AC 通信的能耗为 td_{AC}^n，其中 t 是检波前阈值，d_{AC} 是 A 与 C 之间的距离，n 是路径损耗指数（$n \geq 2$）。

2）A 通过 B 作为中继节点和 C 进行通信，那么通信能耗为：$td_{AB}^n + td_{BC}^n$。显然，借用 B 作为中继节点产生的能耗要低于 A 与 C 直接进行通信产生的能耗。但是，实际条件下中利用中继节点会有其他方面的附加能耗：B 节点接收和缓存数据的能耗和 B 节点处理信号的能耗。只不过处理信号的能耗与接收和发送数据能耗相比（Lee et al.，1997；Stephany et al.，1998），几乎可以忽略不计。

所以，如何寻找一个合适的中继节点来产生通信的最小能耗，即 Piscataway（2012）提出的分布式网络协议要解决的问题，对于二维乃至三维的通信模型而言，目标就是如何产生一个最小能耗的静态通信拓扑结构。

因为 VANET 拓扑结构的动态变化特性，分布式网络协议产生的最小能耗静态拓扑结构本身是不适用的，但是对于 RSU 来说，产生这样的一个拓扑是合理的。在 R2V 通信过程中，车辆沿道路行驶，在与 RSU 的通信过程中，会受到路径损耗指数和多普勒效应的影响，Piscataway（2012）只考虑了路径损耗指数的影响，在较远距离的传输中，显然使用中继节点更节能，而在距离 RSU 较近的时刻，直接的传输则更可取。Yang 等（2013）综合考虑了网络的性能，设定了最大可容忍延迟 T 约束下的通信，这样在节能的同时进一步保证了网络的高可用性。混合频谱接入对频谱带宽、发射功率、接入切换时间、频谱接入选择这些因素进行了联合优化，使得其在车载网络通信中拥有不错的网络吞吐量和节能效果。

（2）MRB-MAC 协议

由于 RSU 的安装和维护代价比较昂贵，所以很容易出现稀疏 RSU 的场景，稀疏情境下的 RSU 与车辆的通信称为 SRVC，SRVC 通信因为覆盖范围的限制，往往产生高延迟和高能耗，这种情况下需要车辆节点的接力传输来提升连通性。由于车辆节点的移动是双向的，因此这样的多跳传输同样带来了帧碰撞的问题。基于此，也有研究者提出了基于 TDMA 的 MRB-MAC 协议（Corporation，2013）来取代 IEEE 802.11p，MRB-MAC 协议可以有效减少帧碰撞而产生的信息重传次数。

MRB-MAC 协议有两个主要组成部分。

1）RSU 广播阶段：在此阶段，RSU 传播范围内的所有车辆节点都会收到 RSU 数据帧 RDF。

2）OBU[①] 中继广播阶段：OBU 依据 MRB-MAC 协议中的 RDTA 算法，以及车辆的速度、距离、与其他车辆的夹角等因素来计算时延。时延最短的 OBU 负责广播收到的数据帧。

为了解决帧碰撞问题，MRB-MAC 协议提出了限制区域的概念，当车辆收到不正确的数据帧时就直接丢弃（如来自对向车道的数据帧），如果车辆处于限制区域，为了避免帧碰撞，其并不转发自己收到的数据帧，直到驶出限制区域。

MRB-MAC 协议有效提升了 SRVC 场景下的吞吐量，在车流量较大的时候有非常好的效果，但是在稀疏 RSU、稀疏车流的情况下网络的连通性就不能得到保证。

（3）功率和竞争窗口联合优化

在 VANET 中，信息传递的紧急程度往往是分级的，交通事故预警的紧急程度要高于路况信息，而路况信息要优于普通的娱乐信息。对于网络中的车辆节点而言，它的信息广播范围跟当前车辆的密度是相关的，而数据传输的可靠性则与竞争窗口（Contention Window，CW）相关，在节点密度很大的情况下，传输范围过大会造成网络的负载增大，导致能量损耗。Rawat 等（2011）将传输功率和 CW 大小综合考虑，根据动态的车辆节点拓扑变化，动态调整节点的传输范围和 CW 大小，传输范围 TR 是一个与给定网络长度 L 和给定节点密度比率 K 相关的函数：

$$TR = F(L, K) \tag{5.1}$$

式中，K 为给定节点密度比率，在以往的算法中，K 值单纯根据车辆节点移动的状态来进行估算，本书通过车辆专用短程通信技术（DSRC）发出的询问包获取的回馈得出周围车辆信息，然后更准确地估算出 K 值，实验表明，这种方式获得的结果与理想值更为接近。车辆密度很大的时候降低发射功率，可以有效实现节能。

对于 CW 的动态调整则是基于数据包的碰撞率预估，当它达到了给定阈值则增加，反之则降低，并且对不同级别的数据包区别对待，很好地保证了网络的服务质量。

（4）DMMAC 协议

在车辆节点密度较高的场景下，IEEE 802.11p 协议会由于过于追求公平性而导致低并发、高碰撞率等一系列问题，基于 IEEE 802.11p 的改进协议多基于 TDMA（Bilstrup and

---

① 车载单元（On-Board Unit，OBU）。

Uhlemann，2009；Omar et al.，2013），此类协议虽然不需要严格的时间同步，但是会造成紧急信息的时效性得不到保障。Hafeez 等（2013）提出了 DMMAC 协议，这是一种基于聚簇的 MAC 层协议，簇节点通过簇头的信息来调节它们自身的发射功率，增大传输范围，从而优化整个簇的能量消耗，提升簇网络的生存时间。

DMMAC 通过可预测算法来预知簇头节点下一时刻位置，以此提升簇的稳定性，在对节点移动进行预测的时候，驾驶员行为是一个不确定因素，Hafeez 等（2013）采取了 FIS 模糊逻辑系统。模型如下：

$$\alpha = \text{FIS}(\beta_d, \delta_v) \tag{5.2}$$

式中，α 为 FIS 输出的加速度；β_d 和 δ_v 分别为车间距和相对速度。对于簇头节点来说，其主要完成以下工作。

1）为所有簇成员分配 ID，进行时序同步。

2）邀请新成员加入。

3）将簇信息通知周围簇头，申请合并或者直接解散簇。

DMMAC 协议可以有效提高网络的稳定性，在紧急消息传输时，时效性和可靠性都能得到保证，并且有效降低了消息碰撞，这是因为 DMMAC 在相邻簇通信时选择了不同的频道。同时，当节点密集度增大的时候，网络开销较同类协议要小，这是因为 DMMAC 协议选择了备份簇头，备份簇头的稳定因子比目前的簇头高时，就可以担任起簇头的职责。

5.1.1.3 基于 MAC 层的节能协议对比

表 5.1 从协议的通信特点、算法特性、服务质量、周期特性、方向限制、节能手段六方面进行了对比，使协议的适用场景和主要特点更加清晰。

从表 5.1 可以看出，本书提到的协议/算法通信特点主要有单跳和多跳两种，对于 IEEE 802.11p 的节能模式而言，其因为具有同步的周期特性，需要额外的同步器支持，所以属于静态协议，R2R 单跳通信可以采用这样的静态协议，多跳通信若如此则用于时槽同步的开销过大。与之相比，AQPS 和 DSRC-AA 因为具有异步的周期特性，不需要额外的同步器支持，再加上具有动态的算法特性，所以适用于 V2V/R2V 多跳通信。

表 5.1 车载网络基于 MAC 层的节能算法协议特性分析

协议	通信特点	算法特性	服务质量	周期特性	方向限制	节能手段
IEEE 802.11p	单跳	静态	未考虑	同步	无	休眠
AQPS	多跳	动态	未考虑	异步	无	休眠
DSRC-AA	多跳	动态	考虑	异步	无	休眠
混合接入	多跳	动态	考虑时延	未提及	无	优化覆盖范围
MRB-MAC	多跳	动态	低车流密度连通性差	未提及	有	调整传输范围，降低帧碰撞
DMMAC	单跳	动态	考虑	未考虑	无	聚簇＆传输范围调整

混合接入是一种以传输范围调整为主要节能手段的动态算法，它适用于 R2V 多跳通信。因为在进行联合优化时还考虑了传输时延，所以服务质量得到了一定程度的保障。

MRB-MAC 协议也是一种采取了动态支持多跳传输的基于 MAC 层的节能协议，在车流量较大时可以将 SRVC 的传输范围扩大，并有效降低信息重传的次数，这具有不错的节能效果同时也能保证网络的服务质量。不过当车辆密度稀疏的时候，网络的连通性并不能得到保证，MRB-MAC 协议额外考虑到了车辆行驶方向的特性，并据此作为降低帧碰撞的考虑因素之一。

5.1.2 基于网络层的节能协议设计

5.1.2.1 基于地理位置的节能协议

(1) 地理位置车载网络节能路由协议

路由是 VANET 的基础过程之一，在车载网络路由协议中，一般存在两种路由协议，一种是基于拓扑结构的路由协议，另一种是基于地理位置的路由协议（Chang et al.，2014）。由于车辆节点的高速移动特性，网络的拓扑结构必定是频繁变化的。所以，如何提升 V2V 的连接稳定性一直是一个热点研究课题。Chang 等（2014）提出了一种以地理位置、方向、密度、节点距离为权重的路由协议，它引进了邻居节点的位置信息来导向数据包的传递，采用了一种贪心路由的策略来减少数据包的重传，从而节省了大量能量，并且保持了路由的稳定性。本书在 3km×3km 的城市模型上利用这种新提出的地理位置路由协议做了实验，结果表明，该协议无论是在丢包率还是在端到端延迟上都要优于传统的 AODV 和 DSR 路由协议。

(2) GAF 节能路由算法

Xu 等（2001）介绍了一种基于地理位置信息适应可信度的地域自适应保真算法（GAF），一般而言，AODV/DSR 这种按需路由要比 DSDV 这种先验路由更加节能，因为先验路由即使在没有数据包发送的情况下仍然在保持路由线路的预计算。而按需路由则会在没有数据发送请求的情况下让一部分节点转入闲置态（IDLE），但是研究表明，闲置态的耗能也不容忽视，所以本研究在适当的时刻直接将节点转入休眠态。在 GAF 算法中，通过 GPS 获取节点的地理位置信息，并判断当前域的密集程度，当通信节点之间存在多条路由线路的时候，可以考虑将一部分中间节点置入休眠态，并保持当前路由的可信度。路由可信指的是通信的节点之间的连接不会被打断，只要保证关键的中间节点处于唤醒态，路由就可以在这种情况下保持可信度。GAF 贡献主要有以下两个方面。

1）通过完全关闭冗余节点的通信模块延长了网络生存周期，通过对节点能量的预测可以达到能量的自适应负载均衡。

2）根据 GPS 获取节点分布的地理位置信息，自适应调整路由可信度。在大多数节点可以收到信息的情况下，路由冗余程度与节点密集程度是正相关的，根据这些信息来决定如何增加具体节点的工作周期，提升整个网络的生存周期。

（3）EAODV 路由算法

由于 VANET 的特殊性，它的路由方式与传统的 AODV 路由相比显得更为复杂。网络拓扑会因为节点的移动、能量的耗尽时刻发生变化；一个大的网络很可能会被分为若干个小的网络，同时，每个节点既是终端节点又是路由节点。为了增加网络的生存周期，提升服务质量和吞吐量，Sharma 等（2013）基于传统的 AODV（CAODV），提出了一种改进的 EAODV 路由方式。EAODV 对 Active Route ART（Timeout）、HELLO LOSE、Link Maintain Interval（LMI）几个参数进行了优化，其中 ART 的 EAODV 的优化思路如算法 5.1 所示。

算法 5.1 EAODV 算法

输入：初始 ART

输出：优化后的 ART

1. 设置初始值为 X
2. QR = 计算 X 的 QoS 值
3. $X_1 = X_1 +$ 常数
4. $QR_1 =$ 计算 X_1 的 QoS 值
5. If QR_1 好于 QR Then
6. ｛
7. 计算路由冗余（）
8. If（X_1 的计算路由值好于 X 的计算路由值）Then
9. ｛
10. 设置 X 的值为 X_1
11. 跳转到第一步
12. ｝
13. ｝
14. Else
15. 令 $X = X_1$
16. 返回最优的 ART

通过优化后的 AODV，无论是在稀疏节点还是在密集节点下，其在网络的吞吐量、时延、包发送率方面都比 CAODV 有显著提高，这主要是因为 CAODV 单路径路由的自然属性，导致它在路由中断的时候无法及时做出反应。但值得注意的是，Sharma 等（2013）的仿真实验中给出的是经过之前试验优化得出的固定值，而实验中的车辆节点都是以较慢的速度移动（<10km/h），实际场景中，车辆的移动速度要明显高于实验所给数值，所以在高速场景中这种路由算法的效果并没有保证。

5.1.2.2 基于聚簇的节能协议

（1）分层聚簇 MLCRA 算法

在 WSN 中，聚簇是常用的节能手段，同样地，其在车载传感器网络中也是十分重要的节能方式。聚簇的主要意义在于信息有组织地汇集传递，减少了信息碰撞后重传的可能，节能的同时可以有效提升网络生存周期。Liu 等（2010）提出了一种多层次的聚簇手段，论述了单跳和多跳的通信优劣问题，并认为选择单跳和多跳完全是一个情景依赖性问题，因为这和网络的规模大小、节点数目、发射和接收功率常数等许多因素相关。MLCRA 算法根据 Perillo 等（2005）提出的公式计算出节点最优化传输范围 $\mathrm{TR_{opt}}$：

$$\mathrm{TR_{opt}} = n\sqrt{\frac{2E_{\mathrm{elec}}}{(n-1)\varepsilon_{\mathrm{amp}}}} \tag{5.3}$$

式中，E_{elec} 为电子能；$\varepsilon_{\mathrm{amp}}$ 为发射增大器效能及信道条件；n 为路径损耗指数。因此，不同位置的节点计算出来的最优范围 $\mathrm{TR_{opt}}$ 可能是不同的。

每个节点依据自己的最优传输范围开始广播信息，并根据本次广播回馈保存邻居节点列表和簇头候选节点列表，根据节点列表推举出第一层的各个簇头，由此递归，推举出 k 层簇头。

算法 5.2 所示为分层聚簇过程的伪代码。Init 函数为算法的初始化阶段，各节点先进行广播，发现并记录邻居节点，同时将自身聚簇等级初始化为零。初始化完成之后就进入了形成 K 级聚簇的阶段。当一个节点被选为簇头节点时，其传输距离也会相应增大，在簇头的推举过程中，上层的簇头传输范围比下层簇头高一跳的距离，只有未出现在任何聚簇范围内的节点才有资格成为更上一层簇头的候选节点，并且节点不可以重复担任其他层次的簇头。如此就可以保证在聚簇范围内能量的均匀消耗，延长整个网络的生存周期。

算法 5.2 MLCRA 算法

输入:网络拓扑及所有车辆节点 V_i 相关属性
输出:分层聚簇结果
1. Init( ){
2.   计算和广播 Neighbour_Msg(NodeID, RE, D_{to} BS)
3. S_{nbr}. add{v:v 是自己的一个邻居}
4.   myClusterLev = 0
5.   myClusterHead = BS; beClusterHead = False; myTransRange = $\mathrm{TR_{opt}}$
6.   }
7.   设置 K 级簇的格式(Repeat) {
8.   For 任意节点 V_i{
9.   If V_i 的 beClusterHead = False && RanDom(0,1) <= T(n), Then
10.   {beClusterHead = True, myClusterLevel += 1
11.   myTransRange = $\mathrm{TR_{opt}}$ × myClusterLevel}
12.   If V_i. myTransRange 首次大于等于 $\mathrm{TR_{max}}$;

13.　　　　　　$V_i . \text{myTransRange} = \text{TR}_{max}$

14.　　　　Else exit

15.　　　　End If

16.　　　　计算和广播 Neighbour_Msg(NodeID, RE, $D_{to}BS$, 簇等级)

17.　　End If

18.　　任意节点 V_j 从 V_i 的 S_{CH} 接收 Cluster_Head_MSG;

19.　　If $V_j . \text{myClusterLevel} + 1 = \text{ClusterLevel}$

20.　　　将消息发送者加入自己的 S_{CH}

21.　　End If

22.　　If($V_j . S_{CH} \ ! = \text{NULL}$)

23.　　　If($V_j . \text{myClusterLevel} == 0$)

24.　　　　$V_j . \text{myClusterHead} = \max(S_{CH}, \ RE/D_{to}BS) . \text{NodeID}$

25.　　　Else$V_j . \text{myClusterHead} = \text{Closest}(S_{CH}) . \text{NodeID}$

26.　　　计算并直接传输 JoinClusterMSG(myClusterHead, NodeID)

27.　　　End If

28.　　Else beClusterHead = True; myClusterLevel += 1

29.　　　$\text{myTransRange} = \text{TR}_{opt} \times \text{myClusterLevel}$

30.　　End If

31.　　　}

32. }

图 5.7 为分层级聚簇过程,MLCRA 算法很好地解决了在多点传输汇聚到一点的时候容易产生的"热点"问题,保证了节点能量的均匀消耗,扩大了整个网络的生存周期。但是在 VANET 中,由于节点的高速移动性,网络拓扑随时可能发生变化,所以势必会出现簇头的重新推选问题,该研究并未就这一问题进行深入论述,而且由于 VANET 受道路条件限制的特殊性,分层聚簇的应用场景往往会受到限制。

(2) 可预测聚簇协议

Bali 等（2015）提出了一种基于行进中车辆未来时刻地理位置预测的聚簇协议。该协议可以依据车辆的行为预估车辆的未来位置,将相对速度较低的车辆形成聚簇,把处于多个聚簇之间的车辆节点作为网关节点,从而形成较为稳定的网络路由,保证网络的吞吐量和稳定性。

关于聚簇,若对向行驶,相对速度较大的车辆在交汇的刹那形成聚簇是不合理的,因为这种连接会很快断开,较大概率会造成簇头的再次选举,产生不必要的能耗。关于如何判断某车辆节点周围车辆的行驶方向,本书采用了如下策略,如图 5.8 所示,对车辆 A 来说,它在 t 时刻发出广播,其中包括地理位置坐标、时间戳、路况等信息,周围节点收到后立即反馈同样的信息给 A,A 经过标准时间间隔后在 $t+1$ 时刻再一次发出同样广播并得到反馈。

其周围车辆 B 和 C 在 t 时刻与 A 的相对距离为

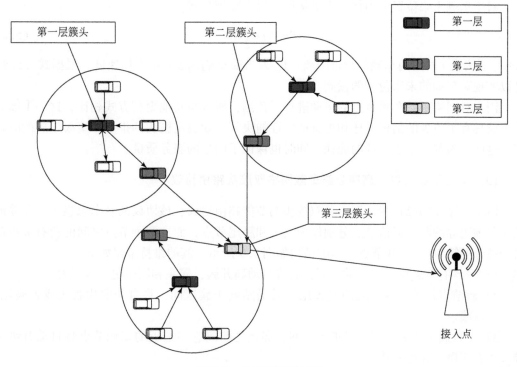

图 5.7　分层级聚簇过程

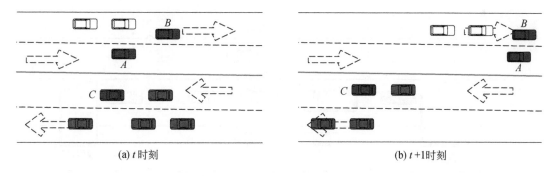

(a) t 时刻　　　　　　　　　　　　　　(b) t+1时刻

图 5.8　车辆在 t 和 t+1 时刻的位置

$$D_{AB,t}=\sqrt{\left(x-x_{A,t}\right)^2-\left(y-y_{A,t}\right)^2} \tag{5.4}$$

$$D_{AC,t}=\sqrt{\left(x-x_{C,t}\right)^2-\left(y-y_{C,t}\right)^2} \tag{5.5}$$

在 t+1 时刻的相对距离为

$$D_{AB,t+1}=\sqrt{\left(x-x_{A,t+1}\right)^2-\left(y-y_{A,t+1}\right)^2} \tag{5.6}$$

$$D_{AC,t+1}=\sqrt{\left(x-x_{C,t+1}\right)^2-\left(y-y_{C,t+1}\right)^2} \tag{5.7}$$

通过相对距离的比对，可以预估车辆间的相对速度从而决定后续的聚簇和消息传播。

对于车辆未来位置的预估，主要运用了以下物理公式：

$$S = V_0 t + \frac{1}{2}at^2 \qquad\qquad (5.8)$$

式中，S 为在 t 时间内车辆的行进距离；V_0 为当前车辆速度；a 为加速度。根据式（5.8）可以实现对车辆的未来位置的预测。

因为对网络中的车辆节点的运动进行了预测，所以与其他聚簇方式相比，这一聚簇方式也就具有了更少的信标发送和更具适应性的决策，如稳定簇头的推举、聚簇形成的时机等，这些行为都会带来更低的能耗，同时也保证了网络的服务质量。

（3）常规聚簇协议：高速公路车载网络双簇头路由协议

Kumar 等（2012）提出了一种双簇头的节能路由协议，该协议的基本思想为：在簇的最大范围边界的两个通信节点分别作为簇头和簇尾节点，而这两个节点之间的所有节点都自动被分配簇 ID 作为簇节点。簇的结构如图 5.9 所示。簇的维持策略如下。

1）一旦有节点行驶出簇的区间，其将自动离开簇，簇头和簇尾更新簇列表。

2）簇节点行驶到簇头之前或簇尾之后仍然处于簇区间，将自动取代簇头或者簇尾，并维持该簇。

3）一旦簇头或者簇尾离开彼此区间，那么之前离它们最近的车辆节点将自动升级为簇头或者簇尾，并更新簇。

4）一旦有车辆驶入簇范围，将被簇头分配 ID，并更新簇列表。

5）簇头和簇尾驶出彼此范围，并且中间没有簇节点，该簇自动解散。

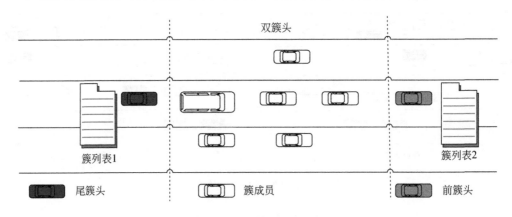

图 5.9　双簇头路由模型

双簇头节能路由协议基于高速公路场景，对于高速路模型而言，每天不同时段车流量不同，通过高速公路低峰和高峰时段的对比，在无休眠模式下双簇头在利用率上和单簇头基本持平，但是一旦切换到休眠模式，单簇头的利用率就要低于双簇头，这正是因为双簇头具有双倍的处理能力。同样在数据包的阻塞概率上，在高峰时期双簇头也显著优于单簇头模式，这就意味着双簇头可以更高效地收发数据。

相对于单簇头，双簇头在数据包处理延迟上是单簇头的 2 倍，这正是因为双簇头具有双倍的数据缓存能力。但是仿真结果显示，双簇头模式完全可以在节省大量能量的基础上保证低时延。相对于时延来说，保证数据包低阻塞概率送达显得更为重要，双簇头因此表现更优。

相对于其他聚簇算法，双簇头算法的一个显著优势就是它考虑到了 VANET 的动态拓扑特性，具有分层聚簇的负载均衡思想，也兼具普通聚簇的快速聚簇特性，但是 Kumar 等（2012）给出的高速路模型较为理想化，延伸至二维乃至立体交通场景下的应用时，簇头和簇尾的空间距离，以及簇内成员的维护和信息的分发则需要进一步深入考虑。

5.1.2.3 基于网络层的节能协议对比

基于网络层的节能协议主要集中在路由算法上，如表 5.2 所示，对基于网络层的节能协议进行比较，包括：吞吐量、路由算法的健壮性、节点移动的方向性、服务质量以及它们的主要节能手段。

表 5.2 基于网络层的节能协议对比

文献	吞吐量	路由算法的健壮性	节点移动的方向性	服务质量	主要节能手段
Chang 等（2014）	未衡量	高	考虑	考虑	降低丢包重传率
Xu 等（2001）	未衡量	高	不考虑	考虑	部分节点休眠
Liu 等（2010）	未衡量	高	不考虑	不考虑	非簇头节点休眠
Bali 等（2015）	高	高	考虑	考虑	稳定的聚簇
Kumar 等（2012）	高	一般	考虑	考虑	休眠
Sharma 等（2013）	高	一般	不考虑	考虑	ART/LMI 优化

可以看出，在车载网络基于网络层的节能协议中，节点移动的方向性是与其他网络相比要考虑的特殊之处，因此，在车载网络中，基于网络层的节能协议大多采取了聚簇思想，由相对速度较低的节点集群组成一个稳定的簇。Bali 等（2015）、Kumar 等（2012）都考虑到了节点移动的方向，Chang 等（2014）由于采取了基于节点地理位置的路由协议，移动方向也作为一个因素进行了加权，从而形成高稳定的路由线路。吞吐量和服务质量也是衡量车载网络节能协议的一个重要指标，Bali 等（2015）采取的可预测聚簇技术，既保证了簇的稳定性，同时也保证了较高的吞吐量。

同样，在 Kumar 等（2012）中，具有双簇头节点的簇在数据的收发上较单簇头聚簇具有缓存和处理能力上的优势，以及较高的吞吐量，但是正因为缓存较大，所以容易造成端到端延迟较高。双簇头主题研究场景为高速公路，其在高速公路模型下的节能效果明显，数据包阻塞概率较单簇头也有较大提升，不过普通城市场景下的研究涉及交叉路口、立体交通等多维考量，算法可扩展性不强。

5.1.3 基于跨层设计的节能协议设计

在智能交通的研究和实际应用中，部分协议/算法的设计并不仅仅集中在网络的某个层次进行优化，而是多层合作以达到节能和高效通信的目标。

基于跨层的算法研究和应用宏观上主要体现在以下两个场景：静态场景和动态场景，静态场景又分为基于 RSU 的节能优化和交叉路口的优化，动态场景上比较具有代表性的应用是与人们生活息息相关的动态路径规划，这些应用程序一般是由物理层到应用层的具体实现。

5.1.3.1 静态场景

(1) 基于 RSU 的节能优化

对于 RSU，因为它们广泛分布的特性，架设线缆、更换电池往往比较昂贵且难以实施。因此，它们会采用可再生能源，如太阳能、风能等。针对这些静态固定设施的通信节能问题日益凸显，如何在满足车辆通信需求的情况下最小化 RSU 的能耗？Hammad 等（2010）将 RSU 的此类节能问题抽象为混合整数线性规划（Mixed Integer Linear Program, MILP）问题，前面很多研究提到，通信的能耗往往随着距离的增长而产生指数级的消耗，因此 RSU 在恰当的时刻选择与进入通信临界区的车辆进行通信，可以产生高效通信的效果。当有两辆或者多辆车辆驶入 RSU 的通信范围，Hammad（2010）提出了一种最近最快调度（NFS）算法，根据 GPS 获取到的不同车辆的位置、速度等信息来决定车辆的先后服务顺序，实现能耗的最小化。仿真结果显示，在 NFS 优化的情况下，RSU 可以在不同的车流量下节省大量能量。

(2) 交叉路口的优化

如图 5.10 所示，在日常生活中，城市交叉路口经常发生交通阻塞和长时间等待，造成极大的时间浪费，同时车辆的空档怠速和频繁起停也会造成极大的能源消耗。在智能交通领域，针对交叉路口的流量调度优化（Maslekar et al., 2011）是 VANET 领域热点研究课题之一，在 2017 年春季召开的全国两会，百度创始人、董事长兼首席执行官李彦宏提出用人工智能技术调节交通信号灯，提升城市交通的运行效率。在我们生活中，广泛应用的信号灯控制一般可以分为静态控制和动态控制。

静态信号灯根据预设的红绿灯时长周期性交替变换，这种信号控制最为常见，但是它的缺点也很明显，即在稀疏的交通流量场景下容易出现"空等"现象，而在车流量较大的高峰时段，由于缺乏动态控制，也很容易造成某些方向的交通堵塞现象。

动态信号灯则是根据实时数据来动态调整信号灯周期，为了达到自适应信号灯控制的目的，需要获取当前乃至将要到达十字路口的车辆密度，Maslekar 等（2011）基于 VANET 设计了一个基于方向的聚簇数据传递算法（DBCV）用于获取当下的行车密度，一

图 5.10　城市十字路口场景

且簇头到达了信号灯的控制范围，簇头会自动将簇内信息传递给信号灯控制器，信号灯控制器根据收到的各个簇的数据，以及韦伯斯特公式计算出当下最优信号控制时间。

根据实验分析，DBCV 有效地减少了车辆的平均等待时间和交叉路口的队列长度，提升了十字路口的运行效率，达到了很好的节能效果。

5.1.3.2　动态场景

（1）动态路径规划

当前随着智能设备的普及和 3G/4G 网络的覆盖，智能设备终端的导航系统也越来越智能，如谷歌地图、百度地图、高德地图等 APP，为人们的交通出行提供了很大便利，且随着 GPS 系统精度越来越高，应用越来越广泛，这些 APP 使用 3G/4G 网络，可以为人们的出行线路做出动态规划，但是它的缺点是不能实时反映道路情况，假如道路上出现事故或者紧急施工的情况，那么就可能出现不合适的导航路径，传统的导航系统往往根据迪杰斯特拉（Dijkstra）算法（Johnson，1973）或者 A* 算法（Dechter and Pearl，1985）给出最短路径，但是在实际情况中，最短路径未必是最快路径，最短路径上的交通拥堵会造成车辆的频繁起停，导致能耗过大。

Chang 等（2013）提出了一种基于 VANET 和 3G/4G 蜂窝数据网络融合的 A* 算法（VANET-Based A*，VBA*）的导航应用设计，它采取谷歌地图和 VANET 双重信息反馈，可以对道路的突发情况做出实时反馈并动态规划线路。在 VBA* 算法中，城市道路被切割成段，每经过一段道路后都会生成本段道路的驾驶信息数据，流程如图 5.11 所示。

所有车辆持续地对它路过的所有路段进行信息记录，直到有车辆进入它的通信范围，车辆之间便会交换彼此的信息记录，如图 5.12 所示。

经过一段时间行驶，大部分车辆都可以得到它们并未行驶过的路段的最新道路历史信

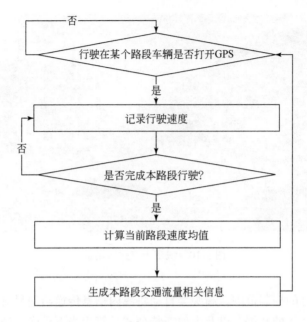

图5.11 车辆记录经过路段信息过程

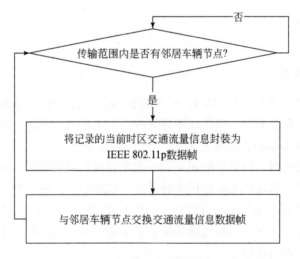

图5.12 车辆间交换路段信息过程

息，如果该路段的数据在谷歌地图中同样有显示，那么就综合二者数据重新计算，得出那部分时间的道路信息。综合路段 i 在时间 t 内的速度计算公式为

$$Y_t^i = \alpha A_t^i + (1-\alpha) G_t^i \quad 0 \leqslant \alpha \leqslant 1 \tag{5.9}$$

式中，A_t^i 为 OBU 记录的平均速度；G_t^i 为从谷歌地图获取的该路段速度；α 为权重因子。通过对权重因子的取值可以选择是否偏重于平均速度。通过 VBA* 算法可以为用户提供两

种导航方案。

1）最短路径，通过启发式 A* 算法来实现。

2）最节能路径，基于以上获取的时间 t 内的路段信息作为因子来代入启发式函数实现。仿真实验标明，VBA* 较现有的路径规划算法，无论是在出行时间还是节能效果上都有显著的提升。

（2）自适应传输功率算法

为了提升 VANET 的吞吐量和降低端到端的延迟，Frigau（2013）通过对信道条件的检测以达到对物理层的传输功率的动态调整，然而传输功率的调整会影响到 MAC 层的平均竞争，同时也会对网络层的路由协议产生下一跳选择的影响，Rawat 等（2011）在研究中对传输功率和 CW 进行联合优化，从而提升 VANET 的网络性能，在传输功率的动态调整算法中，Frigau（2013）和 Rawat 等（2011）同样考虑到了车辆节点密度参数，不过他们得到车辆节点密度的手段略有不同，Rawat 等（2011）是通过 DSRC 状态消息，每秒进行 10 次广播，而 Frigau（2013）则是通过 1s 的信标间隔来获取。

在实际的应用中，大量的信标会导致信息帧碰撞，为了提升网络性能，Frigau（2013）提出了自适应传输功率（Transmition Power Adaptation，TPA）模型：

$$TPA = f(TDT, PRR, BEL) \tag{5.10}$$

式中，TDT 为交通密度阈值，定义为 $5.1774\log_{10}n$；PRR 为包接受率；BEL 为信标负载，定义为可用带宽的 40%，当一些节点连接数目超过 TDT 时，代表当前节点密度很大，交通比较拥堵，有很大的可能产生信息碰撞，反之则说明当前车辆稀疏，MAC 频道可利用率较高，可以适当增大发射功率。同样，也可以根据 PRR 的数值来调整发射功率。

调整发送信标的速率和发射功率可以有效地提升网络的性能，TPA 算法通过 NS-3 仿真与基于 CW 的方法做了对比，其结果表明在多数场景下，应用了 TPA 算法的网络在吞吐量、端到端延迟上表现要更优一些。

该算法在单跳 VANET 中表现较好，但是没有在 2 跳乃至多跳的网络情况下做更多研究，这就意味着，如果存在两个距离较大的聚簇，则它们之间的通信在 TPA 算法下不能得到保证。

（3）SVANET 跨层架构

FCC 将 5.850～5.925GHz 的频谱划给了 VANET 通信，这 75MHz 的频谱被分为 7 个频道，其中最低的 5MHz 做安全信息处理，1 个用于控制频道，另外 6 个用于服务频道，控制频道一般用来传输安全相关的信息，服务频道则用来传输与应用相关的音频、视频和文字等普通信息。在实际应用中，安全相关的信息并不频繁，这样就会导致控制频道（Control Channel，CCH）闲置，不利于网络的最大化利用。

Sahoo 等（2014）提出了一种基于聚簇的协议（SVANET），这种协议混合了 WSN 和 VANET，CCH 和同步信道（Synchronization Channel，SCH）的间隔可以动态控制，不同于以往的研究，协议中的传感器是可移动的，它和 OBU 一起被装载在车辆节点上并通过有线线路通信，传感器节点用来检测具体事件的发生，OBU 用来广播路由消息。它们之间的信息交换通过有线传输，避免了干扰。此项研究将传输范围内的车辆节点分成四类：空节点、发送者、接收者、头结点。它们各司其职，处理不同优先级的数据，头结点则依据自身权重竞争产生。

对比实验的结果与常规的 IEEE 802.11p 协议，无论是丢包率、发包速率、端到端延迟、还是分组投递率，SVANET 协议都要优于 IEEE 802.11p 协议。值得注意的是，SVANET 协议是在 IEEE 1609.4 的基础上对 CCH 和 SCH 的间隔进行动态调整，而在大规模的车辆节点通信中，由于 IEEE 802.11p 固有的同步节能方式，信道的利用率较低。

（4）基于 BLE 的 VANET

VANET 之所以至今未能大规模商业应用，其中一个重要原因就是汽车厂商没有统一的 OBU 标准，尽管当今手机都具有 Wi-Fi 直连功能，但是能耗较大。

Frank 等（2014）对 V2V 和 R2V 提出了一种折中的解决方案，并称之为低功耗蓝牙（BLE），在 C/S 模式下，BLE 稳定通信范围可以达到 100m，带宽可以达到 1Mbit/s，时延可以降到 6ms 的延迟，实验结果显示，通过这种 BLE 搭建的 V2V 网络的稳定性和延迟都令人比较满意。

目前，支持 BLE 的手机越来越多，BLE 也许可以成为 VANET 商业应用的解决方案之一，但是 BLE 也有自身的局限性，如多跳传输的支持度欠佳、带宽过低等问题。

5.1.3.3 基于跨层的节能协议的对比

对于基于跨层的节能协议，可以从协议的特性、节点移动的方向性、算法协议涉及的网络层次、通信特点和主要节能手段几个方面来进行综合分析。表 5.3 给出了车载基于跨层的节能协议的对比分析。

表 5.3 基于跨层的节能协议的对比

文献	特性	节点移动的方向性	算法协议涉及的网络层次	通信特点	主要节能手段
Hammad 等（2010）	动态	不考虑	PHY+MAC+IP	单跳	NFS 算法
Maslekar 等（2011）	动态	考虑	PHY+MAC+IP	多跳	提升路口吞吐量
Chang 等（2013）	启发式	考虑	PHY+MAC+IP+应用	多跳	节能路线导航
Frigau（2013）	动态	不考虑	PHY+MAC+IP	单跳	降低信息碰撞
Sahoo 等（2014）	动态	不考虑	MAC+IP	多跳	聚簇、混合架构（WSN+VANET）
Frank 等（2014）	动态	不考虑	PHY+MAC+应用	单跳	BLE

从表 5.3 可以看出，Hammad 等（2010）采取了 NFS 这样的动态算法针对 RSU 进行节能优化，所以在通信特点上只考虑了单跳传输，也就是 R2V 的传输，通过 NFS 算法分配给每个进入通信范围的车辆节点具体的通信顺序时槽，从而达到节能的效果。

Maslekar 等（2011）针对十字路口信号灯采取了动态控制算法，综合考虑了从各方向汇集而来的车辆聚簇，通过多跳的通信形式将信息通过头节点传递给信号灯控制器并实时计算最优信号控制时间，降低十字路口队列长度，提升吞吐量。

Chang 等（2013）提出了跨 PHY+MAC+IP+应用的绿色节能动态路径导航系统，它采取了基于 VANET 的启发式 A* 算法，通过综合车辆间多跳信息传输和谷歌地图信息，规划出一条从源节点到目的地节点的节能路线并动态实时调整。

5.1.4　节能协议分析

表 5.4 从通信特点、算法特性、节点移动的方向性、服务质量、主要节能手段 5 个方面对本章提到的节能高效协议进行了对比分析。

表 5.4　车载网络绿色节能协议的分析对比

文献	通信特点	算法特性	节点移动的方向性	服务质量	主要节能手段
Piscataway（2012）	单跳	静态	未考虑	未提及	休眠
Jiang 等（2013）；Tseng 等（2002）	多跳	动态	未考虑	未提及	休眠
Wu 等（2010）	多跳	动态	未考虑	考虑	休眠
Yang 等（2013）	多跳	动态	未考虑	未提及	传输范围优化
Corporation（2013）	多跳	动态	考虑	考虑	传输范围优化
Rawat 等（2011）	单跳	动态	未考虑	考虑	传输范围优化
Hafeez 等（2013）	单跳	动态	未考虑	考虑	聚簇 & 传输范围优化
Chang 等（2014）	多跳	动态	考虑	考虑	降低传输频率
Xu 等（2001）	多跳	动态	未考虑	考虑	休眠
Liu 等（2010）	多跳	动态	未考虑	未提及	休眠
Bali 等（2015）	多跳	动态	考虑	考虑	稳定聚簇
Kumar 等（2012）	多跳	动态	考虑	考虑	休眠
Sharma 等（2013）	多跳	动态	未考虑	考虑	ART/LMI 优化
Hammad 等（2010）	单跳	动态	未考虑	未提及	NFS 算法
Maslekar 等（2011）	多跳	动态	考虑	考虑	提高路口吞吐量
Chang 等（2013）	多跳	启发式	考虑	未考虑	节能算法规划
Frigau（2013）	单跳	动态	未考虑	未考虑	避免信息碰撞
Prasan 等（2014）	多跳	动态	未考虑	未考虑	聚簇、混合架构（WSN+VANET）
Frank 等（2014）	单跳	动态	未考虑	未考虑	低功耗蓝牙

可以看出，通信特点主要有单跳和多跳两种，算法特性是普遍设计了较为健壮的动态

算法，在基于跨层的节能协议中也有启发式的算法，用来智能动态规划车辆行驶时的最佳路线。

车载网络最独特之处是节点的移动具有明显的方向特性，在研究中，节点移动的方向性也是比较重要的参数，Chang 等（2014）、Bali 等（2015）、Kumar 等（2012）提到的基于网络层的节能协议都利用节点的移动方向来寻求相对稳定的网络拓扑，以减少丢包、重传、帧碰撞、簇头频繁推举等行为产生的额外能耗。

在 VANET 节能通信算法中，服务质量也是需要着重考虑的参数之一，如在需要高可靠性的安全应用中，服务质量的保证非常重要。DSRC-AA 协议通过加入最大容忍延迟参数进行优化，从而保证了服务质量。MRB-MAC 协议在车辆密度较大的时候，采取区分服务模型达到不错的服务质量，但是一旦车流稀疏，网络的连通性就不能得到保证。可预测聚簇协议则通过对节点移动趋势的预测，尽可能地形成稳定的聚簇，降低冗余数据的发送，降低簇头推举的次数。

在基于 MAC 层的节能协议中，常用的节能手段是在闲置的时间段内让节点进入休眠状态，挂起无线通信模块从而产生节能效果。在基于网络层的节能协议中，R2V 通信会考虑优化传输范围、降低路径损耗进行节能，V2V 通信则通过更稳定的路由线路降低丢包重传的概率（Chang et al.，2014）。聚簇算法通过节点聚簇推举簇头来降低信息广播的次数、减少帧碰撞，其余簇节点在基于 MAC 层的节能协议的支持下转入休眠状态从而降低整个簇的能耗。在基于跨层的节能协议设计中，考虑到宏观上车辆的能耗，通过基于 MAC 层和基于网络层的节能协议的支持，动态规划出绿色出行路线，降低能耗。

5.2　上行链路通信价值优化算法

近几年，VANET 受到学术界与工业界的极大关注。随着车辆的通信需求和车流量的增长，如何确保不同类型的业务需求与服务质量成为重要的研究课题。3G/4G 网络无法满足车辆之间互联的高时效需求，VANET 在当下这一时刻凸显了巨大的应用价值和商业价值（Cunha et al.，2014）。VANET 的通信距离较短，V2V 通信半径一般在 300m 以内，采用 RSU 的辅助是一种有效扩展通信距离，提升通信稳定性的方式。但 RSU 的部署成本较高、充电困难，所以一般采用新能源的供电形式来降低部署成本；随着通信压力的增加，RSU 的信息处理能力和持续提供服务的能力将受到巨大挑战。

此外，在车载网络通信中，信息的传输是存在优先级考量的。例如，事故预警信息的优先级要高于日常交通信息，日常交通信息的播报要高于音乐、娱乐等信息，诸如此类。从商业化角度来考量，假如用户愿意为信息的传输支付更高的费用来保证服务质量，那么在不影响交通安全的情况下，可以为这次传输分配更高的权重值。本研究提出了通信价值的概念，并基于 RSU 时隙提出 R2V 上行网络最大价值传输规划策略。在 R2V 通信过程中，本研究以时隙作为传输规划的基本单元，主要研究 R2V 通信过程中的信息上行规划方案，证明了基于时隙的 R2V 上行网络通信价值最大化问题是 NP 完全的。同时，本研究也给出了价值最大化过程的多项式时间近似模式（Polynomial-Time Approximate Scheme，PTAS）和动态场景下的权重固定通信方案（Weight Fixed Communication Scheme，WFCS）。仿真表明，在占线场景下，考虑了速度、权重、传输完成率的 WFCS 启发式算法较先到先服务算法（First Come First Serve，FCFS）（Hammad et al.，2010）和 FF 算法（Hammad et al.，2015）表现更优，不仅可以获得更大的传输价值，具备绿色节能的通信效果，还可以同时兼顾服务质量。

5.2.1 相关工作

在 VANET 领域，大量的研究工作集中在如何提升网络的吞吐量和节能等方面。Liu 等（2010）、Bali 等（2015）、Kumar 等（2012）、Wang 和 Yu（2013）提出了基于聚簇的通信手段，通过簇头节点来统一规划通信，一方面避免了信息碰撞导致的丢包重传，提升了整个网络的吞吐量；另一方面簇头间的多跳传输有效降低了网络的能耗。

为了提升传输质量，同时考虑到节能，也有人提出了对车辆或者 RSU 的传输范围进行动态调整（Yang et al.，2013；Corporation，2013），因为在无线传输中能量损耗和传输距离是呈正相关的（Rawat et al.，2011；Rodoplu and Meng，1999），所以传输范围的动态优化可以有效节省能量，并提升传输效率。

刘建航等（2016）为了解决盲区中行驶车辆的通信问题，继而提升网络整体吞吐量，提出了一种协助下载的选车策略——DSMov。通过马尔可夫的决策过程来达到一种近似全局最优的决策，这是一种从宏观角度提升网络吞吐量的策略，涉及多个 RSU 通信和多个（V2V）协作通信，通过选取协助车辆来帮助目标车辆完成通信，考虑了吞吐量的同时也考虑了（V2V）通信的公平性，有效提升了网络整体的吞吐量。不过 V2V 传输优先级在这项研究中并未过多考虑。

在 R2V 上行链路的传输的相关研究中，吴黎兵等（2016）提出了一种 VANET-cellular 的混合传输方案，通过将 VANET 与 3G/4G 蜂窝数据网络进行融合，提升了网络的稳定性，增加了数据包的接收成功率。cellular 网络的缺陷是不能保证信息的时延，优点是可以保证网络的高连通。吴黎兵等（2016）提出的车载中继选择策略（Vehicular Relay Selection Method，VSRM）有效增加了网络联通的概率，并且在一定程度上保证安全信息的端到端时延（End to End Delay，E2ED）和安全消息传递的服务质量需求，但是对于数据传输需求量较大、车辆密集场景，VSRM 并未给出增加整体吞吐量的有效办法。

冯诚等（2015）针对路边接入点（Access Point，AP）的数据聚集传输规划问题做了深入研究，通过对移动车辆节点的数据路由和数据传输时刻进行规划，AP 能够收集到的信息量最大。他们通过最小生成树算法来构造移动路由集合树，分别对树间冲突和树内冲突进行消解剪枝，形成数据上行传输规划。对于最大化 AP 节点的信息搜集量这样一个问题，冯诚等（2015）通过经典的 3SAT 问题向其进行归约，证明了这个问题是 NP 完全的，并通过动态规划算法对树内冲突进行了求解，提出了 PTSDP（Partition Time Set Dynamic Programming）算法框架，仿真结果显示出，PTSDP 算法能达到较为理想的数据收集率，并且在平均时延上较经典算法也有一定优势。

Hammad 等（2013，2015）提出了基于时隙的传输规划算法，通过 MILP 思想，提出了在 R2V 通信之间最小化通信能耗的算法。Hammad 等（2013，2015）根据最小费用最大流给出时域内最小通信能耗的阈值，同时也给出了具有较低时间复杂度的 GMCF（Greedy Minimum CostFlow）算法和 FF 算法。FF 算法考虑到速度因素，提出了当多辆车与 RSU 距离相近时，应该优先服务速度更快的车辆，这样能耗更少，FF 算法与 NFS 算法（Hammad et al.，2013）在通信节能上的效果很显著，但是在通信价值最大化方面，由于只考虑速度因素，表现并不理想。

Alcaraz 等（2010）考虑了 RSU 的吞吐量最大化问题，通过最优控制理论提出了一个基于 802.11e HCCA 的规划算法，目的是最大化每辆车的通信量（并非完全满足每辆车的通信需求）。

在实际应用场景中，节能和吞吐量是车载网络的重要衡量指标，通信价值则能从宏观来衡量网络的整体价值优劣，尤其是在商业应用领域，如何针对不同优先级（权重）的网络传输进行规划，达到网络整体最大收益，则是通信价值最大化的经典场景。

最大化通信价值的研究会涉及节能以及对服务质量的考量，静态的 MTVA-G 算法通过贪心选择，可以有效避免无效通信的能耗，从而达到节能的效果。与聚簇方案或传输范围动态调整方案相比，基于贪心的 MTVA-G 对节能的考量粒度更大，通过选择能够达到最大通信价值的车辆、忽略掉部分低价值车辆的通信来实现节能。

R2V 上行网络最大通信价值采取了基于时隙的研究方案，如图 5.13 所示，每个时隙分为监控模式和数据传输模式，采用 MTVA-G 算法来达到近似比为 $1+\varepsilon$ 的多项式时间近似方案。本研究以完成车辆的通信需求为目的，并最大化整个时域内的通信价值。

图 5.13　时隙结构图

5.2.2　系统模型

5.2.2.1　问题描述

图 5.14 为 RSU 与覆盖范围内车辆进行通信的场景，圆圈部分代表 RSU 的通信范围，当车辆通信需求足够大的时候，RSU 将无法满足所有车辆的通信需求，这意味着 RSU 在通信的过程中势必有所取舍。

本节用到的参数如表 5.5 所示。

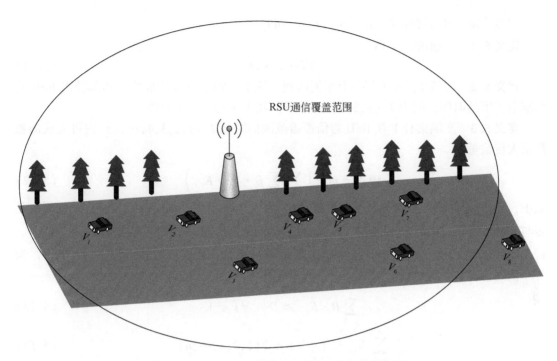

图 5.14　RSU 与覆盖范围内车辆进行通信的场景

表 5.5　参数表

符号	说明
RSU	路边单元
B	RSU 单个时隙数据传输总量
V_i	车辆 i
S_i	车辆 i 速度
D_i	车辆 i 携带数据量
W_i	车辆 i 权重
$C_{i,t}$	车辆 i 在时刻 t 传输完成量
$K_{i,t}$	通信规划表，通信为 1，否则为 0
$\mathrm{DIS}_{i,t}$	车辆 i 在时刻 t 与 RSU 的距离
TR	传输范围
V	传输集合
T	在时域 T 的 RSU 时隙集合
$\hat{V}$	被满足通信的车辆集合
$\cup_j$	含有 j 辆车的车辆集合
ε	近似比

假设车辆 i 具有属性 S_i、D_i、W_i、$C_{i,t}$、$\text{DIS}_{i,t}$。

定义 5.1 传输价值（TV）：

$$\text{TV} = W_i \cdot D_i \tag{5.11}$$

定义 5.2 时域 T，对于某一个车辆队列，从第一辆车进入到最后一辆车驶出 RSU 通信覆盖范围的时间区间为 T（$1,2,3,4,\cdots,n$），其中 T 包含 n 个时隙。

定义 5.3 车辆集合 V 在 RSU 通信覆盖范围的时域 T（$1,2,3,4,\cdots,n$）内可完成的数据最大传输量为

$$\text{MCV} = \max\left(\sum_{t=1}^{n}\sum_{i=1}^{m} B \cdot W_i \cdot K_{i,t}\right) \tag{5.12}$$

式中，MCV 为时域 T 内的最大通信价值；$K_{i,t}$ 为一个布尔型二维矩阵，表示在 t 时刻内是否与车辆 i 通信，0 代表不通信，1 代表通信。假如传输完成的车辆集合为 $\hat{V}\{V_1,V_2,V_3,\cdots,V_m\}$ 且 $\hat{V}\in V$，B 为 RSU 单个时隙数据传输总量，数据 D_i（$i\in1,2,3,4,\cdots,m$）为各车辆通信需求。满足以下约束：

$$\sum_{t=1}^{n} B \cdot K_{i,t} \geqslant D_i \quad \forall i \in \hat{V} \tag{5.13}$$

$$\sum_{i=1}^{m} K_{i,t} \leqslant 1 \quad \forall t \in T(1,2,3,\cdots,n) \tag{5.14}$$

$$K_{i,t}=\{0,1\} \quad \forall i\in(1,2,3,4,\cdots,m), \forall t\in T(1,2,3,4,\cdots,n) \tag{5.15}$$

$$K_{i,t}=0, \forall i\in(1,2,3,4,\cdots,m), \forall t\in T(1,2,3,4,\cdots,n); \text{DIS}_{i,t}>\text{TR} \tag{5.16}$$

从式（5.13）可以看出，对于集合 $\hat{V}$ 中的车辆，数据传输需求都得到满足，式（5.14）与式（5.15）限制了每个时隙最多只能被使用一次，且只能有使用和未使用两种状态。式（5.16）保证了车辆驶出 RSU 通信覆盖范围时无法再产生通信价值。

5.2.2.2 复杂度分析

定理 5.1 R2V 上行网络通信价值最大化价值问题是 NP 完全问题。

证明：可以从经典的圣诞老人问题（Santa Claus Problem）（Bansal and Sviridenko, 2006）来进行归约，前者已经被证明是 NP 完全问题。关于圣诞老人问题，描述如下：

圣诞老人有礼物集合 P（$1,2,3,4,\cdots,n$），存在儿童集合 K（$1,2,3,4,\cdots,m$），其中每个儿童对 P 中的礼物有着不同的期待值 $E_{i,j}$，假设给定一个期待值的阈值 S，要求找出这样的一种礼物分配方式，使得每个儿童得到的礼物满意度（期待值）之和不小于 S，即

$$\sum_{k=1}^{m} D_{k,p} \leqslant 1 \quad \forall_p \in P \tag{5.17}$$

$$\sum_{p=1}^{n} D_{k,p} \cdot E_{k,p} \geqslant S \quad \forall k \in K \tag{5.18}$$

$$D_{k,p}=\{0,1\} \quad \forall k\in K, \forall p\in P \tag{5.19}$$

式（5.13）两边同时除以 D_i，可写为

$$\sum_{t=1}^{n} \frac{B \cdot K_{i,t}}{D_i} \geqslant 1 \tag{5.20}$$

同理变换式（5.18）：

$$\sum_{p=1}^{n} \frac{D_{k,p} \cdot E_{k,p}}{S} \geq 1 \quad \forall k \in K \tag{5.21}$$

令礼物集合 $P = T$，儿童集合 $K = V$，同时令 $\frac{B \cdot K_{i,t}}{D_i} = \frac{D_{k,p} \cdot E_{k,p}}{S}$，那么可以从圣诞老人问题来对多项式时间向 R2V 通信价值最大化问题做出归约。

对于 R2V 价值最大化问题，假如存在一种 R2V 通信方案能够使通信价值达到最大化，那么一定存在一种分配方案可以使得圣诞老人让儿童的期望值达到 S；反之，如果可以得到一种分配方案使得圣诞老人让所有儿童的期望值达到 S，那么同样可以找到这样的 R2V 通信方案能够使得 R2V 通信价值最大化且满足式（5.12），即圣诞老人问题可以归约到 R2V 通信价值最大化问题上，从而证明 R2V 最大通信价值问题也是 NP 完全问题，证毕。

5.2.3 通信价值最大化问题求解算法

5.2.3.1 静态场景 MTVA-G 算法

MTVA-G：基于贪心的静态算法，最优解之间近似比为 $1+\varepsilon$。

如图 5.15 所示，RSU 在时域 T 内共分为 42 个时隙，在时域内有 8 辆车的队列通过，显然，RSU 无法满足所有车辆的通信需求，RSU 如何选择 V_i（$i \in 1,2,3,4,\cdots,8$）进行通信，以达到通信价值的最大化？

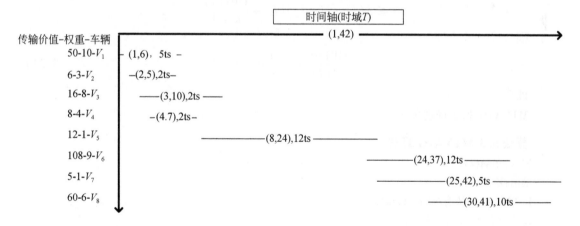

图 5.15　车辆在时域内甘特图

通过定理 5.1 可知，此问题是 NP 完全的，本研究设计近似比为 $1+\varepsilon$ 的 MTVA-G 算法，来完成本次通信的选择策略。

基于 PTAS 算法（Chekuri and Khanna，2001），可以给出车辆队列在通过 RSU 通信覆盖范围时通信价值最大化的近似算法。

推论 5.1 MTVA-G 算法可以得到与最优解之间近似比为 $1+\varepsilon$ 的车辆通信价值最大化的 PTAS 结果。

证明： 令集合 X 是最优解对应的车辆集合，

$$k = \lceil 1/\varepsilon \rceil, C' = C - \sum_{j=1}^{k} S_j - \sum_{j=k+1}^{m-1} S_j, C'' = C' - \sum_{j \in W} S_j \qquad (5.22)$$

如果 $|X| \leqslant k$，则 MTVA-G 算法给出了最优解；如果 $|X| > k$，令 $Y = \{u_1, u_2, u_3, \cdots, u_k\}$ 是集合 X 中价值最大的 k 辆车，$Z = \{u_{k+1}, u_{k+2}, u_{k+3}, \cdots, u_r\} = X \setminus Y$（反差集），其中车辆按权重排序。

假设在某个循环中，算法先选中了 Y 中的 k 辆车，令 u_m 为第一个没被 MTVA-G 算法选中的车辆，令集合 Z 为算法在 u_m 之前选中的，且不在 $\{u_1, u_2, u_3, \cdots, u_m\}$ 中的车辆集合，这里令车辆 j 的传输价值为 CV_j，需要的时隙总数为 $S_j = \dfrac{D_j}{W_j}$，车辆队列时域 T 的总时隙数为 C，则有

$$V_j = \frac{\mathrm{OPT}(I)}{k+1} \qquad \forall j \in = (k+1, k+2, \cdots, r) \qquad (5.23)$$

令 $C' = C - \sum_{j=1}^{k} S_j - \sum_{j=k+1}^{m-1} S_j$；$C'' = C' - \sum_{j \in W} S_j$，则可得

$$
\begin{aligned}
\mathrm{OPT}(I) &= \sum_{j=1}^{k} v_j + \sum_{j=k+1}^{m-1} v_j + \sum_{j=m}^{r} v_j \\
&\leqslant \sum_{j=1}^{k} v_j + \sum_{j=k+1}^{m-1} v_j + C' \frac{v_m}{s_m} < \sum_{j=1}^{k} v_j + \sum_{j=k+1}^{m-1} v_j + \sum_{j \in W} s_j \frac{v_j}{s_j} + s_m \frac{v_m}{s_m} \\
&\leqslant A(I) + v_m \leqslant A(I) + \frac{\mathrm{OPT}(I)}{k+1}
\end{aligned}
$$

则

$$\frac{\mathrm{OPT}(I)}{A(I)} < 1 + \frac{1}{k} < 1 + \varepsilon \qquad (5.24)$$

证毕。

MTVA-G 算法描述如下。

算法 5.3 MTVA-G 算法

输入：车辆权重 W_i

输出：Z

1. 根据 W_i 对所有车辆进行排序
2. 对于任意 $\varepsilon > 0$，令 $k = \lceil 1/\varepsilon \rceil$
3. $A(I) = 0$
4. For $0 \leqslant j \leqslant k$
5. 对于任意有 j 辆车的 U_j
6.   Step1：把 U_j 中 j 辆车放入计划表
7.   Step2：检查选中的 j 辆车是否有时隙冲突
8.   Step3：对剩下的辆车调用贪心算法 Greedy( )，更新传输价值保持最大
9. End For

Greedy 算法描述如下。

算法 5.4 Greedy 算法

输入：车辆权重 W_i

输出：Z

1. 根据 W_i 对 U 中的所有车辆进行排序
2. 令 $j=0; K=0; CV=0; Z=\{\}$
3. When $j<n$ and $K<C$
4. $j=j+1$
5.   If(V_j 无时隙冲突)
6.   Z. append(V_j)
7. $K=K+S_j$
8. $CV=CV+CV_j$
9.   End If
10. Return Z

值得注意的是，与经典 PTAS 方案有所不同，MTVA-G 在算法 5.3 的 Step2 中要进行车辆时隙冲突检验，因为车辆之间可能由于时隙重叠导致时隙总量充足却无法满足总体车辆的通信需求。MTVA-G 算法的执行效率和参数 ε 的设置关系较大，如果需要较高精度的执行结果，即 ε 越小，则算法的时间复杂度越高。

图 5.16 为 MTVA-G 算法的执行流程图，对于 n 辆车的队列，共有 $\sum_{j=0}^{k} C_n^j$ 重循环，每次循环最多有 $n\log_2 n$ 步，所以可知时间复杂度为 $O\left(n\log_2 n \sum_{j=0}^{k} C_n^j\right)$，因为 $\sum_{j=0}^{k} C_n^j \leqslant kn^k$，所以 MTVA-G 算法的总体时间复杂度为 $O\left(kn^{k+1}\log_2 n\right)$，其中参数 k 与给定阈值 ε 互为倒数关系。

5.2.3.2 车辆间时隙冲突辨识

对于所提出的传输价值最大化问题，若想要达到最大传输价值近似比为 $1+\varepsilon$ 的近似方案，则具体参数和车辆队列数据如表 5.6 和表 5.7 所示。

表 5.6 $\varepsilon=0.5$ 的传输价值最大化近似方案

期望近似比（ε）	k 值	队列长度/辆	时隙长度/个
0.5	2	8	42

表 5.7   车辆队列情况

车辆	驶入时间	驶离时间	权重	所需时隙/个	传输价值
V_1	1	6	10	5	50
V_2	2	5	3	2	6

车辆	驶入时间	驶离时间	权重	所需时隙/个	传输价值
V_3	3	10	8	2	16
V_4	4	7	4	2	8
V_5	8	24	1	12	12
V_6	24	37	9	12	108
V_7	25	42	1	5	5
V_8	30	41	6	10	60

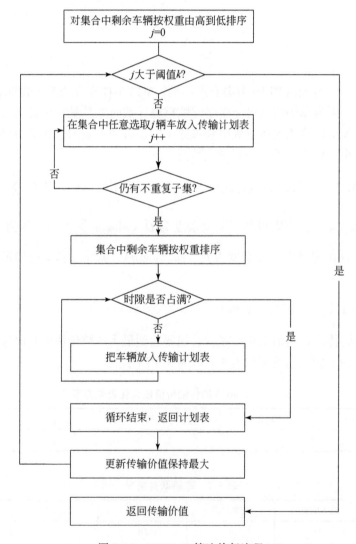

图 5.16　MTVA-G 算法执行流程

在算法选中车辆后，要先判断选中车辆集合间时隙重叠冲突的情况，以车辆 V_1 和 V_2 为例，车辆 V_1 在 1 时刻驶入 RSU 通信覆盖范围，在 6 时刻驶离，所携带数据量需耗费 5 个时隙，V_2 在 2 时刻驶入，5 时刻驶离，通信需要耗费 2 个时隙，虽然 V_1 和 V_2 所占用的 7 个时隙远小于总容量 42 个时隙，但如果选择 V_2 耗费 2 个时隙后，V_1 将无法在驶离 RSU 通信覆盖范围之前完成通信，即车辆 V_1 和 V_2 产生了时隙冲突。

MTVA-G 算法采用线段树来完成车辆间时隙的冲突辨识，把 RSU 的整体时域构造成一棵完全二叉树形态的线段树，树的左右节点把当前节点时域长度等分。针对如图 5.15 所示 RSU 的 42 个时隙，根据车辆队列构造如图 5.17 所示的线段树。

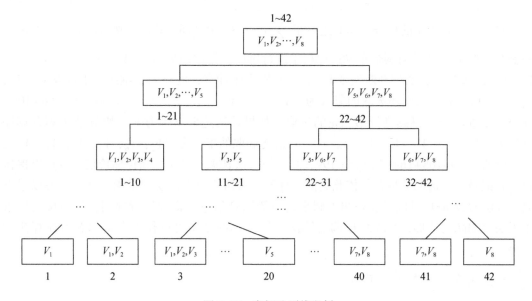

图 5.17　车辆队列线段树

每次在算法完成车辆选取后，如图 5.18 所示，要先判断所选取车辆集合时隙的线段投影是否满足通信时隙需求，显然，若算法选中队列的时隙投影长度之和小于队列数据传输所需总时隙，则选中队列无法满足通信，可直接放弃并开始下一轮选取。可以看出，车辆 V_1 和 V_2 的时隙投影为 6，而传输需求为 7 个时隙，二者的通信需求无法同时满足。由于线段树是完全二叉树，故查找的时间复杂度为 $O(\log_2 n)$。线段树的叶子节点记录了各时隙可能参与通信的车辆节点集合，通过对叶子节点的访问可以辨别当前时隙是否为高竞争状态，在某一轮的循环中选中了合适的车辆集合时，对时隙排序，优先安排信道竞争较低的时隙。

对于算法选择的任意组合，通过对线段树的访问，确定组合投影长度并判断能否放入传输计划表。若选中集合不能满足，则直接放弃，并开始下一轮选取，若满足，则采取时隙退避，先进入车辆尽可能避免将通信时隙规划到高竞争时隙，如叶子节点的时隙 3 即为高竞争时隙，高竞争时隙可以通过对线段树叶子节点的访问进行判断。

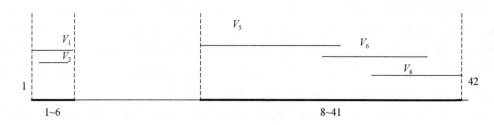

图 5.18   车辆集合的时隙投影

对于本次 8 辆车的集合，总共进行了 $\sum\limits_{j=0}^{2} C_8^j = 36$ 次循环，算法在执行的开始随意选取一辆车，如 V_2，然后对剩余车辆按照权重进行排序，排序结果为：$\{V_1, V_6, V_3, V_8, V_4, V_5, V_7\}$，选取 V_1，通过判断发现 V_1 和 V_2 时隙发生冲突，放弃 V_1，继续向下选取 V_6，V_3，V_4，V_5，V_7，故本次循环选取的集合为 $\{V_2, V_6, V_3, V_4, V_5, V_7\}$，传输价值为 6+108+16+8+12+5=155，继续进行第二轮的选取，如果算法选取车辆为 V_1，则候选子集合排序结果为 $\{V_6, V_3, V_8, V_4, V_2, V_5, V_7\}$，最终选取的集合为 $\{V_1, V_6, V_3, V_4, V_5, V_7\}$，传输价值为 50+108+16+8+12+5=199，高于第一次选取，算法更新传输价值 $A(I)$ 以保持最大并记录本次选取的集合，依此类推，直至算法执行完成，返回车辆集合。静态场景下离线算法假设 RSU 可以提前获知未到来的车辆队列信息并提前进行规划，然而现实场景中无法获知队列情形，MTVA-G 调度算法离线计算的结果可以作为衡量动态占线算法的上界。

5.2.3.3   动态场景算法

（1）FCFS 经典调度算法

FCFS 算法（Hammad et al.，2010）是 VANET 中 R2V 通信调度的经典动态算法，对于 RSU，其总是为进入通信区域内的车辆提供服务。当然，这样的通信方式存在一定的局限性，RSU 很可能会由于时隙被低权重低价值车辆占用而错失与高权重高价值车辆的通信。FCFS 调度算法的描述如下。

算法 5.5 FCFS 调度算法

输入: 车辆 V

输出: TV

1. RSU 等待通信, TV = 0, WaittingQueue = {null}
2. While(等待){
3.   If V_j in Range Then
4.   WaittingQueue. add(V_j)
5.   End If
6.   If (WaittingQueue 不为 null && V_j. complete 为真)

7.　　　WaittingQueue. next( ). Communication( )

8.　　End If

9.　　记录 TV

10.　　If T 轮完成 //时域内通信完成

11.　　　Return TV

12.　　End If

13.　}

在动态场景下，由于车辆到来的未知性，FCFS 算法是最简单的 R2V 通信策略。如图 5.13 所示，每个时隙在开始时都会有一段时间处于监控模式，用于接收新的车辆请求，如果当前车辆处于通信状态，当有新进入车辆时，则将车辆放入待通信队列，并按照先后顺序与车辆进行通信。

FCFS 算法的时间复杂度为 O （1），对 RSU 的计算能力要求较低，因此其在车辆较为稀疏的场景下表现较好。然而由于 FCFS 先来先服务的简单策略，车辆总体的服务质量并没有保证。

（2）WFCS 算法

FCFS 算法虽然以较低的时间复杂度来服务车辆，但是其缺点也比较明显，即在车辆比较密集、通信压力较大时，没有一种竞争机制可以让高通信价值的车辆优先通信，基于此，本书提出了 WFCS 算法。WFCS 算法描述如下。

算法 5.6 WFCS 算法

输入：车辆 V

输出：TV

1. RSU 等待通信，TV = 0，WaittingQueue = { null }

2. While(等待) {

3.　　If V_j in Range Then

4.　　　WaittingQueue. add(V_j)

5.　　If (RSU. Communication = null)

6.　　　RSU. Communication = WaittingQueue. next( )

7.　　Else {

8.　　If (V_j. HeuristicValue > RSU. communication. HeuristicValue)

9.　　　RSU. communication = V_j //切换通信对象

10.　　}

11.　　记录 TV

12.　　If T 轮完成 //时域内通信完成

13.　　　Return TV

14. }

WFCS 是一种动态算法，它以速度和权重传输完成率作为启发函数的自变量，RSU 通过启发函数值综合考量后排序，在每个时隙选择权重值最高的车辆来进行通信，从而优化

时域 T 内的通信价值。WFCS 算法考虑了车辆进入时的速度、权重、整体传输量等参数，根据车辆的传输完成率动态地改变车辆的初始权重，当有新的车辆进来时，根据启发函数的结果来决定是否切换通信对象。

WFCS 的通信策略考虑了 R2V 通信的服务质量，以一种更智能的策略来进行通信，由于加入了速度因子，在追求通信价值最大化的同时也在一定程度上降低了通信的能耗。当车辆进入 RSU 通信覆盖范围时，RSU 处于两种状态，服务中和待服务，如果 RSU 处于待服务状态，则其直接开始和车辆进行通信，同时状态变更为服务中。当车辆进入 RSU 通信覆盖范围且 RSU 为服务中状态时，车辆自身的速度、权重、待传输数据总量就会上传给 RSU，车辆的权重越高，其被服务的可能性也就越大，同时车辆的传输完成度越高，其优先级也会线性增高，因为当车辆传输完成率越大时，意味着车辆与 RSU 通信接近尾声，车辆驶离 RSU 通信覆盖范围的时间也就越短，提升优先级可以避免无效通信，降低 RSU 的能量损耗。算法的启发函数为

$$x = \alpha S_i + \beta D_i + \omega W_i \tag{5.25}$$

式中，x 为自变量；S_i 为车辆 i 速度；D_i 为车辆 i 携带数据量；W_i 为车辆 i 权重；α、β、ω 为权重系数。

$$y = \frac{1}{1+e^{-x}} + C_{i,t} \tag{5.26}$$

式中，y 为因变量；$C_{i,t}$ 为车辆 i 在时刻 t 传输完成量。

这里引入了 Sigmoid 函数，如图 5.19 所示，当车辆上行传输完成率大于 50% 时，新进入车辆无法打断本次传输。

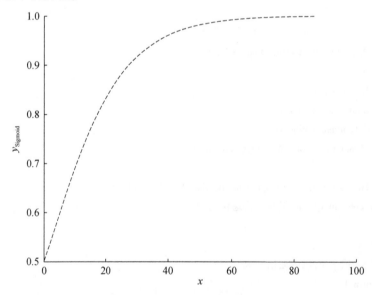

图 5.19　以车辆权重、速度、数据量为自变量的 Sigmoid 函数
x 为式（5.25）中的值

每当有新进入车辆，车辆首先向 RSU 传输自身状态参数，RSU 根据启发函数计算出车辆通信权值，并和当前通信车辆的权值进行比较，选择权值较大的车辆进行通信。之所以选择 Sigmoid 函数作为启发函数，原因主要有二：一是归一化处理，Sigmoid 函数可以让因变量落在 $[0.5, 1]$；二是优先服务高权重且速度较快车辆，符合通信价值最大化期望。可以看出，当车辆速度较快、自身隐含通信价值较高时，Sigmoid 函数可以保证车辆的启发函数值以较快的速度提升，优先获得通信机会完成通信。

5.2.3.4 动态场景下的节能方法

在固定的传输速率下，依据无线网络传输的距离依赖路径损耗模型，RSU 的发射功率与接收节点之间的距离呈正相关：

$$P_t = \lambda d_{i,t}^{\alpha} \tag{5.27}$$

式中，λ 为传输字节率；α 为损耗指数；$d_{i,t}$ 为在 t 时刻车辆 i 与 RSU 的距离，如图 5.20 所示。

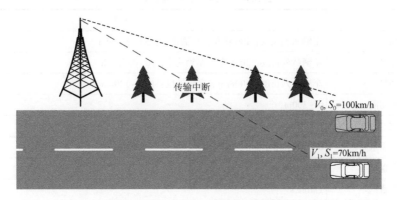

图 5.20　RSU 选择车辆通信

当两辆车 V_0 和 V_1 同时驶入 RSU 通信覆盖范围时，RSU 选择速度较快的车辆先进行通信，如图 5.20 所示，RSU 优先选择 V_0 通信，能以更低能耗完成本次通信，这是因为 V_0 以更快的速度接近或驶离 RSU。在动态场景下，在式（5.25）的作用下，WFCS 调度算法的启发函数可以保证多辆车在权重和数据传输量相近时，RSU 优先服务速度更快的车辆，因此 WFCS 调度算法具备绿色节能的效果。

5.3　仿真分析

5.3.1　仿真环境设置

本实验在 MacOS X 系统下基于 Eclipse Neon 编译环境，采取 Python 2.7 编写仿真系统，模拟车辆队列通过 RSU 的整个通信过程，实现了前文提到的 R2V 上行通信规划算法

MTVA-G 和 WFCS，并与经典的 FCFS 算法（Hammad et al., 2010）和 Hammad 等（2015）提出的 FF 算法进行通信价值和能耗两方面的对比，通过 matplotlib2.0 + pandas0.19 + numpy1.2 将得出的数据进行可视化，证明本研究所提出调度算法的有效性。

实验场景为 RSU 与车辆队列通信，RSU 通信半径设置为 300m，随机产生车辆队列作为输入。为模拟真实场景，车辆队列的长度、队列中车辆的速度、数据传输量均为随机生成。车辆队列间隔符合本书 RSU 时域概念，生成队列在形态上保证了队列进入 RSU 时间和驶出 RSU 时间不产生中断，仿真考虑到了车辆速度间的差异和超车现象的存在。车辆未设置加速度参数，默认进行匀速直线运动。

表 5.8 所示，为仿真实验参数设置。本研究在仿真过程中分别对车辆队列在不同密度、速度下产生的通信价值和平均能耗做了对比。根据前文分析可知，当车辆队列以不同的速度通过 RSU 通信覆盖范围时，受 WFCS 算法中权重、速度、数据传输量的影响，低通信价值车辆在同等条件下会被打断通信。

表 5.8　仿真实验参数设置

仿真参数	参数含义
密集场景	车辆队列长度：100 辆车，车辆速度：50 ~ 80km/h
稀疏场景	车辆队列长度：30 辆车，车辆速度：50 ~ 80km/h
高速场景	车辆队列长度：50 辆车，车辆速度：100 ~ 120km/h
车辆初始间隔	0 ~ 300m
权重	1 ~ 10
通信数据需求	0 ~ 1000MB
RSU 通信覆盖范围	半径 300m
信道容量	1Mbit/s
时隙长度	20μs

为验证所提出调度算法的有效性，实验分别从稀疏、密集和高速场景三个方面对比了动态调度算法 WFCS 与经典动态调度算法 FCFS（Hammad et al., 2010）在动态场景下所产生的通信价值。由于在低速行驶情况下队列通过 RSU 通信覆盖范围所需时间较长，RSU 通信压力较小，故实验并未考虑低速场景。实验采用本书所提出的静态算法 MTVA-G 将动态场景静态化产生的通信价值和能耗作为上界。在节能方面，实验将 WFCS 与 Hammad 等（2015）提出的 FF 算法进行了对比，并同步对比了在 WFCS、FCFS、FF 三种调度算法下队列所产生的通信价值。

5.3.2　性能分析

5.3.2.1　稀疏场景

如表 5.9 所示，在稀疏场景下，车速随机区间为 50 ~ 80km/h，车辆队列长度为 30 辆车，RSU 辐射半径 300m，车辆间初始间距 200m。其中，与 RSU 距离为负数代表距离进入 RSU 通信覆盖范围剩余的距离。

表 5.9 生成车辆集合

名称	车速 /(km/h)	待传输数据 量/bit	当前与 RSU 距离/m	权重
V_0	71	83	0	6
V_1	74	286	−200	4
V_2	64	842	−400	1
V_3	50	221	−600	8
V_4	62	294	−800	7
V_5	68	282	−1000	10
V_6	60	44	−1200	3
V_7	57	176	−1400	7
V_8	67	42	−1600	7
V_9	67	437	−1800	2
V_{10}	66	928	−2000	2
V_{11}	64	751	−2200	8
V_{12}	52	371	−2400	10
V_{13}	74	369	−2600	1
V_{14}	69	551	−2800	2
V_{15}	74	666	−3000	1
V_{16}	76	389	−3200	3
V_{17}	52	703	−3400	3
V_{18}	63	411	−3600	3
V_{19}	60	801	−3800	5
V_{20}	77	379	−4000	7
V_{21}	53	397	−4200	5
V_{22}	73	432	−4400	6
V_{23}	79	471	−4600	8
V_{24}	54	187	−4800	9
V_{25}	52	808	−5000	10
V_{26}	64	3	−5200	3
V_{27}	66	735	−5400	7

名称	车速 /(km/h)	待传输数据 量/bit	当前与 RSU 距离/m	权重
V_{28}	60	192	−5600	10
V_{29}	79	670	−5800	6

车辆队列分别在静态算法 MTVA-G、动态算法 FCFS 和 WFCS 的调度下进行 30 次仿真通过实验获取平均值。表 5.9 为 30 次仿真通过实验中一次随机队列形态,在稀疏场景中,由于通信压力较低,RSU 可以较为从容地应对车辆的传输需求,在三种调度算法作用下,本次队列样本中通信需求被满足的车辆集合如表 5.10 所示,在 FCFS 算法调度下,V_8 之所以会在 V_7 之前完成通信,是因为 V_8 虽然初始位置在 V_7 之后,但是 V_8 具有更高的初始速度 67km/h,高于 V_7 的初始速度 57km/h,故其获得了优先通信机会。注意 V_2 由于通信需求量较大,在传输未完成时已经驶离 RSU 通信覆盖范围,浪费掉通信时隙,产生无效能耗。

表 5.10　满足通信需求车辆集合

算法	被满足通信需求的车辆集合
MTVA-G	V_{28}, V_{25}, V_{12}, V_5, V_{24}, V_{23}, V_{11}, V_3, V_{20}, V_8, V_7, V_4, V_{29}, V_0, V_{22}, V_{21}, V_1, V_{26}, V_{16}, V_6, V_9
FCFS	V_0, V_1, V_3, V_6, V_8, V_7, V_{12}, V_{20}, V_{18}, V_{17}, V_{21}, V_{26}, V_{24}, V_{28}, V_{25}, V_{29}, V_{22}
WFCS	V_0, V_1, V_5, V_6, V_8, V_9, V_{16}, V_{18}, V_{17}, V_{12}, V_{23}, V_{24}, V_{26}, V_{27}, V_{28}, V_{25}, V_{29}, V_{22}

图 5.21 给出了稀疏场景下三种调度算法产生的通信价值。WFCS 和 FCFS 在稀疏场景下性能非常接近,传输价值均接近静态算法给出的上限。WFCS 在同等条件下会打断低速车辆的通信,如 V_5 由于其速度和权重的影响,打断了正在通信的 V_3,抢占了当前时隙完成通信需求。但是这种打断存在以下可能:低速车辆由于通信需求较大,在时隙被抢占后,后续剩余时隙无法完成本次传输。正因为存在这些情况,如图 5.21 的第 1 次和第 2 次实验所示,FCFS 产生的通信价值可能接近或高于 WFCS。

5.3.2.2　密集场景

在车辆密集场景下,试验随机生成长度为 100 辆车的队列,平均间距为 10m,车速为 50~80km/h,由于通信压力骤增,RSU 已经无法满足队列中所有车辆的通信需求,需要在通信车辆集合中进行取舍,选择部分车辆进行通信。

由于 WFCS 存在通信打断策略,而 FCFS 仅仅依靠车辆进入的优先级进行通信,故 WFCS 会在 Sigmoid 函数的作用下,在权重、数据量、车速优于当前通信车辆时,打断当前车辆通信,接管时隙。因此,在权重和数据量相同时,具备更高车速车辆会被 RSU 优先选择进行通信,由式(5.27)可知,这种时隙抢占会产生更低能耗。

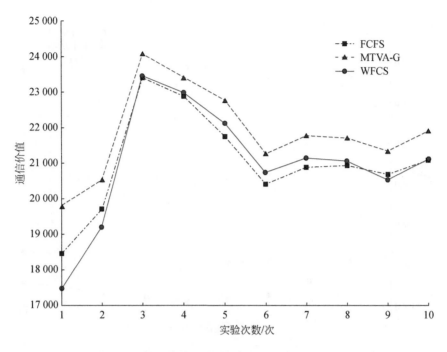

图5.21　稀疏场景下三种调度算法产生的通信价值

图5.22为密集场景下三种调度算法产生的通信价值。模拟进行30次随机车辆队列通信，每3次取一次平均值。与图5.21相比可以看出，WFCS在车辆密集场景下较FCFS更具优势，但是与静态算法给出的上限差距较大，这是因为在车辆密集场景下，竞争信道的车辆会增加，多辆车同时驶入RSU通信覆盖范围的概率也大大增加，启发函数在此条件下可以迅速切换到与高价值低能耗车辆进行通信，虽然这种策略存在时隙抢占，造成部分低价值车辆通信无法完成的问题，但总体上，由于综合考虑了权重、速度等因素，通信价值和节能效果可以得到保证。

WFCS算法可以有效规避以下场景：车辆队列中存在某些权重很低但传输数据量很大的需求，如在实际场景中，有一些娱乐音频、视频的传输请求，但是与其他更为紧急的通信需求相比，在信道资源不足的情况下，这些需求是应该被忽略掉的低权重通信，WFCS正因为启发函数的存在，可以有效打断这种低价值高时隙需求量的通信。

5.3.2.3　高速场景

在高速场景下，车速上限达到120km/h时，由于车辆队列通过RSU通信覆盖范围的时间显著缩短，所以与低速或稀疏场景相比，在同等数据量和队列长度的情况下，能够被满足服务需求的车辆数目减少，WFCS在高速场景下有更大概率选择高权重车辆。图5.23给出了不同速度区间下信道抢占次数和高速场景下通信价值对比。如图5.23（a）所示，通过WFCS算法调度，车辆队列在不同速度区间下分别进行300次RSU通信覆盖区域行驶

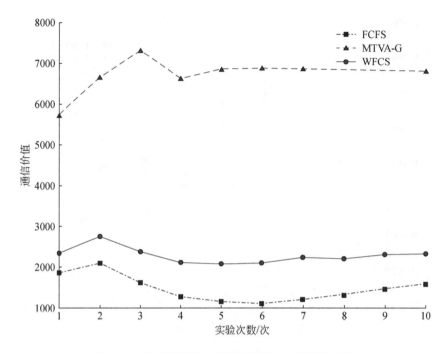

图 5.22　拥塞场景下三种调度算法产生的通信价值

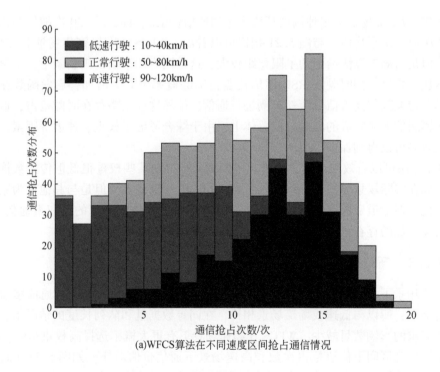

(a)WFCS算法在不同速度区间抢占通信情况

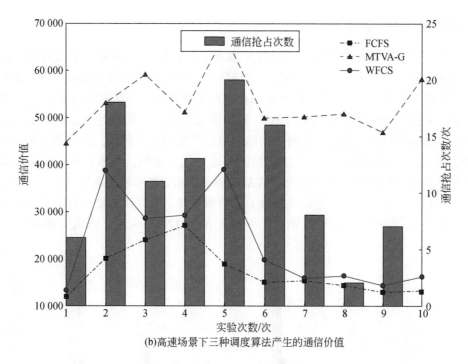

(b)高速场景下三种调度算法产生的通信价值

图 5.23 不同速度区间下通信抢占次数和高速场景下通信价值对比

通过仿真实验，其中横轴是在启发函数的发动下，发生通信抢占的次数，纵轴是这些次数发生的队列分布情况。从横轴可以看出，0～5 次抢占一般发生在低速行驶的情况下，这是因为在低速行驶时，车辆进入 RSU 通信覆盖范围的时间较为分散，由式（5.16）可知，一旦某车辆传输完成率 $C_{i,t}$ 超过 50%，新进入车辆就无法抢占这辆车的通信时隙，另一个原因是速度基数本身较低，由 Sigmoid 函数特性决定启发函数值上升也较为缓慢。5～10 次抢占的队列分布中出现正常行驶的车辆占比增大的情况，这是因为随着车速的增加，车辆超车情况逐渐增多，同时竞争信道的车辆也较多。

同样的情况发生在 10～15 次抢占的分布表现上，此时，高速行驶占据了大多数的分布，而低速行驶则极少出现如此高的信道抢占次数，原因正如前文分析，高速行驶时，一方面在式（5.26）的作用下，车辆的启发函数值快速变化，此时 Sigmoid 类似于阶跃函数，高权重高车速车辆很容易打断低通信价值车辆的通信，从而占据时隙完成通信。另外，由于单位时间通过车辆数量增大，因此通信打断、时隙抢占的概率也随之增大。因此，WFCS 会在高速场景下频繁打断通信。而 FCFS 由于通信时间的缩短，导致整体通信价值偏低，值得注意的是在高速场景下，如图 5.23（b）所示，在第 2 次和第 5 次队列通过 RSU 通信覆盖范围时，发生的抢占次数较多，这种高抢占次数表明队列内车辆在速度、权重、数据量变量之间存在较大差距，RSU 每次切换通信对象，较大概率会产生更优的通信价值，故从折线图可以看出，相比其余 8 次队列通过实验，经典 FCFS 调度算法在第 2 次和第 5 次队列通过实验中的通信价值和 WFCS 调度算法产生了较大差距。

5.3.2.4 综合能耗对比

图 5.24 为能耗-通信价值对比。如图 5.24 所示，随机生成 30 次车辆队列通过 RSU 通信覆盖范围，通过 WFCS 算法进行调度，并将队列所产生的能耗与 Hammad 等（2015）提出的 FF 算法结果进行对比，其中横坐标轴是进行仿真实验车辆队列通过 RSU 通信覆盖范围的次数，左侧纵坐标轴是队列通过 RSU 通信覆盖范围产生的能耗，右侧纵坐标轴指的是队列产生的通信价值，折线图是每一次队列通过产生的能耗曲线，柱状图是每 5 次队列通过产生的通信价值的均值。FF 算法依据的是速度优先策略，在多辆车进行信道竞争时选择速度最快的进行通信。静态算法 MTVA-G 由于提前规划车辆的通信过程，放弃了规划外的车辆通信，空闲时隙不产生能耗，故节能效果最佳，以此作为动态通信规划算法能耗的下限。表 5.11 为队列长度为 10 辆车，车速在 100～120km/h 时，随机生成的车辆队列。

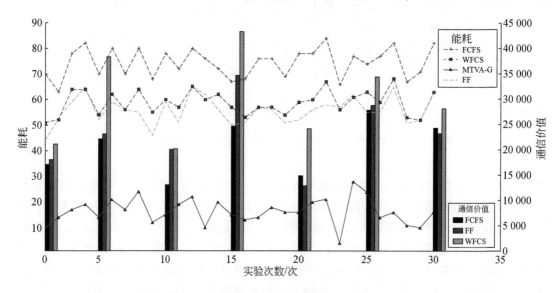

图 5.24　能耗-通信价值对比

表 5.11　车辆随机队列

名称	车速/(km/h)	待传输数据量	当前与 RSU 距离/m	权重
V_0	102	21	0	5
V_1	110	336	−200	5
V_2	104	444	−400	1
V_3	115	845	−600	6
V_4	118	800	−800	5
V_5	113	241	−1000	9
V_6	112	411	−1200	7

续表

名称	车速/km/h	待传输数据量	当前与 RSU 距离/m	权重
V_7	111	294	-1400	7
V_8	105	672	-1600	9
V_9	110	260	-1800	1

MTVA-G 贪心规划算法，通过多轮贪心选取，对 RSU 一个队列时域整体时隙做出静态规划，如表 5.12 所示。

最终，对 V_0 到 V_9 的规划结果为 $\{V_5, V_7, V_1, V_0, V_9\}$，其余车辆则直接舍弃，不产生通信，如表 5.12 中的规划结果所示，显示为 0 的是空闲时隙，RSU 在规划为 0 的时刻处于休眠节能状态，不产生通信能耗。动态场景下，在车辆进入 RSU 通信覆盖范围之前，RSU 无法获知车辆节点相关信息，FF 算法依靠速度优先原则进行通信调度，由式（5.27）可知，FF 算法依靠速度优先策略理论可获得较优的节能效果。WFCS 算法相比于 FF 算法，依靠速度-权重等启发因子优先原则，在保证高通信价值的同时也具备一定的节能效果。FCFS 在理论上为满时隙占用通信，当队列中先进入的车辆通信完成，尚未驶出 RSU 通信覆盖范围，剩余车辆尚未进入时，FCFS 规划也可能会产生空闲时隙。

表 5.12　MTVA-G 静态规划算法对 RSU 时域的规划结果

选取轮数	时隙规划情况																			
时隙初始化	0	0	0	0	0	0	0	0	0	0	0	0	0	0	0	0	0	0	0	0
第 1 轮	0	0	0	0	0	0	0	0	1	1	1	0	0	0	0	0	0	0	0	0
第 2 轮	0	0	0	0	0	0	0	0	1	1	1	0	1	1	0	0	0	0	0	0
第 3 轮	0	0	0	0	0	0	0	0	1	1	1	0	1	1	0	0	0	0	0	0
第 4 轮	0	0	0	0	0	0	0	0	1	1	1	0	1	1	0	0	0	0	0	0
第 5 轮	0	0	0	0	0	0	0	0	1	1	1	0	1	1	0	0	0	0	0	0
第 6 轮	1	1	1	1	1	0	0	0	1	1	1	0	1	1	0	0	0	0	0	0
第 7 轮	1	1	1	1	1	0	0	0	1	1	1	0	1	1	0	0	0	0	0	0
第 8 轮	1	1	1	1	1	0	0	0	1	1	1	0	1	1	0	1	1	1	0	0
规划结果	1	1	1	1	1	0	0	0	1	1	1	0	1	1	0	1	1	1	0	0

实验结果表明，动态调度算法中 FF 算法的节能效果最优，WFCS 算法由于在启发变量中兼顾了权重、速度、数据传输量参数，不仅具备一定的节能效果，在通信价值最大化方面相比经典调度策略 FCFS 算法和 FF 算法也有较为明显的提升。

WFCS 算法保证了高通信价值车辆的优先服务，同时也保证了在 RSU 的整个时域 T

内，已经开始通信的高权重车辆通信不会被舍弃或时隙被抢占，较之 FCFS 算法和 FF 算法，WFCS 算法使得整个 R2V 上行通信的服务质量得到保证，并具备一定的节能效果。

5.4 小 结

在车载自组织网络中，在满足不同等级业务需求的前提下进行节能传输和提升网络吞吐量，使网络传输价值最大化是一个重要的研究方向。本章对 R2V 上行传输的最大价值问题进行了研究。通信价值的提升是 VANET 在商业化应用场景中最先会遇到的问题，本章通过把动态问题静态化，将 RSU 的通信时域划分为较小的时隙并通过圣诞老人问题向其归约，证明了这个问题是 NP 完全问题。本章详述了 MTVA-G 算法的执行过程并通过线段树来消除车辆之间的时隙冲突，从而确定了 R2V 上行网络最大通信价值的 $1+\varepsilon$ 近似算法，并将离线算法的结果作为仿真实验中动态场景算法的上界。在动态场景中，本章采用了具备退避策略的启发式算法 WFCS，实验结果表明基于 WFCS 算法的调度的综合性能表现比经典的 FCFS 算法和节能效果较好的 FF 算法更优。

参 考 文 献

冯诚，李治军，姜守旭．2015. 无线移动多信道感知网络上的数据聚集传输规划［J］．计算机学报，39（3）：931-945.

刘建航，毕经平，葛雨明，等．2016. 一种基于协助下载方法的车联网选车策略［J］．计算机学报，38（2）：929-933.

唐伦，王晨梦，陈前斌．2015. 车载自组织网络中基于时分复用的异步多信道 MAC 协议［J］．计算机学报，38（3）：673-684.

吴黎兵，刘冰艺，聂雷，等．2016. VANET-cellular 环境下安全消息广播中继选择方法研究［J］．计算机学报，39（5）：919-930.

Alcaraz J J, Vales-Alonso J, Garcia-Haro J. 2010. Control-based scheduling with QoS support for vehicle to infrastructure communications［J］. IEEE Wireless Communications, 16（6）：32-39.

Almheiri S M, Alqamzi H S. 2015. MANETs and VANETs clustering algorithms：A survey［C］. IEEE. GCC Conference and Exhibition（GCCCE）. Manama：IEEE, 1-6.

Alsabaan M, Alasmary W, Albasir A, et al. 2013. Vehicular networks for a greener environment：A survey［J］. Communications Surveys & Tutorials IEEE, 15（3）：1372-1388.

An S H, Lee B H, Shin D R. 2011. A survey of intelligent transportation systems［C］. IEEE. Communication Systems and Networks（CICSyN）, Florida：IEEE, 332-337.

Atoui W S, Salahuddin M A, Ajib W, et al. 2016. Scheduling energy harvesting roadside units in vehicular ad hoc networks［C］. IEEE Vehicular Technology Conference-Fall. New York：IEEE, 30-36.

Bali R S, Kumar N, Rodrigues J J P C. 2015. An efficient energy- aware predictive clustering approach for vehicular ad hoc networks［J］. International Journal of Communication Systems, 13（3）：232-243.

Bansal N, Sviridenko M. 2006. The santa claus problem［C］. ACM. Proceedings of the Annual Acm Symposium on Theory of Computing. New York：ACM, 31-40.

Bilstrup K, Uhlemann E. 2009. On the Ability of the 802.11p MAC method and STDMA to support real-time vehicle- to- vehicle communication ［J］. Eurasip Journal on Wireless Communications & Networking, 2009 (1): 53-56.

Chang I C, Tai H T, Hsieh D L, et al. 2013. Design and implementation of the travelling time- Efficient and Energy- Efficient Android GPS Navigation App with the VANET- Based A* Route Planning Algorithm ［C］. IEEE. 2013 International Symposium on. Taipei: ISBAST, 85-92.

Chang J M, Lai C F, Chao H C, et al. 2014. An Energy-efficient geographic routing protocol design in vehicular Ad-hoc network ［J］. Computing, 96 (2): 119-131.

Chekuri C, Khanna S. 2001. A PTAS for the multiple knapsack problem ［C］. ACM. Proceedings of the eleventh annual ACM- SIAM symposium on Discrete algorithms. New York: Society for Industrial and Applied Mathematics, 213-222.

Chen F, Johnson M P, Alayev Y, et al. 2012. Who, when, where: Timeslot assignment to mobile clients ［J］. IEEE Transactions on Mobile Computing, 11 (1): 73-85.

Cooper C, Franklin D, Ros M, et al. 2017. A comparative survey of VANET clustering techniques ［J］. IEEE Communications Surveys & Tutorials, 19 (9): 657-681.

Corporation H P. 2013. An energy- efficient broadcast MAC protocol for hybrid vehicular networks ［J］. International Journal of Distributed Sensor Networks, 12 (3): 188-192.

Cunha F D D, Boukerche A, Villas L, et al. 2014. Data communication in VANETs: A survey, challenges and applications ［J］. Ad Hoc Networks, 44 (7): 90-103.

Dechter R, Pearl J. 1985. Generalized best-first search strategies and the optimality of A* ［J］. Journal of the ACM (JACM), 32 (3): 505-536.

Feng W, Elmirghani J M H. 2009. Green ICT: Energy efficiency in a motorway model ［C］. IEEE. Next Generation Mobile Applications, Services and Technologies, International Conference. Cardiff: IEEE, 389-394.

Frank R, Bronzi W, Castignani G, et al. 2014. Bluetooth low energy: An alternative technology for VANET applications ［C］. IEEE. Wireless On- demand Network Systems and Services (WONS), NewYork: IEEE, 104-107.

Frigau M S. 2013. Cross-layer transmit power and beacon rate adaptation for VANETs ［J］. Acm Sigsim, 23 (16): 129-136.

Gao Q, Blow K J, Holding D J, et al. 2006. Radio range adjustment for energy efficient wireless sensor networks ［J］. Ad Hoc Networks, 4 (1): 75-82.

Hafeez K, Zhao L, Mark J, et al. 2013. Distributed multichannel and mobility- aware cluster- based MAC protocol for vehicular ad hoc networks. IEEE Transactions on Vehicular Technology, 62 (8): 3886-3902.

Hajlaoui R, Guyennet H, Moulahi T. 2016. A survey on heuristic- based routing methods in vehicular ad- hoc network: technical challenges and future trends ［J］. IEEE Sensors Journal, 16 (17): 6782-6792.

Hammad A A, Badawy G H, Todd T D, et al. 2010. Traffic scheduling for energy sustainable vehicular infrastructure ［C］. IEEE Global Telecommunications Conference (GLOBECOM 2010), MIAM: IEEE.

Hammad A A, Todd T D, Karakostas G, et al. 2013. Downlink traffic scheduling in green vehicular roadside infrastructure ［J］. IEEE Transactions on Vehicular Technology, 62 (3): 1289-1302.

Hammad A A, Todd T D, Karakostas G. 2015. Variable bit rate transmission schedule generation in green vehicular roadside units ［J］. IEEE Transactions on Vehicular Technology, 65 (3): 1590-1604.

Hartenstein H, Laberteaux K P. 2008. A tutorial survey on vehicular ad hoc networks ［J］. IEEE

Communications Magazine, 46 (6): 164-171.

Jiang J R, Tseng Y C, Hsu C S, et al. 2003. Quorum- based asynchronous power- saving protocols for IEEE 802.11 ad hoc networks [J]. Mobile Networks & Applications, 10 (12): 257-263.

Johnson D B. 1973. A note on dijkstra's shortest path algorithm [J]. Journal of the ACM (JACM), 20 (3): 385-388.

Kim D, Velasco Y, Wang W, et al. 2016. A new comprehensive RSU installation strategy for cost- efficient VANET deployment [J]. IEEE Transactions on Vehicular Technology, 99 (1): 1-8.

Kumar W, Bhaacharya S, Qazi B R, et al. 2012. An energy efficient double cluster head routing scheme for motorway vehicular networks [C]. ICC, 2012 IEEE International Conference on. Minnesota: IEEE, 141-146.

Lee W, Landman P, Barton B, et al. 1997. A 1-V programmable DSP for wireless communications [J]. IEEE Solid-State Circuits, 32 (11): 1766-1776.

Liu Y, Xiong N, Zhao Y, et al. 2010. Multi- layer clustering routing algorithm for wireless vehicular sensor networks [J]. Communications Let, 4 (7): 810-816.

Maslekar N, Boussedjra M, Mouzna J, et al. 2011. VANET based adaptive traffic signal control [C]. IEEE. Vehicular Technology Conference (VTC Spring), Budapest: IEEE, 1-5.

Omar H A, Zhuang W, Li L. 2013. VeMAC: A TDMA- based MAC protocol for reliable broadcast in VANETs [J]. IEEE Transactions on Mobile Computing, 12 (9): 1724-1736.

Pardakhe M N V, Keole R R. 2013. Analysis of various topology based routing protocols in VANET [J]. International Journal of Advanced Research in Computer Science, 4 (6): 12-18.

Peirce S, Mauri R. 2007. Vehicle- infrastructure integration (Ⅶ) initiative benefit- cost analysis: Pre- testing estimates [J]. Draft Report, 12 (3): 49-54.

Perillo M, Cheng Z, Heinzelman W. 2005. An analysis of strategies for mitigating the sensor network hot spot problem [C]. ICMUS. Annual International Conference. Washington, DC: IEEE Computer Society, 474-478.

Piscataway N. 2012. Wireless LAN Medium Access Control (MAC) and Physical Layer (PHY) specifications [J]. IEEE D3, C1-1184.

Prasan Kumar S, Ming-Jer C, Shih-Lin W. 2014. SVANET: A smart vehicular ad hoc network for efficient data transmission with wireless sensors [J]. Sensors, 14 (12): 22230-22260.

Rawat D B, Popescu D C, Yan G, et al. 2011. Enhancing VANET performance by joint adaptation of transmission power and contention window size [J]. IEEE Transactions on Parallel & Distributed Systems, 22 (9): 1528-1535.

Sharma V, Singh H, Kant S. 2013. AODV based energy efficient IEEE 802.16G VANET network [C]. ARTCom, Fifth International Conference on Advances in Recent Technologies, Miami: ARTCom, 35-43.

Stephany R, Anne K, Bell J, et al. 1998. A 200MHz 32b 0.5W CMOS RISC microprocessor [J]. Solid-State Circuits Conference, 12 (4): 238-239.

Tseng Y C, Hsu C S, Hsieh T Y. 2002. Power- saving protocols for IEEE 802.11- based multi- hop ad hoc networks [C]. INFOCOM 2002. Twenty- First Annual Joint Conference of the IEEE Computer and Communications Societies. NEW ORLEANS: IEEE, 200-209.

Volkan R. 1999. Minimum energy mobile wireless networks [J]. IEEE Journal on Selected Areas in Communications, 17 (8): 1333-1344.

Rodoplu V, Meng T H. 1999. Minimum energy mobile wireless networks [J]. IEEE Journal on Selected Areas in Communications, 17 (8): 1333-1344.

Wang C H, Yu G J. 2013. Power control and channel assignment mechanisms for cluster-based multichannel vehicular ad-hoc networks [C]. IEEE. 2013 12th IEEE International Conference on Trust, Melbourne: Security and Privacy in Computing and Communications, 1762-1767.

Wen C, Zheng J. 2015. An RSU on/off scheduling mechanism for energy efficiency in sparse vehicular networks [C]. International Conference on Wireless Communications & Signal Processing. IEEE, 1-5.

Wu S H, Chen C M, Chen M S. 2010. An asymmetric and asynchronous energy conservation protocol for vehicular networks [J]. IEEE Transactions on Mobile Computing, 9 (1): 98-111.

Xu Y, Heidemann J, Estrin D. 2001. Geography-informed energy conservation for ad hoc routing [J]. Acm Mobicom, 3 (3): 70-84.

Yang C, Fu Y, Zhang Y, et al. 2013. Energy-efficient hybrid spectrum access scheme in cognitive vehicular ad hoc networks [J]. IEEE Communications Letters, 17 (2): 329-332.

Zhang Y, Zhao J, Cao G. 2007. On scheduling vehicle-roadside data access [C]. ACM International Workshop on Vehicular Ad Hoc Networks. ACM, 9-18.

第6章 基于名字的信任与安全机制

6.1 信任与安全相关技术

近年来，信息中心网络（Information-Centric Networking，ICN）逐渐发展成为未来互联网体系架构之一，以解决当前网络的不足与性能瓶颈（Jacobson et al.，2009；Zhang et al.，2014b；NDN Team，2013）。命名数据网络（Named Data Networking，NDN）是信息中心网络中一个非常有前途的项目（Zhang et al.，2014a），大量的学者和研究机构对NDN进行了深入的研究，推动未来互联网的发展（Zhang et al.，2011；Hamdane et al.，2013，2017；Ahlgren et al.，2012）。

NDN采用名字路由，利用路由器缓存数据包，再次请求相同数据时，路由器缓存中的数据包响应数据请求，而不需要从数据生产者处获取数据包，提高了数据请求的响应速度，并能提高数据的查找效率（Zhang et al.，2010；Saltzer et al.，1984；Crowley，2013）。NDN使用名字命名数据，更能满足人们对网络的直观需求。NDN只关注数据本身，数据的安全建立在数据本身的安全之上，而不是信息传输通道安全，数据签名是NDN架构的一部分，对于隐私数据可选择加密数据（Jacobson et al.，2009；Smetters and Jacobson，2009；Tourani et al.，2017）。

NDN采用缓存机制，并且没有网络连接的概念，数据的安全不再依赖于数据所在的地址（邢光林等，2018；Choi et al.，2013；Afanasyev et al.，2013；Salah and Strufe，2016）。NDN中生产者对数据签名，消费者通过验证数字签名，确定数据的完整性。若要确定数据是否可信，还需要提供合适的信任机制（Salah et al.，2015；Selvi et al.，2016；Wang et al.，2012），使数据消费者信任接收到的数据。生产者使用私钥对数据进行签名，消费者使用公钥验证数字签名，验证成功表明某个私钥对数据进行了签名（Kang et al.，2018；Cui et al.，2018），用户想要确定数据是否可信，需要采用合适的信任机制认证其公钥所属者的身份，若公钥所属者可信，则其产生的数据也可信（Wu et al.，2016；Ghali et al.，2014；Conti et al.，2013）。

NDN中的信任与安全机制涉及密码学、区块链与数据命名等相关理论与技术。

6.1.1 密码学

6.1.1.1 基于身份的密码

基于身份的密码（Identity-based Cryption，IBC）是一个密码系统，任意一个字符串都能得到一个有效的公钥（Xie et al.，2012；Adithya et al.，2016）。IBC 有两个重要的功能：基于身份的加密（Identity-based Encryption，IBE）功能（Dan and Franklin，2001）和基于身份的签名（Identity-based Signature，IBS）功能。

（1）IBE 功能

IBE 功能包含四个算法：设置算法、提取私钥算法、加密算法和解密算法。

Setup（λ）→（MSK_{PKG}，PARAM）：设置算法。安全参数 λ 作为输入，私钥生成器（Private Key Generator，PKG）运行设置算法，产生自己的主私钥 MSK_{PKG} 和系统公共参数 PARAM，PKG 会保证 MSK_{PKG} 的私密性，系统公共参数 PARAM 是公开的，供系统中的所有用户使用。

KeyGen（MSK_{PKG}，ID）→D_{ID}：提取私钥算法。给具有身份 ID 的用户计算其对应的私钥 D_{ID}，PKG 执行该算法。算法执行前，PKG 会认证申请者是否具有身份 ID。D_{ID} 即为私钥，私钥会安全地发送给用户。

Encrypt（PARAM，ID，M）→C：加密算法。该算法由加密者执行，输入接收者的身份 ID 信息、系统公共参数 PARAM 和待加密的明文 M，输出明文 M 加密后的密文 C。

Decrypt（PARAM，D_{ID}，C）：解密算法。该算法由解密者执行，需要输入解密者的私钥、系统公共参数 PARAM 和待解密的密文 C，如果解密成功则输出明文 M。

（2）IBS 功能

IBS 功能包含四个算法：设置算法、提取私钥算法、签名算法和验证签名算法（Crowley，2013）。

设置算法和提取私钥算法与 IBE 功能中的算法一样。IBS 签名与验证签名过程如图 6.1 所示。

Sign（PARAM，D_{ID}，M）→σ：签名算法。该算法由签名者执行，输入签名者的私钥 D_{ID}、系统公共参数 PARAM 和待签名的明文 M，计算出签名 σ。

Verify（PARAM，ID，M，σ）：验证签名算法。该算法由验证签名者执行，输入系统公共参数 PARAM、验证签名者的 ID、明文 M 和签名 σ，运行算法验证签名 σ，若验证签名成功则输出 1，否则输出 0。

6.1.1.2 基于身份的层次密码

基于身份的层次密码（Hierarchical Identity-based Cryption，HIBC）是 IBC 的一个变种，能反映一个组织的层级结构，如一棵倒立的树。与 IBC 不同的是，HIBC 拥有多个 PKG，每个 PKG 都拥有自己的主私钥，PKG 为与之相邻的用户产生并传递私钥，HIBC 中位于根部的 Root PKG 称为根 PKG。

每个用户的 ID 由其所有祖先 PKG 的 ID 组成。例如，用户 A 处于第 t 级，用户 A 的 ID 为 ID 元组（$ID_1,ID_2,\cdots,ID_t$），其中 ID_i 代表第 i 级的节点。位于第 t 级的 PKG，其直接为与之相邻的用户产生私钥，相邻用户的 ID 为 ID 元组（$ID_1,ID_2,\cdots,ID_t,ID_{t+1}$）。如图 6.2

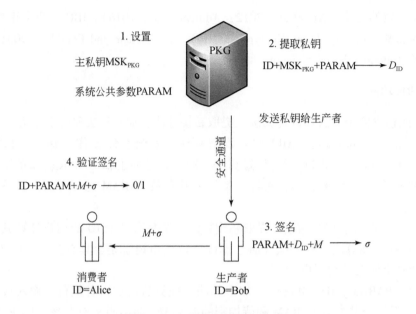

图 6.1　IBS 签名与验证签名过程

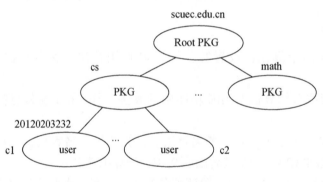

图 6.2　HIBC 分层结构图

所示，用户 c1 的 ID 为/scuec. edu. cn/cs/20120203232。

HIBC 有两个重要的功能：基于身份的层次加密（Hierarchical Identity- based Encryption，HIBE）功能和基于身份的层次签名（Hierarchical Identity- based Signature，HIBS）功能。

（1）HIBE 功能

HIBE 功能包含四个算法：设置算法、提取私钥算法、加密算法和解密算法。

RootSetup（λ）→［$MSK_{(Root\ PKG)}$，PARAM］：设置算法。安全参数 λ 作为输入，Root PKG 运行该设置算法，产生自己的主私钥 $MSK_{(Root\ PKG)}$ 和系统公共参数 PARAM，Root PKG 会保证 $MSK_{(Root\ PKG)}$ 的私密性，系统公共参数 PARAM 是公开的，供系统中的所有用户和

PKG 使用。

Lower Level Setup $(\lambda)\rightarrow\mathrm{MSK_{PKG}}$：设置算法。安全参数 λ 作为输入，每个非 Root PKG 运行该设置算法，产生自己的主私钥 $\mathrm{MSK_{PKG}}$。

KeyGen $[\mathrm{MSK_{PKG}}$，ID-tuple $(\mathrm{ID}_1,\mathrm{ID}_2,\cdots,\mathrm{ID}_t)]$ $\rightarrow D_{\mathrm{ID}}$：提取私钥算法。为具有身份 ID-tuple $(\mathrm{ID}_1,\mathrm{ID}_2,\cdots,\mathrm{ID}_t)$ 的用户计算其对应的私钥 D_{ID}，第 $t-1$ 层的 PKG 执行该算法。算法执行前，PKG 会认证申请者是否具有身份 ID-tuple $(\mathrm{ID}_1,\mathrm{ID}_2,\cdots,\mathrm{ID}_t)$。$D_{\mathrm{ID}}$ 即为私钥，私钥会安全地发送给用户。

Encrypt $[\mathrm{PARAM}$，ID-tuple $(\mathrm{ID}_1,\mathrm{ID}_2,\cdots,\mathrm{ID}_t)$，$M]$ $\rightarrow C$：加密算法。该算法由加密者执行，输入接收者的身份 ID-tuple $(\mathrm{ID}_1,\mathrm{ID}_2,\cdots,\mathrm{ID}_t)$ 信息、系统公共参数 PARAM 和待加密的明文 M，输出明文 M 加密后的密文 C。

Decrypt $(\mathrm{PARAM}$，D_{ID}，$C)$：解密算法。该算法由解密者执行，输入解密者的私钥、系统公共参数 PARAM 和待解密的密文 C，如果解密成功则输出明文 M。

（2）HIBS 功能

HIBS 功能包含四个算法：设置算法、提取私钥算法、签名算法和验证签名算法。设置算法和提取私钥算法与 HIBE 功能中的算法一样。

Sign $(\mathrm{PARAM}$，D_{ID}，$\mathrm{M})\rightarrow\sigma$：签名算法。该算法由签名者执行，输入签名者的私钥 D_{ID}、系统公共参数 PARAM 和待签名的明文 M，计算出签名 σ。

Verify $[\mathrm{PARAM}$，ID-tuple $(\mathrm{ID}_1,\mathrm{ID}_2,\cdots,\mathrm{ID}_t)$，$M$，$\sigma]$：验证签名算法。该算法由验证签名者执行，输入系统公共参数 PARAM、验证签名者的身份信息 ID-tuple $(\mathrm{ID}_1,\mathrm{ID}_2,\cdots,\mathrm{ID}_t)$、明文 M 和签名 σ，运行算法验证签名 σ，若验证签名成功则输出 1，否则输出 0。

HIBC 中的加密和签名操作与 IBC 中的加密和签名操作类似。不同的是，HIBC 中有多个 PKG，设置算法将作用于所有 PKG，只是 Root PKG 才拥有系统公共参数 PARAM，其他的 PKG 共用这个公共参数。ID-tuple $(\mathrm{ID}_1,\mathrm{ID}_2,\cdots,\mathrm{ID}_t)$ 作为公钥，系统公共参数用于签名、验证签名、加密和解密算法中，HIBC 的安全依赖于系统公共参数 PARAM，因此要保证 PARAM 的安全。

6.1.1.3 公钥基础设施

公钥基础设施（Public Key Infrastructure，PKI）是目前网络安全建设的基础与核心，是通信安全实施的基本保障。PKI 使用非对称密码体系，其中公钥负责加密数据，私钥负责解密数据。为了获得正确的公钥，第三方权威机构——认证中心（Certificate Authority，CA）给用户颁发数字证书，数字证书包含公钥拥有者的信息、公钥、颁发机构和有效时间以及颁发机构的签名等信息。证书把公钥和公钥的拥有者信息绑定在一起，CA 利用自己的私钥对证书签名。用户获取 CA 的公钥，验证证书的签名确定数字证书真伪，信任 CA 则信任数字证书中的公钥。由此可知，CA 是 PKI 的重要组成部分，用于认证用户、颁发数字证书和管理证书。

PKI 主要在电子商务、网上银行等对安全要求较高的场景中使用，用于认证通信者的身份、加密数据和签名数据。用户 A 获取用户 B 的公钥经历的过程如下。

1）用户 A 向 CA 提交用户 B 的信息，请求获取用户 B 的数字证书；

2）获得用户 B 的数字证书后，请求 CA 的公钥；

3）验证 CA 的公钥的正确性，CA 的公钥验证数字证书的签名；

4）验证数字证书签名通过后，读取证书中的公钥。

获取公钥会花费大量的时间，而且 PKI 依赖于第三方权威机构，数据的安全依赖于 CA 的安全，当 CA 遭受攻击时，其颁发的数字证书将不被信任。CA 的日常工作会产生费用，因此使用 PKI 的用户需要支付服务费。

6.1.2　区块链技术

6.1.2.1　区块链

区块链是比特币的底层技术，经过近十年的发展，区块链已经不再依附于比特币，独立地发展成为一项革命性技术。比特币是区块链最大、最成功的应用。

从技术角度看，区块链是一个去中心化的分布式数据库，数据库中的数据不可修改，区块链的所有节点都可以访问所有区块的信息，方便信息共享与检查区块的正确性。

从价值角度来看，区块链可以传递价值。目前的互联网仅用来传递消息，但是还不能可靠地传递价值；而区块链却可以在全球范围内自由地传递比特币，并且能够保证比特币不被双花、不被冒用。从这个角度来说，区块链是记录价值、传递消息和转移价值本身的一个可信账本。

简而言之，区块链就是区块用某种方式组织起来的链条。基于区块链的系统和以往的其他系统存在很多不同之处，以区块链技术为核心的系统包括如下四大最主要特点。

分布式（Distributed）。区块链是全球化的。区块链中没有中心节点，数据分布式地存储在各个节点上，即使绝大部分节点毁灭了，只要还有一个节点存在，就可以重新建立并还原区块链数据。

自治（Autonomous）。区块链是一种去中心化的、自治的交易体系，这种自治表现在两个方面。①所有节点都是对等的，每个节点都可以自由加入和离开，并且这一行为对整个区块链系统的运行没有任何影响。所有的节点都是按照相同的规则来达成共识，且无须其他节点的参与。②区块链系统本身一旦运行起来，就可以自行产生区块并且同步数据，无须人工参与。

按照合约执行（Contractual）。区块链是按照合约执行的，第一体现在各个节点的运行规则（指交易、区块链或协议）上，节点按照既定的规则执行，一旦出现违背规则的行为，就会被其他节点所抛弃；第二体现在智能合约上，智能合约是一种可程序化的合同条款、规则或规定，包含在每个交易中，交易验证时必须先运行智能合约，只有通过验证的交易才能被接受。

可追溯（Trackable）。区块链的数据是公开透明的，不能被篡改的，而且相关交易之间有一定的关联性，因而很容易被追溯。例如，比特币区块链，每一枚比特币都有其特定的来源，通过输入可以追溯到上一个交易，或者通过输出追溯到下一个交易。此外，区块链代码本身也是可追溯的，区块链系统是开源软件，其对于所有人都是公开的，因此任何人都可以查看并修改这些代码，不过修改后的代码需要经过开源社区上其他程序员的审核。

区块链可以分为公有区块链、联盟（行业）区块链和私有区块链。

6.1.2.2　区块链架构

近几年，区块链技术的应用越来越广泛。区块链的实质是一个去中心化的分布式数据库，区块链通过某种共识机制保证各节点数据的一致性，并利用加密算法保证数据的安全性。通过 Hash 值和时间戳把区块链链接在一起形成链式结构。

区块链架构一共分为六层，如图 6.3 所示。

图 6.3　区块链架构

1）应用层：区块链的链式数据结构具有不易篡改性和分布式的特点，可用于运行智能合约，且区块链中的区块上的数据具有很高的安全性和很强的隐私保护的特点。区块链应用广泛，如应用在金融服务、公共服务、物联网、大数据方面。

2）合约层：合约层包含智能合约、各种算法和脚本代码，是实现区块链可编程特性的基础。

3）激励层：在公有链中，奖励参与记账的节点，惩罚不按要求的节点，使区块链朝着好的方向发展。而私有链不一定需要激励机制，其可通过一定的规则要求节点参与记账。

4）共识层：共识机制包括权益证明机制、工作量证明机制、股份授权证明机制等。共识机制是区块链的核心，决定由哪个节点来记账，这将影响整个系统的可靠性与安全性。

5）网络层：网络层包含数据验证机制、P2P 网络和消息传播协议等。

6）数据层：数据层中包含非对称公钥加密技术、时间戳技术、区块的链式结构和 Mekle 树。

6.1.2.3 区块链原理

区块链是所有比特币节点共享的交易数据库，这些节点遵从比特币协议加入比特币网络中。区块链网络将所有交易数据存储在区块链中，随着交易的增加，区块链持续延长，区块链中包含每个比特币系统中执行过的交易，根据此信息，可以找到任一个地址中的比特币数量。区块链示意图如图 6.4 所示。

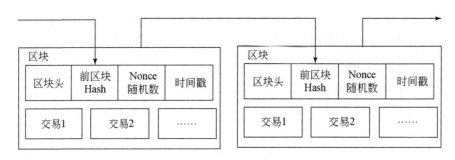

图 6.4　区块链示意图

如果一个区块是最长块链的最后一个区块，那么诚实的矿工只会在这个区块的基础上生成后续区块（创建新区块时通过引用该区块来实现）。"长度"是指被计算成区块链的所有联合难度，而不是区块的数量，尽管这个区别仅仅在防御几个潜在攻击时有用。如果一个区块链中的所有区块和交易均有效，则该区块链有效，并且要以创世块开头。

对于区块链中的任何区块而言，只有一条通向创世块的路径。然而，从创世块出发，却可能有分叉。当两个区块产生的时间仅相差几秒时，可以产生包含一个区块的分叉。当出现以上现象时，矿工节点会根据收到区块的时间，在先收到的区块的基础上继续挖矿。哪个区块的后续块先出现，那么这个区块就会被包括进主链，因为这条块链更长。

区块链在安全方面应用广泛，如跨域认证（马晓婷等，2018）、数据传输（刘江等，2018）、数字证书系统（阎军智等，2017）、学位认证和数据保护（赵赫等，2015）等方面，区块链是一种新型的 PKI，且具有分布式的特点（Orman，2018），能更好地抵御各种攻击。

6.1.3 数据命名

6.1.3.1 命名方式

在与信息中心网络相关的项目中，数据的命名方式有两种：一种是使用分层且可读的方式命名，另一种是使用扁平且自我认证的方式命名。NDN 网络采用分层且可读的命名机制（Jacobson et al., 2012）。NDN 中使用的数据名对网络和特定的应用不透明，允许应用程序选择合适的命名规则，实现应用需求。NDN 的数据名具有一定的层次结构，见名知意，名字的每个部分代表明确的含义，并用"/"字符隔开，"/"字符并不是名字的一部分。名字的第一部分包含全局且可路由的名字，第二部分代表用户信息，第三部分代表文件名，第四部分代表版本和块号。NDN 的数据命名如图 6.5 所示。

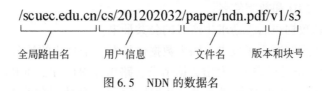

图 6.5 NDN 的数据名

以层次方式命名，允许通过聚合的方式使路由具有可扩展性。采用可读的方式命名，把数据与数据名建立联系，消费者只要记住数据名，就能直接发出请求获取数据。

6.1.3.2 命名安全

NDN 中每个数据都有名字，请求者发出兴趣包，拥有该兴趣包中指定的数据的节点都可以响应请求。NDN 中大规模使用缓存，节点中缓存的数据包可以返回给消费者，那么数据的安全不再依赖于数据所在的位置或特定的主机，而只与数据本身有关（谢烨和李庆华，2018）。因此，NDN 网络采用面向数据的安全模型。确保 NDN 的健壮性，需要以下安全服务。

1）完整性：数据在传输过程中没有数据丢失或被篡改；
2）出处：数据由一个合适的生产者产生；
3）相关性：返回的数据与请求的数据相一致；
4）保密性：数据只能被授权的实体读取。

相关性是明确的，因为兴趣包中的数据名是有意义的，并且与数据包的数据名一样。数据名中若包含关于实体 ID 的有效信息，则可以确定生产者的身份。因为，公钥与生产者的身份信息绑定在一起，所以公钥可以用于验证生产者的身份，由此来验证该信息的有效性。然而需要验证该信息的有效性，公钥应该与生产者的身份信息绑定在一起，因此公钥可以用于验证生产者的身份。

NDN 采用加密模型提供保密性，授权的用户必须拥有解密的私钥，才能读取数据，因此保密性问题变成了密钥管理问题（Wong and Nikander，2010）。

为了确定生产者的身份和数据的完整性，数据的生产者利用私钥对数据进行签名。签名由数据名、数据和签名信息三部分计算得到。因此，数据名和数据安全绑定在一起。

6.1.3.3 命名攻击

尽管 NDN 采用了面向数据的安全模型来防止一些攻击，但 NDN 仍然容易遭受如洪泛攻击、内容污染和缓存污染。对于这些攻击，研究者已经提出一些方案来减轻攻击的后果。本节会介绍一个攻击，该攻击很少被提及。如果数据名中没有包含有效的生产者 ID 信息，可能遭受以下攻击。

1）攻击者监听兴趣包，产生错误的数据；

2）使用数字签名把数据和数据名绑定在一起；

3）把封装好的数据包发给数据请求者，数据包中包含与兴趣包相同的数据名、不正确的数据、攻击者的 ID 和数字签名；

4）请求者收到数据包后，请求生产者的公共证书；

5）请求者无法感知遭受了攻击，因为数据包具有一个合法的签名。

如图 6.6 所示，正常用户 U1 发出数据请求，路由器 R1、R2 和 R4 均没有缓存 U1 请求的数据，数据提供者 S 直接收到请求，并原路返回一个数据包给 U1，正常完成通信。当 U2 发出数据请求，攻击者 A 监听到这一请求，产生一个包含错误数据的恶意数据包，注入 R3 缓存中，兴趣包到达 R3 时，发现 R3 中有 U2 请求的数据，则返回包含错误数据的恶意数据包给用户 U2。U2 获取数据包中包含的 ID，请求对应的数字证书，验证数字签名。由于用户 U2 获取到攻击者 A 的合法的数字证书，能正常验证数字签名，所以无法辨别收到的数据包中是否包含错误的数据。

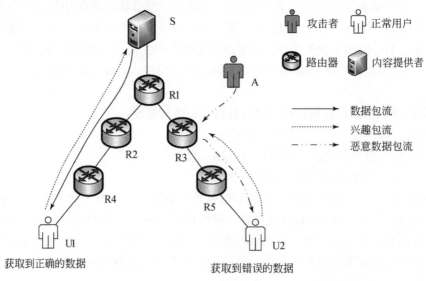

图 6.6　命名攻击

请求者只知道数据名，然而请求者需要生产者的公钥验证数字签名，因此数据名应该与公钥绑定在一起。命名方式对 NDN 安全非常重要，保证数据的安全需满足一些条件。对于数据的完整性，数据名应该与生产者的公钥绑定，公钥用于验证数字签名。验证数据包的出处必须满足三个条件：①生产者真实的 ID 信息与数据名绑定；②生产者真实的 ID 信息与生产者公钥绑定；③生产者公钥与数据名绑定。任意确定两个绑定关系，可以推出第三个绑定关系（Saltzer et al.，1984）。最后，为确保数据的相关性，数据名应该可读且有意义。

数据、数据名、生产者公钥和生产者的真实 ID 之间的绑定关系和提供的服务如图 6.7 所示。

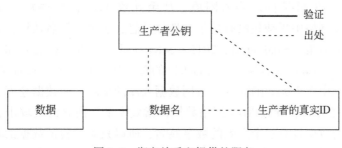

图 6.7　绑定关系和提供的服务

6.2　基于名字的信任机制

NDN 以命名数据为中心，保证更高效的网络利用率，提高数据的可用性，NDN 大量使用数据缓存，在传输网络路径的中间节点上缓存数据，并且 NDN 通信的主机之间没有通道连接，数据的安全不再依赖于数据所在的位置。因此，需要采用面向数据的安全模型。

NDN 中包含兴趣包和数据包两种传输包。兴趣包主要用来请求数据包，兴趣包被路由到拥有与之对应数据包的节点。数据包作为兴趣包的响应包返回给请求者，请求者收到数据包，验证其完整性，并确定数据生产者的身份。如果数据完整且其身份可认证，则请求者信任该数据包。若传输机密信息，则要求加密数据。为了解决以上问题，本节提出了基于名字的信任与安全机制，与现有方案相比，本节提出的机制的效率更高，且具有适用于不同网络规模的优点。

6.2.1　相关工作

NDN 网络与 IP 网络相比更具优势，但 IP 网络中的安全问题，会以新的形式出现在 NDN 网络中，此外，NDN 网络也会出现一些新的安全问题。

传统分布式拒绝服务（Distributed Denial of Service，DDoS）攻击在 NDN 网络中的表现

较差（Tourani et al., 2017）。主要原因在于 NDN 网络与 IP 网络采用不同的通信模型，因此传统 DDoS 攻击在 NDN 网络中很难达到攻击的目的。传统 DDoS 攻击通过向目标主机发送大量的 IP 数据包，消耗其网络带宽，使其无法响应正常的服务。而在 NDN 网络下，攻击者向目标主机发送大量兴趣包，且兴趣包中标识的数据不存在，这些请求一直得不到响应，使 NDN 名字路由器中的 PIT 空间一直被占用，导致路由器无法接收正常兴趣包，严重时会导致 NDN 网络瘫痪（邢光林等，2018；Choi et al., 2013）。

NDN 网络中的拒绝服务（Denial of Service, DoS）攻击表现为兴趣洪泛攻击（Afanasyev et al., 2013）。兴趣洪泛攻击的目标是 NDN 路由器，攻击者操纵机器发出大量无法满足的兴趣包，使途经路由器的转发请求表空间一直被占用，直到空间溢出，阻止处理正常的兴趣包，使 NDN 网络陷入困境，甚至导致 NDN 网络瘫痪（Salah and Strufe, 2016）。由于 NDN 网络中兴趣包没有携带源地址信息，也无须签名认证，因此很难确定攻击源并采取对应的对策（Salah et al., 2015；Selvi et al., 2016；Wang et al., 2012）。

内容污染攻击（Content Poisoning Attack）的对象是路由器（Kang et al., 2018）。攻击者在路由器的缓存中存入无效的数据，占用数据仓库的空间，使数据仓库无法缓存有效的数据（Cui et al., 2018），导致 NDN 网络数据检索效率低。内容污染攻击在理论上很容易识别，因为无效的数据具有一个无效的数字签名，所以只需要验证数据的数字签名，验证之后直接丢弃伪造的或恶意的数据即可（Wu et al., 2016）。但在实际应用过程中，会产生两个问题：当路由器缓存大量无效的数据时，验证数字签名需要巨大的计算能力，路由器无法实现这样大的计算量。公钥验证数字签名后，还需要认证公钥所属者的身份，认证该身份是否值得信任。因此，NDN 网络要引入信任管理机制，但 NDN 网络不要求统一的信任模型，不同的应用程序均可提出合适的信任模型，这给路由器检验公钥的可信性带来困难。

内容污染攻击主要有两种类型：攻击者控制了 NDN 网络中的某一个路由器，该路由器在接收到某个兴趣包后，返回污染数据，这个污染数据在传输过程中，被其他路由器缓存。攻击者预测某个数据在未来会被请求，假设数据的名字可以被预测到，攻击者通过操纵被攻破的机器发出大量针对该数据的请求，同时控制一台路由器或主机返回污染的数据，其他路由器将会缓存这些污染的数据，正常用户请求这些数据时，会接收到被污染的数据（Ghali et al., 2014）。

NDN 网络中的缓存机制具有很多优点：提高数据检索效率、保证更高效的网络利用率、降低带宽的使用等。在缓存污染攻击中，攻击者为了破坏网络的性能，大量请求一些不流行的数据，路由器的缓存中将被大量不流行的数据占满，用户请求流行数据时，缓存中的数据满足不了需求，导致用户只能从数据生产者处获得数据，增加了网络的通信压力。缓存污染攻击分为两类：①分散攻击（Locality-Disruption Attack, LDA）；②集中攻击（False-Locality Attack, FLA）。在 NDN 网络中，数据的请求分布遵从 Zipf 分布（Conti et al., 2013）。在 LDA 中，攻击者连续请求一些新的、不流行的数据，扰乱数据请求的分布，使缓存中的数据频繁替换，总体缓存命中率降低，正常用户的缓存命中率急剧下降（Xie et al., 2012）。在 FLA 中，攻击者连续请求一些不流行的数据，使 NDN 路由器的缓存中充斥着不流行的数据。FLA 使总体缓存命中率上升，但正常用户的缓存命中率会急剧下降（Adithya et al., 2016）。

以数据为中心的安全。当前互联网的安全依赖于信道的安全，而 NDN 网络把通信设备的可信性和数据的可信性分离，其数据的安全依赖于数据本身。NDN 网络中，数据生产者对每个数据进行签名或加密，数据生产者的信息、数据和签名信息等数据形成一个数据包，数据消费者根据数据包中生产者的信息，确定数据包的可信性。NDN 网络中数据的可信性依赖于数据本身，不依赖于数据是"从哪里来的，如何获得的"。

Wang 等（2012）提出了 DoS 攻击模型，通过比较 TCP/IP 网络与 NDN 网络中，DoS 攻击的不同表现形式，使用 NS2 软件模拟表明，NDN 网络数据缓存减轻了 DoS 攻击的影响。另外，Wang 等（2012）分析发现数据缓存的生存时间会影响 DoS 攻击，实验表明 NDN 网络比 TCP/IP 网络能更好地应对 DoS 攻击，数据缓存的生存时间越长对 DoS 攻击的限制作用越大。DDoS 攻击是当今互联网中一个持续存在的问题，大量恶意的数据包请求阻止了正常的数据请求，在 NDN 网络中，用户通过发送兴趣包来请求所需数据，并且 NDN 网络会在请求数据时提供数据包，有效地消除了许多现有的 DDoS 攻击。但是，NDN 网络可能会遭受新型 DDoS 攻击，即兴趣洪泛攻击。Afanasyev 等（2013）研究了减轻兴趣洪泛攻击的有效解决方案，即在 NDN 路由器中存储每个数据的状态，并保持流量平衡（即一个兴趣包最多检索一个数据包），该解决方案为有效的 DDoS 缓解算法提供了基础，模拟实验表明该解决方案可以快速有效地减轻兴趣洪泛攻击。

在客户与内容提供者之间，攻击者将虚假内容 C1 注入路由器缓存中，当客户请求 C1 数据时，获取虚假的内容 C1。内容污染攻击在 TCP/IP 网络中一般不可行，因为客户端直接与内容提供者建立连接，中间没有第三者参与。

内容污染攻击很难发现。Ghali 等（2014）提出了一种内容污染缓解机制，同时更新了虚假内容的定义，将虚假内容定义为具有正确的有效签名的内容，但签名时使用了错误的私钥。Ghali 等（2014）讨论了利用中间路由器数字签名的方法，但是由于路由器的计算能力有限，这种方法在实际应用中不可行。因此，Ghali 等（2014）利用基于排除的反馈方法，提出了一种缓存内容的排名机制。

NDN 采用缓存机制提高信息检索效率，但也引入了缓存污染攻击的风险。攻击者通过控制请求数据的分布概率操纵路由器节点缓存内容，改变流行数据的分布，将一些不流行数据变为流行数据缓存在路由器中，最终的结果是路由器中缓存大量不流行数据，缓存的命中率大大降低，影响网络的运行效率。Xie 等（2012）提出了一种名为 CacheShield 的新方案，用于增强缓存鲁棒性。CacheShield 方案简单，易于部署且适用于任何流行的缓存替换策略，在正常情况下能有效提高缓存性能，更重要的是 CacheShield 方案能使 NDN 路由器免受缓存污染攻击。但是，CacheShield 方案也有一些不足，攻击者请求某一不流行数据超过一定的次数时，CacheShield 方案无法抵抗缓存攻击，另外，存储名字向量会占用 CS 的空间。为了克服 CacheShield 方案的缺点，Conti 等（2013）提出一种基于机器学习的算法，该算法由两个阶段组成，学习阶段和攻击测试阶段。该算法能检测出高频率和低频率的攻击，适用于不同的拓扑结构且具有高精确度。

NDN 网络中每个数据包需要被认证其完整性和出处。每个数据包被要求签名，通过验证签名确定数据包的完整性和可信性。Zhang 等（2011）利用 PKI 技术给用户产生私钥和证书，私钥对数据包签名，验证签名确定数据包的完整性，并确定用户的身份，但用户级的证书难以管理，且不便于大规模应用。Hamdane 等（2013）给出 IBC 技术和用户可信列表方案的可行性，其关键在于可信列表预先导入应用程序，使得用户可信列表无法动态更新。Hamdane 等（2013）也提出一种 IBC 结合 PKI 的混合机制，消除了用户级证书难以管理的问题，但对于通信频繁的域，IBC 中的 PKG 负载压力太大。Hamdane 等（2017）解决了 Hamdane 等（2013）中 PKG 负载压力大的问题，提出 HIBC 结合 PKI 的混合机制，HIBC 保证域中用户的通信安全，域间的用户通信时，PKI 提供域级的认证服务，但认证过程需要消耗大量的时间。

因此，针对当前方案认证效率低的问题，本书提出一种基于区块链技术的身份认证机制以提高域身份的认证效率，并提出基于名字的信任与安全机制。

6.2.2　系统模型

6.2.2.1　系统框架

如图 6.8 所示，系统模型包括：信息服务实体、NDN 网络、区块链网络和域。

信息服务实体：为域提供服务的可信机构，主要作用是给域中的用户生成并分发私

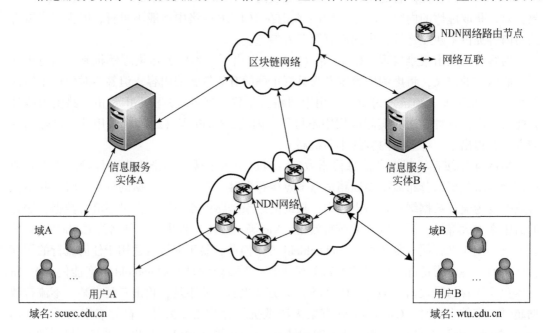

图 6.8　系统模型

钥，给域生成公私钥对，以及生成域认证服务过程中所需的参数（刘军等，2013）。信息服务实体使用 HIBC 给用户提供服务。

NDN 网络路由节点：NDN 网络路由节点具有转发功能、缓存功能和广播功能，主要功能是转发兴趣包到拥有数据的节点，并把数据包回溯到数据请求者。

区块链网络：区块链中存储域认证服务的数据，区块链网络保证区块链各维护节点中数据的一致性。

域：一个机构或一个组织等，域中包含很多用户。每个域有一个域名，如图6.8所示，域 A 的域名为"scuec. edu. cn"，域 B 的域名为"wtu. edu. cn"。

用户：数据请求者或数据生产者，也可以同时拥有两种身份，请求数据时成为数据请求者，响应数据请求时成为数据生产者。

6.2.2.2 信息服务实体与区块链网络的系统模型

信息服务实体与区块链网络的系统模型，如图6.9所示，此模型由两大部分成组，区块链网络和信息服务实体。

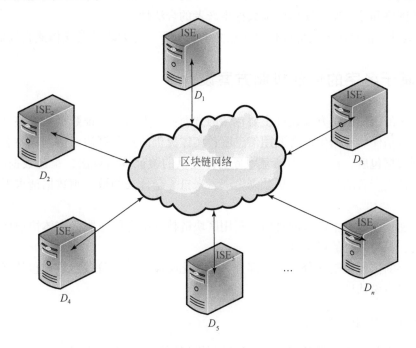

图6.9 信息服务实体与区块链网络的系统模型

$D_1 \sim D_n$ 代表 n 个域，D_i $(i=1,2,\cdots,n)$ 代表第 i 个域，$\text{ISE}_1 \sim \text{ISE}_n$ 代表 n 个信息服务实体，ISE_i $(i=1,2,\cdots,n)$ 代表第 i 个信息服务实体。每个域都有一个信息服务实体，D_i 的信息服务实体为 ISE_i。域的信息服务实体提出加入区块链的申请，申请由已加入区块链的信息服务实体成员进行审核，审核通过即可加入区块链，区块链节点可以查询链上的所有交易信息，没有授权的成员无权查看链上的信息。实际上，区块链网络与所有的信息服务实体形成了一条联盟链。系统内部选定多个成员参与记账，记账者共同决定区块的生成。

本方案能保证两个域之间用户的正常通信。对于一般非涉密的数据，数据请求者接收到数据后，利用信息服务实体提供的服务验证数据的完整性和认证数据的出处，进而信任接收到的数据。对于机密数据，信息服务实体提供数据的加密与解密服务。信息服务实体会认证其服务域中用户身份的真实性，防止恶意用户产生错误的数据扰乱网络的正常运行。用户也会要求信息服务实体的效率，因此方案设计的性能要求具体为以下几点。

1）完整性。所有数据都要求被签名，数据生产者能获取私钥，并对数据签名。数据请求者能很容易地验证签名，确定数据在转发过程中没有被修改。

2）机密性。所有机密数据都要求被加密，数据生产者能获取数据请求者的公钥，并且对数据加密，数据请求者能获取自己的私钥并解密数据。

3）可信性。确定数据未被修改后，信息服务实体能提供认证服务，确定数据的出处，使数据请求者信任获取到的数据。

4）身份认证。身份认证服务是实现可信性的基础，验证接收到的数据未被修改后，利用区块链网络和信息服务实体验证数据生产者的合法性。

5）高效性。信息服务实体提供基本服务的情况下，也要求相关操作能高效地完成。

6.2.3 基于名字的信任机制方案设计

基于名字的信任机制方案设计主要包括两方面：一方面是验证数据的完整性；另一方面是快速获取信任。数据生产者调用信息服务实体提供的签名算法对数据包签名，数据请求者接收到数据包后，首先调用信息服务实体提供的验证签名算法，验证数据的完整性，然后认证数据生产者的身份，如果数据生产者来自一个合法的域，则数据请求者信任该数据包。

为了快速认证数据生产者的身份，利用区块链技术结合信息服务实体快速认证数据生产者的身份，获得数据的可信性。

基于名字的信任机制共分为五大部分：初始化阶段、通信阶段、数据包签名、数据包验签和生产者身份认证。

6.2.3.1 初始化阶段

系统工作之前，信息服务实体和区块链网络根据服务的需要进行初始化，包括系统公共参数、主私钥、私钥和域的公私钥的产生，域的登记注册，以及区块链的创建。

(1) 生成参数及各私钥和公钥

信息服务实体调用 HIBC 的设置算法 Root Setup（λ）初始化 Root PKG，生成 Root PKG 的主私钥 $MSK_{(Root\ PKG)}$ 和系统公共参数 PARAM，调用 Lower Level Setup（λ）初始化除 Root PKG 外的所有 PKG，生成 PKG 的主私钥 MSK_{PKG}。利用 RSA 算法生成一对公私钥，公

钥 Pub 和私钥 Pri，称之为域的公钥和域的私钥。每个域都有一个信息服务实体，都需要进行初始化，产生 PARAM、$MSK_{(Root\ PKG)}$、MSK_{PKG}、Pub 和 Pri 五个必要数据。

（2）域的登记注册

域的信息服务实体提供签名、验证签名和加密解密服务，并且结合区块链技术认证用户的身份。域的 ISE_i 向区块链网络提交申请，提交域名 DN、域的公钥 Pub 和系统公共参数 PARAM 等信息，请求加入区块链网络成为区块链节点。区块链节点审查提交的信息，审核通过后，ISE_i 则成为区块链节点。ISE 成为区块链节点后，拥有查询区块信息和创建区块的权限。

（3）区块链的创建

区块链的倡导者创建第一个区块（创世区块）后，申请成为区块链的节点会生成一个新的区块，并加入区块链中，区块的内容如图 6.10 所示，内容包括：域名 DN、域的公钥 Pub 和系统公共参数 PARAM。

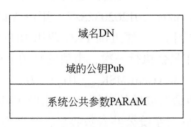

图 6.10　区块的内容

6.2.3.2　通信阶段

NDN 中数据请求者发出兴趣包请求数据，拥有兴趣包标识的数据的节点响应数据请求，响应请求的节点不一定是数据的生产者，NDN 允许从就近的节点返回数据的副本，且没有建立连接通道，数据的完整性和可信性不依赖于数据所在的位置，而依赖于数据本身。NDN 要求数据生产者对每个数据包签名，数据请求者验证签名确定数据包的完整性和出处。如图 6.11 所示，用户 B 请求数据名为 "/scuec. edu. cn/cs/2012020323/paper/ndn. pdf/v1/s3" 的数据，假设这一数据在网络中从未请求过，并且用户 A 拥有这一数据，则数据名为 "/scuec. edu. cn/cs/2012020323/paper/ndn. pdf/v1/s3" 的兴趣包将被路由（路由是指分组从源到目的地时，决定端到端路径的网络范围的进程）到用户 A。

6.2.3.3　数据包签名

接收到名为 "/scuec. edu. cn/cs/2012020323/paper/ndn. pdf/v1/s3" 的兴趣包后，用户 A 把数据封装为数据包，并对数据包签名。

本书利用信息服务实体中 HIBC 的层级结构对 NDN 数据进行命名，数据名由全局路由

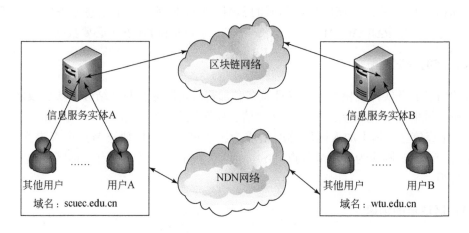

图 6.11　两个通信用户的位置

名、用户信息、文件名、版本号和块号组成，如图 6.5 所示。用户信息作为公钥 Q_{ID}，则用户 A 的 ID_A 为 "/scucc. edu. cn/cs/2012020323/"，用户 A 以主私钥 MSK_{PKG} 和 ID_A 作为参数，向邻近的 PKG 申请自己的私钥，邻近的 PKG 调用 HIBC 的 KeyGen 算法计算出私钥 D_{ID}，每个用户申请私钥的操作只会执行一次，申请的私钥会被用户保存下来。

$$KeyGen(MSK_{PKG}, ID_A) \rightarrow D_{ID} \tag{6.1}$$

用户 A 向信息服务实体申请获取域的私钥 Pri，此操作只执行一次，用户 A 会保存私钥方便下次使用。域的私钥 Pri 对系统公共参数签名，签名为 δ。

$$Sign(Pri, PARAM) \rightarrow \delta \tag{6.2}$$

数据名为 "/scuec. edu. cn/cs/2012020323/paper/ndn. pdf/v1/s3" 的数据为 Data，用户 A 作为数据生产者，将数据名 Name、数据 Data、系统公共参数 PARAM、系统公共参数的签名 δ 作为一个整体，用户 A 的私钥 D_{ID} 对其进行签名，调用 HIBC 的 Sign 签名算法，计算的签名为 σ。

$$Sign(Name, Data, PARAM, D_{ID}, \delta) \rightarrow \sigma \tag{6.3}$$

将数字签名 σ 和 δ 放入数据包的 Signature 字段中，然后将所有数据（PARAM，Data，σ，δ，Name）封装成数据包 P。数据包按兴趣包传播的反方向返回给数据请求者。

数据包签名阶段的流程图如图 6.12 所示，系统首先初始化进入工作状态，等待兴趣包的到来，接收到兴趣包后，产生数据包，然后申请自己的私钥和域的私钥，使用私钥对数据包签名，最后发送签名后的数据包给数据请求者。

数据生产者接收到兴趣包，准备好数据、域的私钥、自己的私钥和系统公共参数，使用域的私钥对系统公共参数签名，调用 HIBC 提供的签名算法，计算出系统公共参数的签名，使用自己的私钥对整个数据包签名，将数据名、数据、系统公共参数、系统公共参数签名作为一个整体，调用 HIBC 提供的签名算法对这一整体签名，最后把数据名、数据、系统公共参数、系统公共参数的签名和这一整体的签名打包为一个数据包，发送给数据请求者。

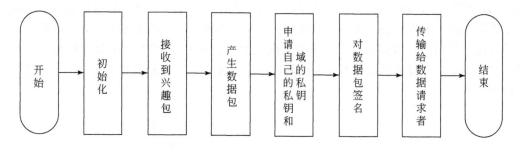

图 6.12 数据包签名阶段的流程图

数据包签名过程。用户首次对数据签名时，需要请求信息服务实体获取系统公共参数、域的私钥和生产者的私钥。获取生产者的私钥时，信息服务实体调用 HIBC 的 KeyGen 私钥生成算法，计算出生产者的私钥。系统公共参数、域的私钥和生产者的私钥作为参数，生产者调用 HIBC 提供的签名算法，对数据包签名，算法如下所示。

算法 6.1 数据签名算法

输入：生产者 ID，数据 Data，数据名 Name

输出：签名后的数据包 P

1. Begin 准备好请求的数据 Data
2. 　请求私钥 $D_{ID} \leftarrow \text{KeyGen}(\text{MSK}_{PKG}, \text{ID})$
3. 　请求系统公共参数 PARAM
4. 　对系统公共参数签名 $\delta \leftarrow \text{Sign}(\text{Pri}, \text{PARAM})$
5. 　把 Name、Data、PARAM、δ 作为一个整体
6. 　对这一整体进行签名 $\sigma \leftarrow \text{Sign}(\text{Name}, \text{Data}, \text{PARAM}, \delta, D_{ID})$
7. 　$P \leftarrow (\text{Name}, \text{Data}, \text{PARAM}, \delta, \sigma)$
8. 　Return P
9. End

6.2.3.4 数据包验签

由于 NDN 中没有连接和加密连接的概念，并且使用大量的缓存，所以 NDN 中数据的安全不依赖于数据所在的位置或数据传输的信道，而依赖于数据本身。因此，用户 B 收到用户 A 发过来的数据包 P 后，需使用用户 A 的公钥验证数据包的签名，确定数据是否完整。从数据名中读取用户 A 的 ID_A 作为公钥，调用 HIBC 的 Verify 验证签名算法，验证数据包签名，确定其完整性，输出 1 则代表数据包完整，输出 0 则表示数据包已被恶意修改过，或在传输过程中有数据丢失。系统公共参数 PARAM 和数据包签名 σ 从数据包 P 中获取。

$$\text{Verify}(\text{PARAM}, \text{ID}_A, P, \sigma) \to 0/1 \quad\quad (6.4)$$

如果检测出数据包被修改过则直接抛弃，重新发送兴趣包请求数据。但重新发起请求，会花费大量时间，且不能保证再次获得的数据没有被修改。为了解决这个问题，研究

者提出，利用路由器的计算功能验证数字签名，直接丢弃验证签名不通过的数据包，这个路由器将发送一个兴趣包，重新获取数据，获得数据包后重新验证签名，并完成后续未完成的传输。当用户 B 收到具有完整性的数据包 P 后，用户 B 需要确定数据包是否由合法的生产者产生，即验证数据包 P 是否由真实的用户 A 产生。验证数据包签名的流程图如图 6.13 所示。

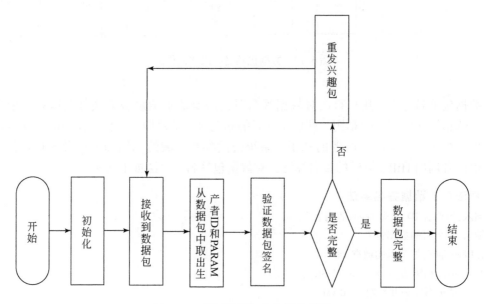

图 6.13　验证数据包签名的流程图

数据请求者接收到数据包后，从数据包中取出数据生产者 ID 和系统公共参数，调用 HIBC 的 Verify 验证签名算法，验证数据包的签名，判断数据包的完整性，如果验证数据包是完整的，结束流程。当验证签名失败时，证明数据包在传输过程中有数据丢失或被篡改，数据请求者可重新发出数据请求，再次请求数据，获得数据包后，继续后续操作，直至验证通过，确定数据包具有完整性。不过，当验证完整性失败时，数据请求者有权选择不再请求该数据包。

6.2.3.5　生产者身份认证

验证数据包的签名确定数据包的完整性，如果要信任数据包，需要确定数据生产者的身份 ID 是否与数据包中的身份 ID 信息相同。

信息服务实体对域中的用户提供认证服务，合法用户才能申请相关服务。当两个域中的用户通信时，验证数据完整性之后，还需要认证数据生产者的身份，合法用户产生的数据才被信任。如图 6.11 所示，当用户 A 申请私钥时，信息服务实体会认证用户 A 的身份，确定身份后信息服务实体根据提交的 ID 信息产生私钥，并通过安全通道发送私钥给用户 A。

数据请求者（用户 B）发出兴趣包请求数据，数据名为 "/scuec.edu.cn/cs/

201202032/paper/ndn. pdf/v1/s3", 数据生产者 (用户 A) 响应数据请求, 用户 A 的身份 ID_A 为 "/scuec. edu. cn/cs/2012020323/", 用户 A 使用其所在域的私钥 Pri 对系统公共参数签名, 数据封装为数据包发送给用户 B。由于区块链中存储了域的公钥、域名和系统公共参数的映射关系, 因此认证用户 A 的过程分为以下几步。

1) 从数据名中读取域名信息, 域名为 "scuec. edu. cn";

2) 以域名 "scuec. edu. cn" 作为关键字, 向信息服务实体请求公钥, 获取域 "scuec. edu. cn" 的公钥 Pub;

3) 用域的公钥 Pub 验证系统公共参数的签名 δ, 调用 Verify 验证签名算法。

$$Verify(Pub, PARAM, \delta) \rightarrow 0/1 \tag{6.5}$$

输出 1 则验证通过, 说明系统公共参数的签名由域名为 "scuec. edu. cn" 的信息服务实体所签署, 数据包来自域 "scuec. edu. cn" 中, 因为只有合法身份的用户才能申请到私钥, 说明数据包由 ID 为 "/scuec. edu. cn/cs/2012020323/" 的用户产生。输出 0, 则说明数据不是由 ID 为 "/scuec. edu. cn/cs/2012020323/" 的用户产生, 数据包不可信。数据生产者身份认证过程的流程图如图 6. 14 所示。

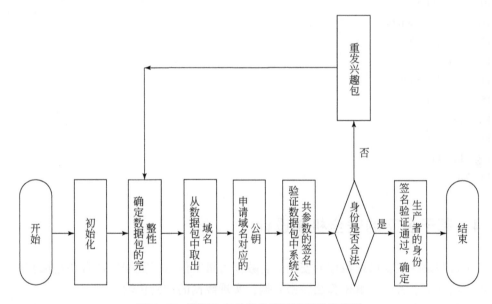

图 6.14 数据生产者身份认证过程的流程图

数据请求者验证数据包签名, 确定数据包具有完整性, 之后需要验证数据的生产者是否合法。首先, 数据请求者从数据包中读出数据名, 并从数据名中取出域名, 以域名作为关键字, 向信息服务实体请求域名对应的公钥。然后, 以域的公钥作为参数, 调用 HIBC 的 Verify 验证签名算法, 验证系统公共参数的签名, 如果验证成功, 则说明数据包的生产者由数据名中指明的生产者产生。

当验证身份失败时, 丢弃数据包, 重新发出兴趣包, 再次请求数据包, 接收到数据包后, 验证数据包的完整性, 并确定数据包生产者的身份。

基于名字的信任方案的实现，使数据请求者有能力辨别数据包是否可信，根据方案思路，设计出确定数据包可信的相关伪代码，如算法 6.2 所示。

算法 6.2 确定数据包可信算法

输入：生产者 ID，域名 DN，系统公共参数 PARAM，系统公共参数的签名 δ，数据包 P

输出：0/1：不信任/信任数据包

1. Begin 接收到数据包 P
2.   从数据包 P 中读取 ID、DN、PARAM 和 δ
3.   If VerIfy(PARAM,ID,P,σ)= =1 Then
4.   DN 作为参数申请域的公钥 Pub
5.   End If
6.   If 成功获取 Pub Then
7.   If VerIfy(Pub,PARAM,δ) = =1 Then
8.   数据包完整性且生产者被认证
9.   Return 1
10.   Else
11.   Return 0
12.   End Else
13.   Else
14.   Return 0
15.   End Else
16.   Else
17.   Return 0
18.   End Else
19. End

6.2.4 基于名字的安全机制设计

安全机制设计主要保证数据的安全。若数据为机密信息，数据生产者调用加密算法加密数据，数据请求者调用解密算法解密数据，实现数据的加密传输。

基于名字的安全机制共分为三大部分：初始化阶段、数据加密和数据解密。初始化阶段包括系统公共参数、主私钥、私钥和域的公私钥的产生，域的登记注册，以及区块链的创建。

6.2.4.1 数据加密

授权实体（用户 B）的 ID 作为公钥，生产者通过可信渠道获得授权实体的 ID，如授权实体的 ID_B 为 "wtu. edu. cn/cs/201302032"，域名 "wtu. edu. cn" 作为关键字，数据生产者（用户 A）向信息服务实体请求域 "wtu. edu. cn" 的系统公共参数，信息服务实体在区块链中查找域 "wtu. edu. cn" 的公共参数 PARAM，用户 A 调用 Encrypt 加密算法加密数据，计算出密文 C：

$$\mathrm{Encrypt}(\mathrm{PARAM},\mathrm{ID_B},\mathrm{Data})\rightarrow C \tag{6.6}$$

利用上述方法得到系统公共参数的签名 δ、数据包签名 σ：

$$\mathrm{Sign}(\mathrm{Pri},\mathrm{PARAM})\rightarrow\delta \tag{6.7}$$

$$\mathrm{Sign}(\mathrm{Name},C,\mathrm{PARAM},D_{\mathrm{ID_A}},\delta)\rightarrow\sigma \tag{6.8}$$

加密时使用的系统公共参数为授权实体所在域的系统公共参数，签名时使用生产者（用户 A）所在域的系统公共参数。用户 B 把 Name、PARAM、δ、σ、C 封装为数据包 P，发送给用户 A。数据的加密过程可以使用流程图表示，如图 6.15 所示。

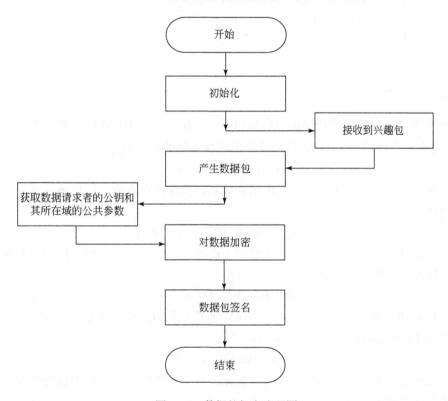

图 6.15　数据的加密流程图

数据生产者接收到兴趣包，调用 HIBC 提供的签名算法，对系统公共参数签名，调用 HIBC 的加密算法，计算明文的密文，将数据名、密文、系统公共参数、系统公共参数的签名作为一个整体，并对这一整体签名，把数据名、密文、系统公共参数、系统公共参数的签名和整体的签名打成数据包，并对数据包签名。

数据加密之前，首先，以域的公钥和系统公共参数作为参数，调用 HIBC 签名算法对系统公共参数签名，指明域的身份，数据请求者验证其签名，获取数据的出处；然后，加密数据，以系统公共参数、生产者 ID 和数据作为参数，调用 HIBC 提供的加密算法，如算法 6.3 所示。

算法 6.3 数据加密算法

输入:消费者 ID,生产者私钥 D_{ID},生产者所在域的系统公共参数 PARAM,数据 Data,生产者所在域的私钥 Pri,数据名 Name

输出:加密后的数据包 P

1. Begin 准备好请求的数据 Data
2.   加密数据 $C \leftarrow \text{Encrypt}(\text{PARAM}, \text{ID}_B, \text{Data})$
3.   对系统公共参数签名 $\delta \leftarrow \text{Sign}(\text{Pri}, \text{PARAM})$
4.   把 Name、C、PARAM、δ 作为一个整体
5.   对这一整体进行签名 $\sigma \leftarrow \text{Sign}(\text{Name}, C, \text{PARAM}, \delta, D_{IDA})$
6. $P \leftarrow (\text{Name}, \text{PARAM}, \delta, \sigma, C)$
7.   Return P
8. End

6.2.4.2 数据解密

授权实体（用户 B）收到加密的数据包后,利用自己的 ID_B 向信息服务实体申请私钥 D_{ID_B},信息服务实体调用 KeyGen 算法计算出授权实体的私钥 D_{ID_B}:

$$\text{KeyGen}(\text{MSK}, \text{ID}_B) \rightarrow D_{ID_B} \tag{6.9}$$

申请私钥的操作只会执行一次,申请到的私钥会保存在本地。同样地,首先验证数据包的完整性:

$$\text{Verify}(\text{PARAM}, \text{ID}_B, P, \sigma) \rightarrow 0/1 \tag{6.10}$$

然后认证数据生产者的身份,如果数据生产者的身份不合法,则直接抛弃数据包。调用 Verify 验证签名算法,认证数据生产者身份:

$$\text{Verify}(\text{Pub}, \text{PARAM}, \delta) \rightarrow 0/1 \tag{6.11}$$

以用户 B 所在域的系统公共参数 PARAM 和其私钥 D_{ID_B} 作为参数,调用 HIBC 提供的 Decrypt 算法解密数据包,解密出明文 M:

$$\text{Decrypt}(\text{PARAM}, D_{ID_B}, C) \rightarrow M \tag{6.12}$$

数据加密通常和数据签名结合使用,在保证数据完整性的同时保护数据的安全。数据的解密流程图如图 6.16 所示。

数据请求者接收到数据后,首先,验证数据包的完整性,并验证数据生产者的合法身份,确定数据包的可信性。然后,调用 HIBC 的解密算法,计算出密文。如果确定数据包不具有完整性,或数据包由不合法的数据生产者产生,则丢弃数据包,重新发出数据请求,接收到数据包后,继续后续的步骤。

数据解密之前,首先验证数据包签名,确定数据包的完整性;然后验证数据包中系统公共参数的签名,确定数据生产者的身份;最后对数据包中加密的数据解密,解密算法如下所示。

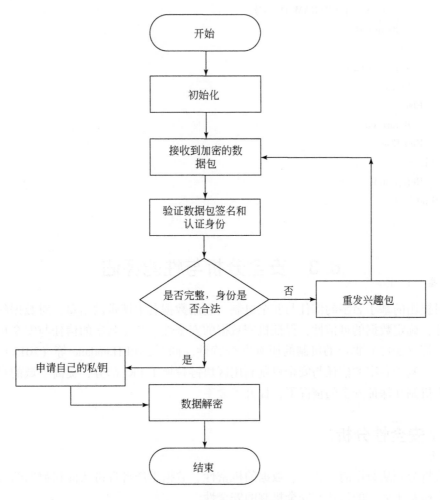

图 6.16 数据的解密流程图

算法 6.4 数据解密算法

输入:生产者 ID,域名 DN,系统公共参数 PARAM,系统公共参数的签名 δ,数据包 P

输出:明文 M

1. Begin 接收到数据包 P

2. 从数据包 P 中读取 ID、DN、PARAM 和 δ

3. If VerIfy(PARAM,ID,P,σ) = = 1 Then

4.   DN 作为参数申请的公钥 Pub

5. End If

6. If 成功获取 Pub Then

7.   If VerIfy(Pub,PARAM,δ) = = 1 Then

8.   获取 D_{ID}

9.   读出密文 C

10.　　　　　　$M \leftarrow \text{Decrypt}(PARAM, D_{\text{ID}}, C)$

11.　　　　　Return M

12.　　　　Else

13.　　　　　Return null

14.　　　　End Else

15.　　　Else

16.　　　　Return null

17.　　　End Else

18.　　Else

19.　　　Return null

20.　　End Else

21. End

6.3　安全分析与性能评估

针对提出的基于名字的信任与安全机制，利用数据名中携带的信息，对数据的完整性进行验证，确定数据的可信性，保证机密数据的安全性。基于名字的信任与安全机制拥有 Hamdane 等（2013）提出的机制的所有安全特性。同时，和 Hamdane 等（2013）提出的机制相比，基于名字的信任与安全机制利用区块链替换了 PKI 部分，提高了域的身份认证效率，本机制在保证安全的情况下，提升了效率。

6.3.1　安全性分析

本节将分别从数据的完整性、数据的机密性、数据生产者身份认证和数据的可信性四个方面分析基于名字的信任与安全机制的安全性。

6.3.1.1　数据的完整性与数据的机密性

（1）数据的完整性

每个用户都希望获取的数据是正确的，没有被修改的，利用哈希函数高灵敏性的特征，输入数据改变 1bit，会造成输出数据中 1/2bit 的变化，通过检测哈希值是否改变，判断数据是否被篡改。为了判断数据的完整性，本书提出可行方案。对于每个数据，数据生产者调用 HIBC 的 Sign 算法，使用私钥对其进行签名，数据请求者从数据包中获取公钥，调用 HIBC 的 Verify 算法验证签名，验签通过则代表数据完整。

（2）数据的机密性

网络中的数据都有被窃取的可能，当涉密数据在网络中以明文的方式传输时，其因具有价值，而非常容易遭不法分子获取。本书提出方案，保证数据的安全传输。数据生产者调用 HIBC 的 Encrypt 算法，使用数据消费者的公钥加密数据，数据请求者向服务实体申请自己的私钥，调用 HIBC 的 Decrypt 算法解密数据，数据以密文的方式在网络中传输，保证了数据的机密性。

6.3.1.2　数据生产者身份认证和数据的可信性

(1) 区块数据的安全

本书采用区块链技术认证数据生产者的身份，身份认证的准确性依赖于区块链的安全。区块链通过哈希函数对一个交易区块中的交易信息进行加密，并把信息压缩成由一串数字和字母组成的散列字符串。区块链的哈希值能够唯一而准确地标识一个区块，区块链中任意节点通过简单的哈希计算都可以获得这个区块的哈希值，计算出的哈希值与后一个区块中存储的哈希值相同，也就意味着区块中的信息没有被篡改。因此，哈希函数的安全决定了区块链的安全。

哈希函数把任意长度的输入映射为固定长度的哈希值，该映射是不可逆的单向密码体制。同时，哈希函数还可称为散列函数和杂凑函数，是一个从明文到密文的过程，只有加密操作，没有解密操作。固定长度的哈希值也称为原消息的散列值或消息摘要，其数学表述为

$$h = H(m) \tag{6.13}$$

式中，H 为哈希函数；m 为任意长度的明文；h 为固定长度的哈希值。本书中一个区块的所有内容是 m，下一个区块中存储上一个区块的哈希值，这个哈希值就是 h。

哈希函数具有单向的特征以及输出长度固定的特征，这使得它可以生成任何消息的摘要，在数据完整性和数字签名领域广泛应用。

哈希函数具有如下特点。

1）易压缩：对于任意长度的输入 x，哈希值 $H(x)$ 的长度很小。不管区块链中内容多少，计算得到的哈希值长度固定且长度很小。

2）易计算：对于任意的输入消息，能比较容易地计算其哈希值。

3）单向性：对于给定的哈希值 h，要找到 x 使得 $H(x) = h$ 在计算上是不可行的，即求解哈希值的原消息很困难。

4）抗碰撞性：理想的哈希函数是无碰撞的，即对于给定的消息 x，要发现另一个消息 y，满足 $H(x) = H(y)$ 在计算上是不可行的。因此，已知一个区块的所有内容为 x，想找到另一个区块的内容为 y，两者的哈希值相同，在计算上是不可行的，也就是修改区块的内容，其哈希值一定会改变。利用哈希函数的抗碰撞性，检测区块的内容是否被篡改。

5）高灵敏性：1bit 的输入变化会造成 1/2bit 的输出发生变化。

哈希函数的抗碰撞性可以用来做区块和交易的完整性验证。在区块链中，创建新区块时，获取当前末尾区块的哈希值，并放在新创建的区块中，各区块间形成一个链状。任何一个参与者都可以获取区块中的哈希值，计算前一个区块的哈希值，通过对比两个哈希值，验证区块信息的完整性，由此检测区块信息是否被篡改。

本书中区块链的哈希函数使用 SHA-512 算法计算哈希值，SHA-512 算法具有较高的安全性，主要由明文填充、消息扩展函数变换和随机数变换等部分组成，初始值和最终计算结果由 8 个 64bit 的移位寄存器组成。该算法允许输入的最大长度是 2^{128} bit，并产生一个 512bit 的消息摘要（即哈希值），输入消息被分成若干个 1024bit 的消息块进行处理，具体参数为：消息摘要长度为 512bit；消息长度小于 2^{128} bit；消息块大小为 1024bit；消息字大小为 64bit；步骤数为 80 步。图 6.17 显示了处理消息、输出消息摘要的整个过程，该过程的具体步骤如下。

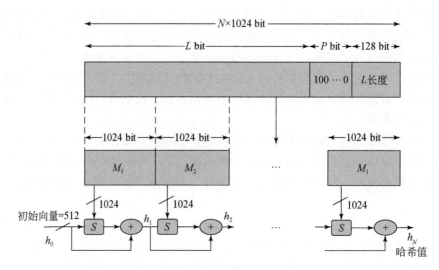

图 6.17　SHA-512 的整体结构

1）消息填充：填充一个"1"和若干个"0"，使其长度大小是 1024bit 的倍数，填充位数为 0~1023，填充消息的长度以一个 128bit 的字段附加到填充消息的后面，其值为填充前消息的长度。

2）链接变量初始化：链接变量的中间结果和最终结果都存储于 512bit 的缓冲区中，缓冲区用 8 个 64bit 的寄存器 A、B、C、D、E、F、G、H 表示。初始链接变量也存储于 8 个寄存器 A、B、C、D、E、F、G、H 中，其值为

$$A = 0x6a09e667f3bcc908$$
$$B = 0xbb67ae8584caa73b$$
$$C = 0x3c6ef372fe94f82b$$
$$D = 0xa54ff53a5f1d36f1$$
$$E = 0x510e527fade682d1$$
$$F = 0x9b05688c2b3e6c1f$$
$$G = 0x1f83d9abfb41bd6b$$
$$H = 0x5be0cd19137e2179$$

初始链接变量采用 big-endian 方式存储，即字的最高有效字节存储于低地址位置。初

始化链接变量取自前 8 个素数平方根的小数部分的二进制表示的前 64bit。

3）主循环操作：以 1024bit 的分组为单位对消息进行处理，要进行 80 步循环操作。每一次迭代都把 512bit 缓冲区的值 A、B、C、D、E、F、G、H 作为输入，其值取自上一次迭代压缩的计算结果，每一步计算均采用了不同的消息字和常数。

4）计算最终的哈希值：消息的 N 个 1024bit 的分组都处理完毕之后，第 N 次迭代压缩输出的 512bit 链接变量即为最终的哈希值。

步函数是一个具有 80 步运算的模块，也是 SHA-512 中最关键的部件。其运算过程类似 SHA-256，在图 6.17 中被标记为 S。每一步的计算方程如式（6.14）所示，B、C、D、E、F、G、H 的更新值分别是 A、B、C、D、E、F、G 的输入状态值，同时生成两个临时变量用于变量 A、E 寄存器。

$$T_1 = \left[H + \text{Ch}(E,F,G) + \sum_1^{512} E + W_t + K_t \right]$$
$$T_2 = \left[\sum_0^{512} A + \text{Maj}(A,B,C) \right]$$
$$A = T_1 + T_2$$
$$B = A$$
$$C = B \tag{6.14}$$
$$D = C$$
$$E = D + T_1$$
$$F = E$$
$$G = F$$
$$H = G$$

式中，t 为步数，$0 \le t \le 79$；W_t 为步消息；K_t 为步常数；$\sum_0^{512} A$，$\text{Maj}(A,B,C)$，$\sum_1^{512} E$、$\text{Ch}(E,F,G)$ 为运算函数，表达式如下：

$$\text{Ch}(E,F,G) = (E \wedge F) \oplus (\text{Not } E \wedge G) ;$$
$$\text{Maj}(A,B,C) = (A \wedge B) \oplus (A \wedge C) \oplus (B \wedge C) ; \tag{6.15}$$
$$\sum_0^{512}(A) = \text{ROTR}^{28}(A) \oplus \text{ROTR}^{34}(A) \oplus \text{ROTR}^{39}(A) ;$$
$$\sum_1^{512}(E) = \text{ROTR}^{14}(E) \oplus \text{ROTR}^{18}(E) \oplus \text{ROTR}^{41}(E)$$

对于 80 步操作中的每一步 t，使用一个 64bit 的消息字 W_t，其值由当前被处理的 1024bit 消息分组 M_i 导出，导出方法如图 6.18 所示。前 16 个消息字 W_t（$0 \le t \le 15$）分别对应消息输入分组之后的 16 个 32bit 消息字，其他的则按照如下公式来计算得出：

$$W_t = W_{t-16} + \sigma_0(W_{t-15}) + W_{t-7} + \sigma_1(W_{t-2}) \quad 16 \le t \le 79 \tag{6.16}$$

其中，

$$\sigma_0(x) = \text{ROTR}^1(x) \oplus \text{ROTR}^8(x) \oplus \text{SHR}^7(x)$$

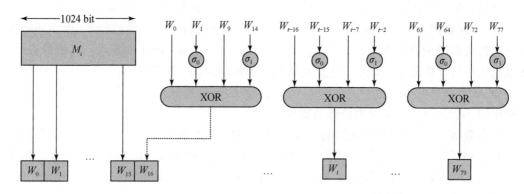

图 6.18　SHA-512 的 80 个消息字生成的过程

$$\sigma_1(x) = \text{ROTR}^{19}(E) \oplus \text{ROTR}^{61}(x) \oplus \text{SHR}^6(x)$$

式中，$\text{ROTR}^n(x)$ 为对 64bit 的变量 x 循环右移 n bit；$\text{SHR}^n(x)$ 为对 64bit 的变量 x 右移 n bit。从图 6.18 可以看出，在前 16 步处理中，W_t 的值等于消息分组中相对应的 64bit 消息字，而余下的 64 步操作中，其值是由前面的 4 个值计算得到的，4 个值中的两个要进行移位和循环移位操作。

K_t 获取方法是取前 80 个素数（2,3,5,7,……）立方根的小数部分，将其转换为二进制，然后取这 80 个素数的前 64bit 作为 K_t，其作用是提供了 64bit 随机串集合以消除输入数据里的任何规则性。

区块链是一个链状结构，下一个区块存储上一个区块的哈希值，修改一个区块的内容，想要保持区块链的区块相连，就需要在下一个区块中修改上一区块的哈希值，或修改区块的内容，同时保持区块原始的哈希值。此时，可以利用哈希函数的局限性，达到修改区块内容而不被发现。SHA-512 算法具有较高的安全性，输入的位数更多，输出的位数为 512bit，与 SHA-256 算法相比，SHA-512 算法输出的位数增加了一倍，不易遭受如生日攻击之类的安全问题。

（2）注册为区块链节点

本书创建的区块链为私有区块链，区块链节点具有创建区块和查询区块链信息的权限，非区块链节点无法查看区块中的内容，更加不能创建区块。信息服务实体为域中的用户提供服务，如验证用户的真实身份、认证域的身份、对数据包签名、验证数据包签名、加密和解密服务，因此，需要申请每个域的信息服务实体成为区块链节点。

申请成为区块链节点时，信息服务实体提交域的信息和域的所属者的身份证信息，一个域的建立会有相关证明文件，域的证明文件也是一个重要的身份证明材料。如果域是一个学校，则提交事业单位法人证书，并提供法人的身份证信息，证书上需要法人签名并盖上印章。注册阶段身份审查的准确性保证了区块链网络对外提供好的身份认证服务，这有利于在已有的信任体系上建立信任机制。

（3）共识机制

区块链是一个去中心化的分布式系统，分布式系统由多个服务主机组成，多个服务主机之间需要进行状态复制，区块链提供了分布式系统中状态共识的算法，以保证每个主机的数据的一致性和正确性，即共识机制。共识机制确保所有诚实节点所保存数据的一致性，某一可信节点产生的区块信息能被其他所有的可信节点保存在自己的区块链副本中。共识机制使得每个域的信息服务实体存有相同数据的区块链，以域名作为关键字，请求真实的域公钥来验证签名，以此确定数据包生产者所在域的身份，达到了认证数据包出处的作用。

区块链本身的安全机制保证了区块中数据的准确性和不可篡改性，身份审查机制能保证区块链中存入的数据具有有效性。

（4）可信性

数据的可信性建立在数据生产者的身份认证之上，上文详细分析了数据生产者身份的认证过程，提出的身份认证方案安全可靠。确定数据的完整性和数据生产者的身份后，数据就具有可信性，数据请求者可以放心地使用该数据。

本书利用区块链不易篡改的特性，绑定域名、域的公钥和域的公共参数之间的关系，区块创建者对区块签名，一系列特点保证了区块链及区块链中存储数据的安全。域申请成为区块链节点遵循一套严格的身份审查机制，通过审查后成为区块链节点才有权限添加区块和查看区块的内容。信息服务实体的主机上保存了区块链完整的副本，用户向信息服务实体提交域名信息申请获取域的公钥，公钥经过安全通道传输给用户（Zhang et al.，2011），用户利用域的公钥验证域的系统公共参数的签名，确定数据包由域名指定的域所产生，HIBC 对域中所有用户认证其身份，所以被认证的域中的用户产生的数据是可信的。

本书提出身份验证方案，安全性依赖于区块链，区块链所依赖的哈希函数具有很高的安全性，各种身份审查机制保证了本方案具有很高的安全性。

6.3.2 性能评估

消费者接收到数据包后，需要验证数据包的完整性，以及确定数据包的出处。通过验证数字签名获得数据包的完整性，如果数据包来自一个被认证的域，则数据请求者信任该数据包。验证数据包签名时，域的系统公共参数是一个必要的参数。Zhang 等（2011）、Hamdane 等（2013，2017）利用 PKI 技术认证域的系统公共参数，确定数据包的生产者的身份，进而确定数据包的可信性。

PKI 使用非对称密码学，非对称密码有一公私钥对，公钥用于加密数据，私钥用于解密数据，或私钥用于数字签名，公钥用于验证数字签名。然而，如何验证所获取的公钥的来源及其有效性是一个较为复杂的过程。用户使用不正确的公钥加密数据，可能会导致数据泄漏。为防止该问题的发生，第三方权威机构提供服务，认证用户的公钥，绑定用户的信息及其公钥。数字证书的作用是将用户的公钥和身份信息绑定在一起，并且 CA 对数字证书签名，证明数字证书的发行者。考虑到 PKI 是一个公钥基础设施，获取证书和验证证书的有效性会消耗大量时间，而且会产生经济成本，本书利用数字证书的特点，使用区块链不易篡改的特性，把公钥和身份信息存入区块中，实现数字证书的功能。本方案利用区块链认证域的身份，提高身份认证的效率、确定域的系统公共参数的有效性、认证系统公共参数所属域的身份，本方案使用的两种认证方式如图 6.19 和图 6.20 所示。两种方式在形式上不同，一个使用第三方的公共安全基础设施，另一个使用联盟链，而且联盟链能达到安全要求且成本低。

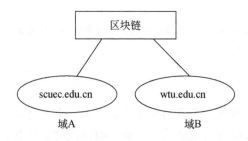

图 6.19　区块链认证域的身份

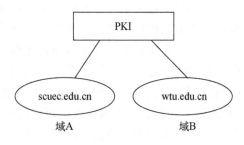

图 6.20　PKI 认证域的身份

6.3.2.1　实验设计

本书利用区块链技术，认证数据包生产者所在的域的身份。根据区块链的基本原理，使用 Java 语言编写自己的区块链。实验中使用编写的区块链，并动态添加域名、域的公钥和域的系统公共参数的映射关系到区块链中。每个维护区块链的节点，都会保存一份区块链的副本。数据请求者调用验证签名算法，验证数据包的完整性，确定数据包的完整性后，从数据包中取出域名，向信息服务实体申请获取公钥，信息服务实体把域名作为关键字，通过查找区块链，找到域名对应的公钥并返回给数据请求者。HIBC 结合 PKI 的方法和 HIBC 结合区块链的方法主要是在认证域身份的方式上不同，因此，实验只记录数据请求者从请求域的公钥开始，到获取域的公钥结束所花费的时间。为加快区块链的查找速度，HIBC 通过遍历区块链的方式，将区块中存储的域名作为关键字，并把每个区块的内容依次导入 HASH 表中。

6.3.2.2 实验结果分析

（1）时间指标

改变区块链中区块的个数。对于改变后的区块链，固定其区块个数，并随机产生 2000 个存在的域名，查找 2000 次域的公钥，记录获取域的公钥所需的时间，实验结果如图 6.21（a）所示。对于一个固定的区块个数，随机产生 5000 个存在的域名，查找 5000 次域的公钥，记录获取域的公钥所需的时间，实验结果如图 6.21（b）所示。

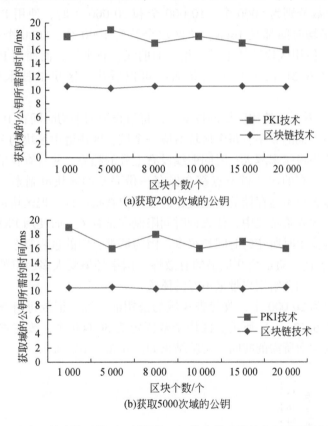

图 6.21　改变区块个数后使用区块链与 PKI 技术获取域的公钥所需时间的对比

从实验结果上看，图 6.21（a）中，横轴代表区块链中区块的个数，纵轴表示获取域的公钥所需的时间，改变区块链中区块的个数，随机产生 2000 个不同的域名，获取 2000 次域的公钥，图 6.21（a）中记录了获取域的公钥所需的时间，结果显示，当区块个数为 20 000 个时，使用 PKI 技术获取域的公钥所需的时间为 17ms，而使用区块链技术获取域的公钥所需的时间为 10.6ms，此时两个时间的间隔最小，区块链技术的效率更高，效率提升 38%。当区块数为 5000 个时，两种技术获取域的公钥所需的时间差距最大，分别为

19ms 和 10.3ms，使用区块链技术获取域的公钥在效率上提升了 46%。从图 6.21 (a) 中看出，通过网络向 CA 获取生产者的公共证书，进而获得域的公钥，获取时间变化较大，而从区块链中获取域的公钥的时间变化很小，其曲线图趋于直线，查找时间基本不受区块个数增加的影响。

图 6.21 (b) 中，同样，横轴代表区块链中区块的个数，与图 6.21 (a) 不同的是，图 6.21 (b) 中记录了获取 5000 次获取域的公钥所需的时间。区块个数为 1000 个时，使用 PKI 技术获取域的公钥所需的时间为 19ms，而使用区块链技术获取域的公钥所需的时间为 10.5ms，此时两个时间的间隔最大，区块链技术的效率更高，比 PKI 技术的效率提升 44.7%。区块个数为 20 000 个时，两种方法所需的时间相差最小，相差 5.5ms。当区块个数分别为 5000 个、10 000 个和 20 000 个时，使用 PKI 技术获取证书中的公钥所需的平均时间都是 16ms，比区块个数为 1000 个、8000 个和 15 000 个时所需的时间都要短。使用区块链技术时，相应的曲线比较平缓，而使用 PKI 时，相应的曲线较为波动。由图 6.21 (b) 中的两条曲线可以看出，区块链技术所表现出的性能更好。

从图 6.21 可以看出，使用区块链技术时，每组查询的平均时间在 10ms 左右，查询次数的多少不会影响查询的效率，每个区块对应一个域，区块链中区块的多少反映了网络的规模，随着网络的规模越来越大，时间曲线没有上升的趋势，并且查找的效率不随网络规模的变化而变化。所有的区块链节点都会保存一份完整的区块链副本，当接受查询请求时，信息服务实体查找本地存储的区块链，为了加快查找过程，把区块链中区块的内容以域名作为关键字，导入哈希表中，使查询时间限制在常数 C。而使用 PKI 技术时，查询的时间比使用区块链技术时所花的时间长很多，因为请求公钥的过程复杂，包括向网络请求公共证书、CA 的公钥，验证公共证书的有效性。网络环境受太多因素的影响，请求的时间变化较大，实际应用会给用户带来不好的体验。

区块个数固定为 20 000 个，改变查找域的公钥的次数，记录每组查询次数所需的时间，实验结果如图 6.22 (a) 所示。区块个数固定为 50 000 个，改变查找域的公钥的次数，记录每组查询次数所需的时间，实验结果如图 6.22 (b) 所示。

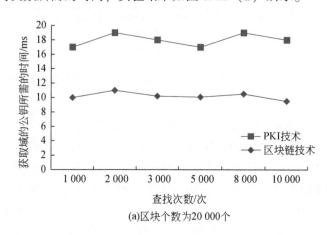

(a)区块个数为20 000个

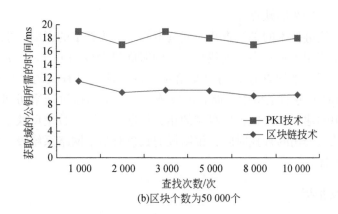

(b)区块个数为50 000个

图6.22　改变查找公钥后使用区块链与PKI技术获取域的公钥所需时间的对比

图6.22（a）中，横轴代表查找域的公钥的次数，纵轴代表获取域的公钥所需的时间。当查询8000次域的公钥时，使用PKI技术所花的时间为19ms，是六组查找次数中所花时间最长的一次，而使用区块链技术所用的时间为10.5ms，两个时间的间隔为8.5ms。查找5000次公钥时，两种方法所用的时间的间隔是6.92ms，是所有时间间隔中最小的一个。使用区块链技术查找10 000次域的公钥，花费的时间为9.5ms，而其他不同的查找次数下，所花的时间分别为10ms、11ms、10.2ms、10.08ms和10.5ms。当查找次数为2000次和8000次，利用PKI技术查找的时间为19ms，高于其他四组查找次数所花时间。查找次数为1000次时，两种方法获取域的公钥的时间差距为倒数第二小，利用PKI技术时所需时间为17ms，而使用区块链技术时所需时间为10ms，效率提升了41%。

如图6.22（b）所示，横轴代表查找域的公钥的次数，纵轴代表获取域的公钥所需的时间，此时，区块链中区块个数为50 000个，改变查找域的公钥的次数，每次查询都会随机产生一个域名，由图6.22（b）可看出，当查找次数为2000次时，两种方法获取域的公钥的时间相差最少，相差时间为7.17ms，使用区块链技术获取域的公钥在效率上提高了42%。查找次数为3000次时，两种方法获取域的公钥的时间差距最大，利用PKI技术时所需时间为19ms，而使用区块链技术时所需时间为10.18ms，效率提升了46.42%。使用区块链技术时，随着查找次数增加，平均查找时间基本不变。从图6.22中的数据可以得出，区块链技术缩短了域的公钥的查找时间，平均效率提升了44%。

图6.22中，固定区块链中区块的个数，改变查找域的公钥的次数，记录两种不同的方案下所需的时间，从图6.22中看出，使用区块链技术时，对应的时间曲线平缓，基本不受查找次数的影响，而使用PKI技术时，对应的时间曲线比较曲折，反映出查找时间受查找次数的影响。从本地区块链中查找域的公钥，时间较短且相对稳定，受环境因素变化的影响较小。区块链中创建区块时，矿工们会花费大量时间产生符合条件的随机数，并将区块加入区块链中，区块链节点中存储了区块链的副本，区块链节点之间的数据同步也会耗费大量的时间，这两部分的时间虽然较长，但不会影响域的公钥的查找时间。本书所提技术的优势就是利用区块链在区块链节点上存储区块链副本的特点，剔除了区块的创建和

区块链数据同步耗时较久的缺点。

综上所述，区块链技术的平均查找时间基本不受区块数量的影响，也不随查找次数的变化而变化。由于使用了哈希表，查找哈希表的时间复杂度为 $O(c)$，c 为哈希关键字冲突时查找的平均长度，平均查找时间只受哈希关键字冲突时查找的平均长度的影响。而且，每个提供 HIBC 服务的主机中存储有区块链副本，不用通过网络访问第三方服务。每个域会在区块链中创建一个区块，保存域的相关信息，区块的数量反映了网络的规模，区块的个数不影响域的公钥的查找时间，说明域的数量对整个网络系统没有影响。因此，本方案提出的方法更优。

（2）数据波动指标

改变区块链中区块的个数，对于一个固定的区块个数，随机产生 2000 个存在的域名，查找 2000 次域的公钥，记录每组查找时间的方差，实验结果如图 6.23（a）所示。改变查找次数，区块链中区块数固定为 50 000 个，记录每组查找时间的方差，实验结果如图 6.23（b）所示。

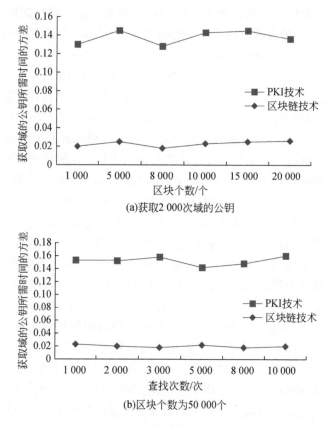

(a)获取2 000次域的公钥

(b)区块个数为50 000个

图 6.23 使用区块链与 PKI 技术获取域的公钥所需时间的方差

通过图 6.23（a）可以看出，横轴代表区块链中区块个数，纵轴表示获取 2000 次域的公钥所需时间的方差。从图 6.23（a）可以看出，利用区块链技术获得域的公钥所需时间的方差值较低，说明每次查询的时间几乎相同，但利用 PKI 技术获取域的公钥所需时间的方差值较高，说明查询的时间波动较大。图 6.23（b）中，横轴代表查找域的公钥的次数，纵轴代表查找时间的方差，与图 6.23（a）相似，采用区块链技术时，多次获取域的公钥所需时间的方差值较低，而使用 PKI 技术时，查找时间的方差较高，说明采用区块链技术获取域的公钥的时间趋于稳定，查找时间不受查找次数和区块个数的影响。

利用 PKI 技术认证域的身份时，需要从第三方权威机构获取域的公共证书和 CA 证书，使用 CA 证书验证域公共证书的有效性，使用域公共证书中的域的公钥验证域的系统公共参数的签名，确定域的身份。而使用区块链技术认证域的身份时，只需通过查找本地区块链的副本获得域的公钥，进而确定域的身份，提高了域身份的认证效率，即很大程度地提升了验证数据包可信性的效率。区块中存储了域的系统公共参数，当加密数据时，直接从区块链中获取接收者所在域的系统公共参数，加快加密数据的过程，从而提高数据的响应速度。

6.4 小 结

NDN 以数据为中心，数据的信任与安全不依赖于数据的位置，而依赖于数据本身。数据请求者向网络发送兴趣包请求数据，数据包会响应兴趣包，数据包来自某一名字路由器的缓存中，或来自数据生产者，请求者验证签名确定数据包的完整性，并验证数据包是否来自合法的生产者，若请求敏感数据，则生产者先将数据加密，再传递给数据请求者。现有的解决方案中，使用 PKI 技术验证数据包生产者的身份时，需要下载多个数字证书，花费大量的时间；加密数据的一个必要参数是域公共参数，因而在无法获取域公共参数时使用 PKI 技术无法传递加密数据。本章提出了基于名字的信任与安全机制，进行了安全分析，并设计实验评估了信任机制中身份认证的性能指标，验证了方案的有效性。

参 考 文 献

刘江，霍如，李诚成，等．2018. 基于命名数据网络的区块链信息传输机制［J］．通信学报，39（1）：24-33.

刘军，樊琳娜，吴兆峰，等．2013. 基于 Kerberos 和 HIBC 的网格认证模型［J］．计算机工程，39（5）：140-143，147.

马晓婷，马文平，刘小雪．2018. 基于区块链技术的跨域认证方案［J］．电子学报，46（11）：2571-2579.

谢烨，李庆华．2018. 基于命名数据网络的安全机制研究［J］．通信技术，51（2）：429-432.

邢光林，李亚，韩敏，等．2018. 命名数据网络中 Interest 洪泛攻击检测与防御［J］．中南民族大学学报自然科学版，37（3）：134-139.

阎军智，彭晋，左敏，等．2017. 基于区块链的 PKI 数字证书系统［J］．电信工程技术与标准化，30

（11）：16-20.

赵赫，李晓风，占礼葵，等．2015. 基于区块链技术的采样机器人数据保护方法 ［J］．华中科技大学学报（自然科学版），43（s1）：216-219.

Adithya S, Gowtham K G, Hariharan H, et al. 2016. Assuaging cache based attacks in named data network ［C］. 2016 International Conference on Wireless Communications, Signal Processing and Networking (WiSPNET). Chennai：WiSPNET, 872-876.

Afanasyev A, Mahadevan P, Moiseenko I, et al. 2013. Interest flooding attack and countermeasures in named data networking ［C］. Networking Conference. Brooklyn：IEEE, 1-9.

Ahlgren B, Dannewitz C, Imbrenda C, et al. 2012. A survey of information-centric networking ［J］. IEEE Communications Magazine2, 26-36.

Choi S, Kim K, Kim S, et al. 2013. Threat of DoS by interest flooding attack in content-centric networking ［C］. Information Networking (ICOIN), 2013 International Conference on. Bangkok：ICOIN, 315-319.

Conti M, Gasti P, Teoli M. 2013. A lightweight mechanism for detection of cache pollution attacks in named data networking ［J］. Computer Networks, 57（16）：3178-3191.

Crowley P. 2013. Named data networking ［J］. In China-America Frontiers of Engineering Symposium, Frontiers of Engineering.

Cui W, Li Y, Xin Y, et al. 2018. Feedback-based content poisoning mitigation in named data networking ［C］. IEEE Symposium on Computers and Communications (ISCC). Natal：ISCC, 00759-00765.

Dan B, Franklin M. 2001. Identity-based encryption from the weil pairing ［C］. International Cryptology Conference, 213-229.

Gentry C, Silverberg A. 2002. Hierarchical ID-based cryptography ［C］. International Conference on the Theory and Application of Cryptology and Information Security. Springer, Berlin, Heidelberg, 548-566.

Ghali C, Tsudik G, Uzun E. 2014. Needle in a haystack：Mitigating content poisoning in named-data networking ［C］. In Proceedings of NDSS Workshop on Security of Emerging Networking Technologies (SENT). San Diego：SENT, 1-10.

Hamdane B, Boussada R, Elhdhili M E, et al. 2017. Hierarchical identity based cryptography for security and trust in named data networking ［C］. 2017 IEEE 26th International Conference on Enabling Technologies：Infrastructure for Collaborative Enterprises (WETICE). Poznan：WETICE, 226-231.

Hamdane B, Serhrouchni A, Fadlallah A, et al. 2013. Named-data security scheme for named data networking ［C］. 2012 Third International Conference on The Network of the Future (NOF). Gammarth：NOF, 1-6.

Jacobson V, Smetters D, James D. 2012. Thornton, michael F. plass, nicholas briggs, rebecca braynard ［J］. Networking Named Content. Communications of the ACM, 1-12.

Jacobson V, Smetters D K, Thornton J D, et al. 2009. Braynard. Networking named content ［C］. In Proceedings of the 5th International Conference on Emerging Networking Experiments and Technologies. New York：ACM, 1-12.

Kang H, Zhu Y, Tao Y, et al. 2018. An in-network collaborative verification mechanism for defending content poisoning in named data networking ［C］. 1st IEEE International Conference on Hot Information-Centric Networking (HotICN). Shenzhen, 46-50.

Koponen T, Koponen T, Rajahalme J, et al. 2011. Naming in content-oriented architectures ［C］. SIGCOMM Workshop on Information-Centric NETWORKING. New York：ACM, 1-6.

Orman H. 2018. Blockchain：the emperors new PKI? ［J］. IEEE Internet Computing, 22（2）：23-28.

Salah H, Strufe T. 2016. Evaluating and mitigating a collusive version of the interest flooding attack in NDN [C].
2016 IEEE Symposium on Computers and Communication (ISCC). Messina: ISCC, 938-945.

Salah H, Wulfheide J, Strufe T. 2015. Lightweight coordinated defence against interest flooding attacks in NDN
[C]. 2015 IEEE Conference on Computer Communications Workshops (INFOCOM WKSHPS). Hong Kong:
INFOCOM WKSHPS, 103-104.

Saltzer J H, Reed D P, Clark D. 1984. End-to-end arguments in system design [C]. ACM Transactions on
Computer Systems, 24: 277-288.

Selvi V, Ramdinesh, Shebin R, et al. 2016. Game theory based mitigation of Interest flooding in named data
network [C]. 2016 International Conference on Wireless Communications, Signal Processing and Networking
(WiSPNET). Chennai: WiSPNET, 685-689.

Smetters D K, Jacobson V. 2009. Securing network content [R]. Technical Report, PARC, 2009.

Tourani R, Mick T, Misra S, et al. 2017. Security, privacy, and access control in information-centric
networking: A survey [J]. IEEE Communications Surveys & Tutorials. IEEE, 20 (1): 566-600.

Wang K, Chen J, Zhou H, et al. 2012. Content-centric networking: Effect of content caching on mitigating DoS
attack [J]. International Journal of Computer Science Issues (IJCSI), 9 (6): 43-52.

Wong W, Nikander P. 2010. Secure naming in information-centric networks [J]. ACM, 12: 1-6.

Wu D, Xu Z, Chen B, et al. 2016. What if routers are malicious? Mitigating content poisoning attack in NDN
[C]. IEEE Trustcom/BigDataSE/ISPA, Tianjin: IEEE, 481-488.

Xie M, Widjaja I, Wang H. 2012. Enhancing cache robustness for content-centric networking [C]. IEEE.
Orlando: IEEE, 2426-2434.

Zhang L, Afanasyev A, Burke J, et al. 2014a. Named data networking [J]. ACM Sigcomm Computer Com-
munication Review, New York: ACM, 44 (3): 66-73.

Zhang L, Estrin D, Burke J, et al. 2014b. Named Data Networking (NDN) project [J]. ACM Sigcomm
Computer Communication Review, New York: ACM, 1892 (1): 227-234.

Zhang L X, Estrin D, Burke J, et al. 2010. Named data networking (NDN) project NDN-0001 [R]. Palo
Alto: Palo Alto Research Center.

Zhang X, Chang K, Xiong H, et al. 2011. Towards name-based trust and security for content-centric network
[C]. 2011 19th IEEE International Conference on Network Protocols. Vancouver: ICNP, 1-6.